高等职业教育智能制造领域人才培养系列教材
工业机器人技术专业

工业机器人系统安装调试与维护

主　编　谢光辉
参　编　张　伟　孙　红　杨　帅

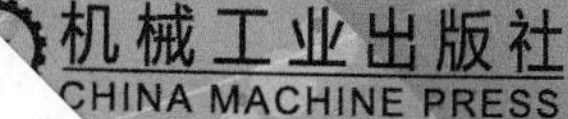

机械工业出版社
CHINA MACHINE PRESS

本书系统地介绍了工业机器人系统安装调试与维护的基础知识和方法，对工业机器人所涉及的常用装调工具、通用机械机构、电控伺服系统及元件的安装与维护进行了较全面的探讨，并对国内外典型工业机器人的装调与维护进行了较深入的阐述。全书共5章，第1章主要介绍了工业机器人装调维护流程、工业机器人通用机械部件及电气系统的装调维护基础知识；第2章主要介绍了ABB工业机器人本体的使用与维护、电气系统的操作与维护、编程等知识；第3章主要介绍了KUKA工业机器人机械手的使用与维护、电控系统的组成与安装、示教编程和WorkVisual软件等知识；第4章主要介绍了FANUC工业机器人机械手的使用与维护、电控系统操作与维护、示教器编程等知识；第5章主要介绍了国产汇博工业机器人机械手的使用与维护、电控系统的操作与维护、用户编程等知识。本书每章后都设计了思考练习题，可以加深读者对本书的理解。

本书可作为高等职业院校工业机器人技术、机电一体化技术和电气自动化技术等专业的教材，也可供从事工业机器人领域的有关教师、研究人员和工程技术人员阅读参考。

本书配有电子课件，凡使用本书作为教材的教师可登录机械工业出版社教育服务网www.cmpedu.com注册后免费下载。咨询邮箱：cmpgaozhi@sina.com。咨询电话：010-88379375。

图书在版编目（CIP）数据

工业机器人系统安装调试与维护 / 谢光辉主编．—北京：机械工业出版社，2020.3（2025.1 重印）

高等职业教育智能制造领域人才培养系列教材．工业机器人技术专业

ISBN 978-7-111-65032-4

Ⅰ．①工…　Ⅱ．①谢…　Ⅲ．①工业机器人－安装－高等职业教育－教材②工业机器人－调试方法－高等职业教育－教材③工业机器人－维修－高等职业教育－教材　Ⅳ．① TP242.2

中国版本图书馆 CIP 数据核字（2020）第 044286 号

机械工业出版社（北京市百万庄大街 22 号　邮政编码 100037）

策划编辑：薛　礼　责任编辑：薛　礼　王海霞

责任校对：陈　越　封面设计：鞠　杨

责任印制：常天培

固安县铭成印刷有限公司印刷

2025 年 1 月第 1 版第 7 次印刷

184mm × 260mm · 15.5 印张 · 340 千字

标准书号：ISBN 978-7-111-65032-4

定价：48.90 元

电话服务　　　　　　　　网络服务

客服电话：010-88361066　机　工　官　网：www.cmpbook.com

　　　　　010-88379833　机　工　官　博：weibo.com/cmp1952

　　　　　010-68326294　金　　书　　网：www.golden-book.com

封底无防伪标均为盗版　　机工教育服务网：www.cmpedu.com

出版说明

《中国制造2025》是我国实施制造强国战略第一个十年的行动纲领，它指出“要实施《中国制造2025》，坚持创新驱动、智能转型、强化基础、绿色发展，加快从制造大国转向制造强国。”将中国制造业转型升级上升为国家战略。

智能制造是《中国制造2025》的核心和主攻方向，而工业机器人是重要的智能制造装备。《中国制造2025》提出将“高档数控机床和机器人”作为大力推动的重点领域，并在重点领域技术创新路线图中明确了我国未来十年机器人产业的发展重点，工业机器人技术及应用迎来了重要的战略发展机遇期。

为了更好地适应机械工业转型升级的要求，促进高等职业院校工业机器人技术专业建设及相关传统专业的升级改造，满足制造业转型升级大背景下企业对技术技能人才的需求，为《中国制造2025》提供强有力的人才支撑，机械工业出版社在全国机械职业教育教学指导委员会的指导下，组织国内多所高等职业院校和相关企业进行了充分的市场调研，根据学生就业岗位职业能力要求，明确了学生应掌握的基本知识及应具备的基本技能，构建了科学合理的课程体系，制订了课程标准，确定了每门课程教材的框架内容，进而编写了本套智能制造领域人才培养系列教材。

本套教材可分为专业基础课程教材和专业核心课程教材两大类。专业基础课程教材专注于基础知识的介绍，同时兼顾与专业知识和实践环节的有机结合，为学生后续学习专业核心课程打下坚实的基础。专业核心课程教材主要针对在高等职业院校使用较广的ABB、KUKA等品牌的机器人设备，涵盖了工业机器人系统安装调试与维护、现场编程、离线编程与仿真、系统集成与应用等内容，符合专科层次工业机器人技术专业学生职业技能的培养要求；内容以“必需、够用”为度，突出应用性和实践性，难度适宜，深入浅出；着力体现工业机器人的具体应用，操作步骤翔实，图文并茂，易学易懂；编者大多为工业机器人技术专业（方向）教师及企业技术人员，有着丰富的教学或实践经验，并在书中融入了大量来源于教学实践和生产一线的实例、素材，有力地保障了教材的编写质量。

本套教材采用双色印刷，版式轻松活泼，可以使读者获得良好的阅读体验。本套教材还配有丰富的立体化教学资源，包括PPT课件、电子教案、习题解答、实操视频以及多套工业机器人技术专业人才培养方案，可为教师进行专业建设、课程开发与教学实施等提供有益的帮助。本套教材适合作为高等职业院校工业机器人技术、机械制造与自动化、电气自动化技术、机电一体化技术等专业的教材及学生自学用书，也可供相关工程技术人员参考。

本套教材在调研、组稿、编写和审稿过程中，得到了全国机械职业教育教学指导委员会、多所高职院校及相关企业的大力支持，在此一并表示衷心的感谢！

机械工业出版社

前言 PREFACE

本书是根据全国机械职业教育教学指导委员会于2015年6月在上海组织召开的“职业院校工业机器人技术专业建设研讨会”的指导思想编写的，力图使高职高专机电一体化、自动化类各专业的学生在学完本课程后，能获得生产一线和运行人员所必须掌握的工业机器人系统安装调试与维护的基础知识和基本技能。

工业机器人系统安装调试与维护是与机器人应用技术有关专业的核心课程，是广大工程技术人员迫切需要掌握的基础知识。机器人应用技术岗位目前已经成为众多行业，特别是汽车制造、电子制造、半导体工业、精密仪器仪表、制药等行业最关键和最核心的工作岗位。在2015年国务院发布的《中国制造2025》里，明确提出第一个十年里，要着力突破工业机器人等重点领域核心技术，推进产业化。因此，使学生掌握工业机器人系统安装调试与维护知识及能力乃是高等职业院校的重要任务之一。

本书是以工业机器人系统的安装—调试—维护内容为主线编写的，全书共5章，介绍了工业机器人系统安装调试与维护的知识和方法，对工业机器人所涉及的常用装调工具、通用机械机构、电控伺服系统以及元件的安装与维护进行了较全面的探讨，并对ABB、KUKA、FANUC、汇博等国内外典型工业机器人的装调与维护进行了系统、深入的阐述。

参加本书编写的有重庆电子工程职业学院谢光辉(第3～5章)，淮安信息职业技术学院杨帅(第2章)，重庆电子工程职业学院孙红、张伟(第1章)。谢光辉担任本书主编并负责全书统稿工作。

编者在编写本书过程中参阅了同行业专家学者、机器人研制及使用单位和一些院校的教材、资料和文献，重庆电子工程职业学院2015级工业机器人技术专业的何飞、王仁锐、王志强、宋少强、魏云伟、况小雷等学生参与了本书的部分文字校对工作，在此向他们表示诚挚的谢意。由于编者水平有限，书中难免存在疏漏和不妥之处，敬请广大读者指正。

编 者

工业机器人装调维护基础

本章主要讲述工业机器人安装、调试与维护的基础知识。本章共分为3节：1.1节针对工业机器人装调维护流程进行概述；1.2节主要讲述工业机器人通用机械部件的装调与维护常识；1.3节主要讲述工业机器人电气系统的连接与维护常识。本章需要掌握的关键知识点主要体现在1.2节和1.3节。

1.1 工业机器人装调维护流程

工业机器人的装调与维护必须参照工业机器人使用手册且在具备装配维修经验的人员的协助下进行。在装调与维修过程中，使用通用工具装配机器人，使用仪器仪表检测故障源，进而查出故障原因并进行维修，要随时记录故障数据并存档。维修人员应根据工业机器人执行的不同工作任务，在示教器或用户端计算机上编写机器人执行程序来控制机器人运动，同时需要密切注意机器人的运行情况，以防止出现差错。机器人完成工作后，关闭电源，记录机器人工作过程中的有效数据并存档。在整个维修过程中，都要注意操作人员的自身安全。

工业机器人的装调与维护主要涉及机器人的安装、调试及验收等流程。

1.1.1 工业机器人的安装

1. 安装准备

1）根据产品生产工艺流程，确认地面、墙壁或天花板等的安装方式，并针对所选取的安装方式进行前期地基预埋、固定架制作等操作，以便在机器人设备到场后能顺利、准确地进行安装。

2）准备好工业机器人到场安装的场地及各种条件。

2. 设备安装

1）基础复测。由专人使用测量工具测量设备基础的位置、尺寸是否满足设计要求及使用要求，详细记录测量数据，保证设备位置准确无误。

2）定位放线。根据工业机器人的实际尺寸和基础复测结果,合理安排设备就位的具体位置，然后完成定位、放线，以此作为最终设备就位的依据。

3）设备安装就位。工业机器人到场后，根据工业机器人尺寸及质量安排相关工具、叉车及起重机。不同工业机器人生产厂家的安装要求不同，但一般来说，都使用钢丝绳对工业机器人进行吊装，然后用螺栓将工业机器人紧固（紧固扭矩可参照各工业机器人生产厂家的安装说明书）在地基或固定架上。机器人吊装示意图如图 1-1 所示。注意：吊装过程中必须保持工业机器人的平衡。

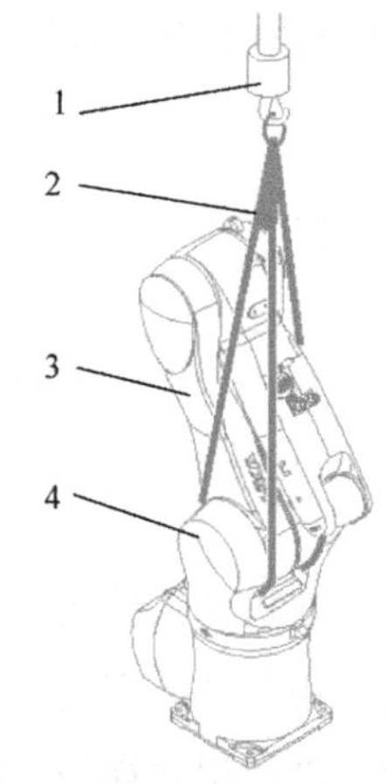

图1-1　工业机器人吊装示意图

1—起重机　2—运输吊具　3—大臂　4—转盘

4）安装复测。工业机器人安装就位后，用水平仪、卷尺等测量工具检测设备工业平行度及垂直度误差，应满足规定要求。

1.1.2　工业机器人的调试

1. 调试前的检查

在调试之前，应组织有关人员熟悉图样资料，做好技术交底工作，确保调试过程中设备和人员的安全。

完成工业机器人与控制单元及示教器之间的接线工作后，首先检查、核对内部接线、输入/输出接线；在控制单元通电前，对控制柜及电缆进行绝缘检查。确认正确无误后通电，进行工业机器人空载与负载调试。

2. 空载与负载调试

工业机器人通电调试原则：先调试控制电路，后调试主回路；先空载调试，后负载运行。

控制电路通电调试的主要任务是检查电控、配电接线是否正确。检查时，主电路不送电，只将控制电源接通，然后按顺序接通相应的按钮或其他主令电器，每操作一次都要检查各相应电器元件是否已按规定程序动作（如 PLC 等控制器的电源及输入指示灯是否点亮，接触器是否闭合或断开，以及有无其他异常情况等）。必要时应进行人为模拟故障信号检查，如推动接触器铁心以检查联锁是否有效，模拟限位开关的动作以检查保护是否可靠，按动急停按钮或接通线圈电源以检查紧急停车和故障分断功能等。在进行几次这样的通电检查后，如果各电器元件工业动作均正常，故障保护功能可靠，事故停机流程等也正常，则说明控制部分接线正确，可以进行空载调试。

在进行空载调试且主电路送电前，须再次确认主电路接线和导体选择的正确性，并检查短路和过载保护电器是否符合要求。经空载调试，如果 PLC 等控制器程序能按要求的工艺控制流程进行控制，所有输出继电器的动作均正常，所有反馈信号的反馈均正常，信号与报警功能正常，电动机空载电流正常，则可进行负载运行。

负载运行过程中，对电控及配电设备进行检查，检查内容包括各指示仪表数据和各电器元件的工作是否正常，导体接触点是否松动、过热或存在其他异常等。

3. 联机调试

（1）联机试验

1）电气设备试验应按有关施工规范及验收规范进行。对于电气控制设备，应首先对程序软件进行模拟信号调试，正常无误后再进行硬件调试。

2）空载试验。工业机器人各部件安装完成后，进行空载试验，空载试验应符合有关规范的技术要求。

3）满负荷联动调试（试验）。所有设施（加工、供电等）的设备及空载试验完毕后，工业机器人生产厂家必须进行系统联动调试的生产性试验。系统联动调试应在有生产运行经验的工程技术人员的指导下，且有用户技术人员参加的条件下进行。

4）进行满负荷联动调试试验前，应编制试验大纲，报送用户批准后方可实施。

5）在完成满负荷联动调试后，应编制试验报告，将观察和检测的主要参数编制成《×××工业机器人调试试验报告》报送给用户。

（2）试运行

1）系统联动调试合格后，经用户批准，工业机器人系统即可投入试运行。

2）试运行应在用户的参与下进行。试运行人员应以经验丰富的运行人员为主，并对运行人员进行技术培训。

3）应对试运行各主要参数进行检测和观察，做好各项记录。

4）试运行期间满负荷连续运行时间不得少于 14h。

（3）工业机器人试运行的调试要求

1）电气及其操作控制系统工业调试要求。

① 按电气原理图及安装接线图进行安装接线，设备内部接线和外部接线均应正确无误。

② 按电源的类型、等级与容量，检查或调试其断流容量、熔断器容量，过电压、欠电压、过电流保护等，检查或调试结果均应符合相关规定值。

③ 按照工业机器人使用说明书中电气系统工业调试方法及调试要求，通过模拟操作检查其工艺动作、指示、信号和联锁装置是否正确、灵敏可靠。

2）系统的调试要求。联合调试由部件开始至组件、单机，直至整机，按说明书和生产操作程序进行操作，并应符合下列要求：

① 用手（或其他方式）操作，各转动和移动部分，应运转灵活、无卡滞现象。

② 安全装置（安全联锁）、紧急停机和制动功能、报警信号等正确、灵敏、可靠。

③ 各种手柄工业操作位置、按钮、控制显示及信号等，与实际动作及其运动方向相符；压力、温度、流量等仪表、仪器指示均正确、灵敏、可靠。

④ 按有关规定调整往复运动部件的行程、变速和限位，在整个行程上应运动平稳，没有振动、爬行和停滞现象，换向时无异常声响。

⑤ 起动、运转、停止和制动，在手控、自动状态下均准确、可靠、无异常现象。

1.1.3 工业机器人的维护与保养

按照工业机器人制造商规定的保养周期对其实施定期维护，这对于延长工业机器人的寿命十分重要。同时，一旦工业机器人出现故障，应及时与其制造商进行沟通，在制造商维修工程师的指导下，尽快排除故障，恢复生产。

工业机器人的保养周期一般分为日常、周、三个月、半年、一年和三年。每个周期所检查及维护的主要内容如下（一些具体要求视制造商不同而有所变化）。

1. 日常检查及维护

1）报警信号：有无异常报警。

2）是否存在不正常的噪声和振动，电动机温度是否正常。

3）周边设备是否可以正常工作。

4）每根轴的抱闸是否正常。

5）测试 TCP（建议编制一个测试程序，每班交接后运行）。

2. 周检查及维护

除日常检查及维护内容外，还需要进行以下操作：

1）擦洗工业机器人各轴。

2）检查工业机器人各轴零点位置是否准确。

3. 三个月检查及维护

1）在工业机器人工业各轴、变位机和轨道上加注润滑油脂。

2）检查接插件的固定状况是否良好。

3）检查连接机械本体的电缆是否良好。

4）检查控制器的通风是否良好。

5）拧紧机器上的盖板和各种附件。

6）执行周检的所有项目。

4. 半年检查及维护

1）更换除减速器以外部件所用的润滑油。

2）执行三个月检查及维护的所有项目。

5. 一年检查及维护

1）更换工业机器人的电池。

2）执行半年检查及维护的所有项目。

6. 三年检查及维护

1）更换工业机器人关节减速器的润滑油。

2）执行一年检查及维护的所有项目。

另外，工业机器人的维护保养工作由操作者负责，每次保养须填写保养记录，设备出现故障时应及时通知维修人员，并详细描述故障出现前设备的情况和所进行的操作，积极配合维修人员进行检修，以便顺利恢复生产。

公司应对设备保养情况进行不定期抽查。建议操作者在每班交接时仔细检查设备的完好状况，记录好各班设备的运行情况。

1.2 工业机器人通用机械部件的装调与维护

1.2.1 关节运动副及自由度

1. 关节运动副

在了解运动副之前，有必要先理解什么是机构和构件。机构是传递机械运动和动力的具有确定运动的单元体组合，如生产和生活中常见的连杆机构、齿轮机构、螺旋机构、凸轮机构等。组成机构的运动单元称为构件。换言之，构件是相互连接在一起的零件组合体。除非特别说明，这里讨论的构件都是严格的刚体，其表面位置和几何形状都是理想的。相应的，两构件直接接触的可动连接称为运动副。

根据定义，可以这样理解，运动副既保证了构件的相对运动，又限制了其相对运动。说其保证了构件的相对运动，是因为没有运动副就无法形成构件的确定运动；说其限制了构件的相对运动，是因为当一个构件和另一构件组成运动副后，由于构件之间的直接接触，使构件的某些独立运动受到限制，构件的活动空间和范围也随之减少。这种对构件独立运动的限制称为约束。运动副按其所引入的约束数目分为Ⅰ级副、Ⅱ级副、Ⅲ级副、Ⅳ级副、Ⅴ级副，分别表示引入约束的数目为一个、两个、三个、四个、五个。按照构成运动副的两构件的运动平面的位置关系不同，运动副可分为平面运动副（运动平面相互平行）和空间运动副（运动平面为空间位置关系）。按照两构件间的相对运动形式不同，运动副可分为转动副、移动副、螺旋副、球面副、球销副。按照两构件间的接触情况不同，运动副又可分为面接触的低副和点或线接触的高副。由于最后一种分类方法更具应用意义，现仅对此进行详细介绍。

（1）低副关节　低副关节在机械传动上具有显著的优点，因为其磨损分布于整个表面，而且润滑剂可以被填充于两个表面的狭小间隙中，能够形成相对良好的润滑。同时，加载到关节的负载相对均匀，关节处受力情况较好。低副关节只有六种可能的形式：旋转式、棱柱式、螺旋式、柱面式、球面式、平面式。

1）旋转式。旋转式关节常缩写为“R”，有时也可称为铰链。其最常见的形式，是由两个全等的旋转表面构成的低副关节。两个旋转表面是相同的，只不过一个是凸的外表面，一个是凹的内表面，且能够限制轴向滑动。也就是说，旋转式关节仅允许相互连接的一个构件相对于

另一个构件旋转，因此，该关节具有一个自由度。

2）棱柱式。棱柱式关节常缩写为“P”，有时也可称为滑动关节。其最常见的形式，是由两个全等的柱面构成的低副关节。需要指出的是，这些表面并不一定是圆柱表面，通常一个柱面可以由任意曲面沿一定方向拉伸而成。同样，棱柱式关节也有一个内表面和一个外表面，且仅允许相互连接的一个构件相对于另一个构件沿柱面拉伸的方向滑动，因此，该关节具有一个自由度。

3）螺旋式。螺旋式关节常缩写为“H”，有时也可称为螺杆关节。其最常见的形式，是由两个全等的螺旋面构成的低副关节。螺旋面可以由任意曲面沿螺旋路径扫掠而成，且仅允许相互连接的一个构件相对于另一个构件沿螺旋方向旋转，因此，该关节也具有一个自由度。

4）柱面式。柱面式关节常缩写为“C”，是由两个全等的圆柱面构成的低副关节，其中一个为内表面，另一个为外表面。柱面式关节允许相互连接的一个构件相对于另一个构件沿柱面轴旋转和沿平行于柱面轴的方向的平移。因此，该关节具有两个自由度。在运动学上，柱面式关节可以等效为一个旋转式关节和一个棱柱式关节的串联，但该等效法不利于动态仿真，所以仍把柱面式关节单独作为一类低副关节。

5）球面式。球面式关节常缩写为“S”，是由两个全等的球面构成的低副关节。同样，其中一个为内表面，另一个为外表面。球面式关节允许相互连接的一个构件相对于另一个构件绕通过球心的任意直线旋转，因此，它允许最多绕三个不同方向的独立旋转，具有三个自由度。在运动学上，球面式关节可以等效为由三个旋转式关节构成的复合关节，分别围绕有公共点的三个轴旋转，通常采用三个轴连续正交的方式。类似地，该等效法也不利于动态仿真，所以仍把球面式关节单独作为一类低副关节。

6）平面式。平面式关节是由两个平面构成的低副关节。平面式关节允许最多三个不同方向上的独立移动，因此，它也具有三个自由度。

（2）高副关节　某些高副关节在机械传动中同样具有优势，特别是一个构件在另一个构件表面做无滑动运动的滚动副。因为没有滑动就意味着没有磨损，所以减少了传动过程中能量的损失。但是，事物往往具有两面性，高副关节理想的接触状态是一个点或者一条线，这样加载到关节上的负载可能会引起很大的局部应力，导致材料变形甚至失效。滚动接触按照接触位置的几何形状可分为平面滚动接触、三维滚动接触。其中，平面滚动接触的自由度为1，如滚柱轴承。三维滚动接触允许围绕通过接触点的任意轴旋转，所以其自由度为3。

以上介绍的低副关节和高副关节统称为简单运动关节。

（3）复合关节　复合运动关节简称复合关节，它是由多个简单运动关节构成的连接。例如，万向节通常缩写为“U”，它就是典型的具有两个自由度的复合关节。在运动学上，可以把它看成是由两轴正交的两个旋转式关节串联而成的。

（4）六自由度关节　两个不连接在一起的物体的运动，可以建模为一个无约束的六自由度关节。这对于移动机器人特别有用，如航空器。由于移动机器人超出了本文主要讨论的技术范畴，所以不再介绍。

（5）物理实现　由于组成关节的构件之间是由物理连接而成的，因此，关节具有天然的物理约束性，并且超出该约束的运动是被禁止的。在工业机器人的机构中，旋转式关节易于由旋转式电动机驱动，如步进电动机、变频电动机、伺服电动机，因而得到了极为广泛的应用。棱柱式关节易于由线性驱动器驱动，如气缸、液压缸等，因而也比较常见。螺旋式关节在机器人机构中常用作被动关节。此外，球面式关节、万向节也经常在机器人机构中使用。

2. 机器人的自由度及作业空间

（1）机器人的自由度

1）基本概念。机器人的自由度是指其末端执行器相对于参考坐标系能够独立运动的数目，但不包括末端执行器的开合动作。例如，机器人手爪的握紧、松开动作并不属于机器人的自由度。自由度是衡量机器人灵活性的一个重要技术指标，它是由机器人的结构决定的，并直接影响到目标作业的动作执行效果。

2）自由度数目。一般来讲，三维空间中的自由度包括沿 X、Y、Z 三个方向的直线运动和围绕 X、Y、Z 轴的回转运动。如果机器人具有上述六个自由度，则其末端执行器就可以在三维空间内任意改变姿态，从而实现对位置的完全控制，这样的机器人称为六自由度机器人或六轴机器人。相应地，根据自由度的数目，机器人可分为一、二、三、四、五、六自由度机器人，其中一自由度机器人也称为单自由度机器人。

通常情况下，机器人的自由度是根据其用途来设计的。机器人的自由度越多，其机构运动的灵活性越大，通用性越强，但结构越复杂，刚性越难保证。当机器人的自由度多于完成作业所必需的自由度时，多余的自由度称为冗余自由度。利用冗余自由度可以增加机器人的灵活性，躲避障碍物和改善动力性能。

（2）作业空间

1）基本概念。通常，机器人操作器（末端执行器）的作业空间是指操作器执行所有可能的运动时，其末端包容过的全部体积，它是由操作器的几何形状以及关节运动的自由度和约束决定的。它是衡量机器人作业能力的重要指标。

2）作业空间计算。许多串联机器人操作器的关节分成区域性结构和方向性结构，区域性结构关节实现末端在空间中的位置定位，而方向性结构关节实现末端的姿态。串联机器人末端的区域性作业空间的计算可由已知构型和关节运动约束计算获得。

例如，三自由度串联机器人末端区域性作业空间的计算步骤如下：

① 计算从末端开始的两个外侧旋转式关节的作业空间面积。

② 对旋转式基座关节或移动式关节的关节变量进行积分，计算出区域性作业空间的大小。

对于普遍使用的旋转式基座关节，末端区域性作业空间的计算涉及绕关节轴线的全范围旋转运动的面积。根据帕普斯（Pappus）定理，其末端区域性作业空间的计算公式如下

$$V = A\bar{r}\gamma$$

式中，A 是面积；$\bar{r}$ 是面积的质心到旋转轴线的距离；γ 是该面积旋转的角度。

对于移动式关节，机器人末端区域性作业空间仅需将面积乘以棱柱式关节的运动长度。

另外，对于并联机器人的作业空间，由于其结构较复杂，计算时需根据具体结构进行分析。

1.2.2 串联机器人机械部件的安装与维护

目前，典型工业用串联机器人的机械结构主要由机座和多个关节组成。如图 1-2 所示，每个关节的运动由电动机（驱动器）、减速器和输出机构完成，这些关键零部件对于机器人来讲缺一不可，它们的可靠安装与维护显得相当重要。

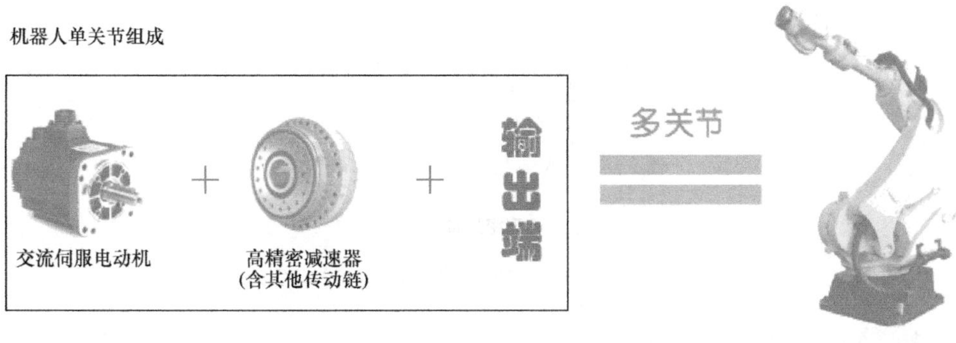

图1-2 串联机器人运动关节构成

1. 关键零部件的安装与维护

机器人的关键零部件包括驱动器、减速器等。驱动器是机器人中的重要环节，直接为机器人的运动提供动力支持。常见的驱动器主要有电驱动器、液压驱动器、气压驱动器。本书主要讨论电驱动器的安装与维护。电驱动器主要包括步进电动机、直流伺服电动机、交流伺服电动机、直接驱动电动机。

（1）伺服电动机安装与维护 伺服电动机是机器人动作中的动力部件，负责输出位置和速度可无级调节的旋转运动。一般伺服电动机通过电动机座和减速器连接在一起。安装伺服电动

机的示意如图 1-3、图 1-4 和表 1-1 所示，具体安装步骤如下：

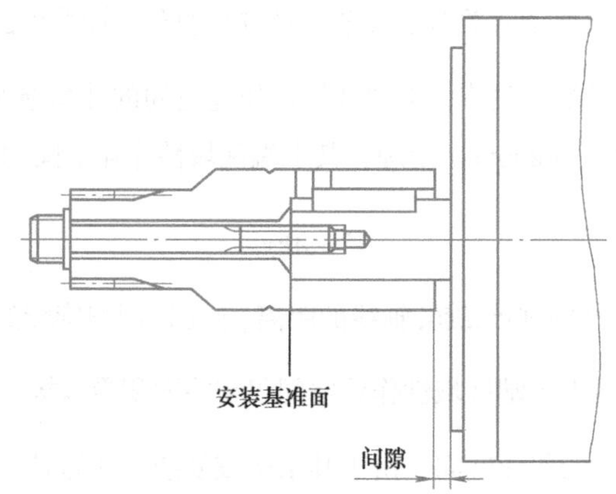

图1-3　电动机与减速器输入轴安装示意图

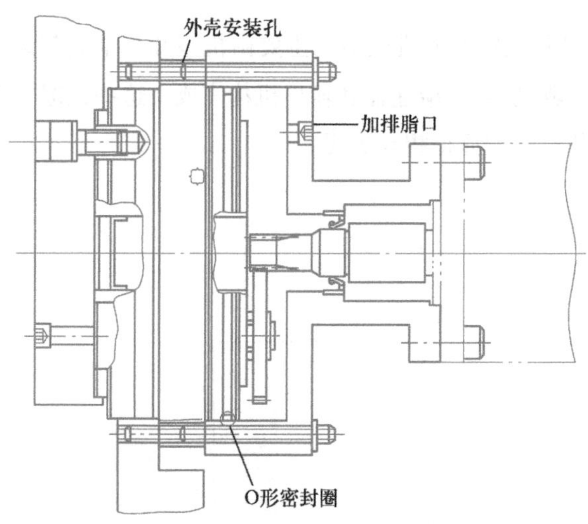

图1-4　电动机安装示意图

表 1-1　电动机安装时的同轴度公差（图 1-4）　　（单位：mm）

型号	同轴度公差	型号	同轴度公差
RV-25N	ϕ0.03	RV-125N	ϕ0.03
RV-42N	ϕ0.03	RV-160N	ϕ0.03
RV-60N	ϕ0.03	RV-380N	ϕ0.05
RV-80N	ϕ0.03	RV-500N	ϕ0.05
RV-100N	ϕ0.03	RV-700N	ϕ0.05

1）先将减速器的输入轴套入带键的电动机轴上，并用螺钉锁紧，使得电动机的输出轴和减

速器的输入轴连接在一起。

2）用螺钉连接电动机和电动机座。注意：由于电动机与电动机座的止口配合面稍紧，可采用左右略微晃动电动机的方式轻轻使止口入座。同时应注意电动机电缆的朝向，避免其对机器人动作产生干扰。

3）将电动机座连同电动机一起安装在腰部。同样，应注意电动机电缆的朝向。

4）根据需要安装伺服电动机的回原点开关组件。

5）电缆出口应向下，以免油、水渗入电动机内部。

6）当电动机轴向向上安装时，应使用有油封的电动机，以免减速器中的油渗入电动机内部。

伺服电动机的安装与维护需要注意以下问题：

1）伺服电动机应安装于无雨淋和阳光直射的室内。

2）不允许在含有酸、碱、盐等腐蚀性物质及易燃气体的环境中，以及可燃物附近使用电动机。

3）应在无磨削液、油液、金属屑等的场所中使用电动机。

4）电动机中轴承的更换时间一般为3~5年（2万~3万h）。

5）电动机中油封的更换时间一般为5000h，编码器的更换时间一般为3~5年。

（2）RV减速器的安装与维护　RV减速器是机器人实现精密、紧凑传动的必要部件，其制造精度直接关系到机器人的定位精度。在减速器中，使用各种类型的传感器为机器人提供信息反馈，以保证机器人在可控的状态下完成其规定动作。机器人能够根据这些传感器的反馈信息做出判断，控制并进行有效工作。

RV减速器的结构及工作原理如图1-5和图1-6所示，它是二级减速器，由第一减速部和第二减速部组成。第一减速部称为直齿轮减速机构，输入轴的旋转从输入齿轮传递到直齿轮，按齿数比进行减速；第二减速部也称为差动齿轮减速机构。该类减速器有以下特点：

1）直齿轮与曲柄轴相连接，成为第二减速部的输入。

2）在曲柄轴的偏心部分，通过滚动轴承安装RV齿轮。

3）位于外壳内侧的仅比RV齿轮的齿数多一个的针齿，以同等齿距排列。

4）如果固定外壳转动直齿轮，则由于曲柄的偏心运动RV齿轮也做偏心运动。

5）曲柄轴转动一周，RV齿轮就沿与曲柄轴相反的方向转动一个齿。这个转动被输出给第二减速部中的轴。

6）将轴固定时，外壳侧称为输出侧。

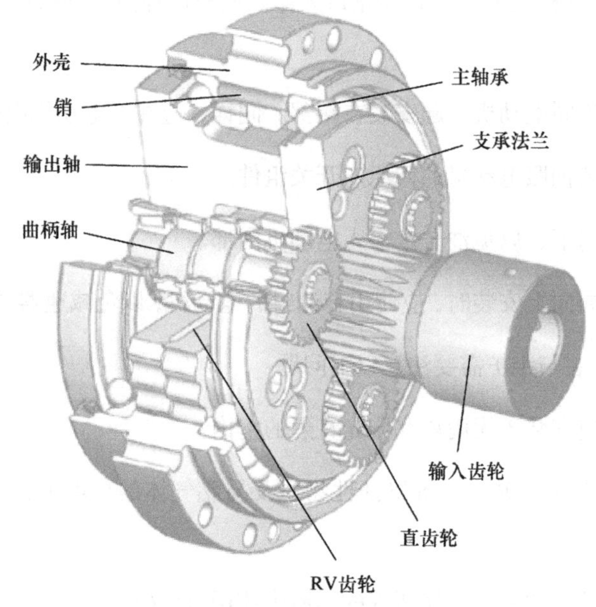

a) 结构

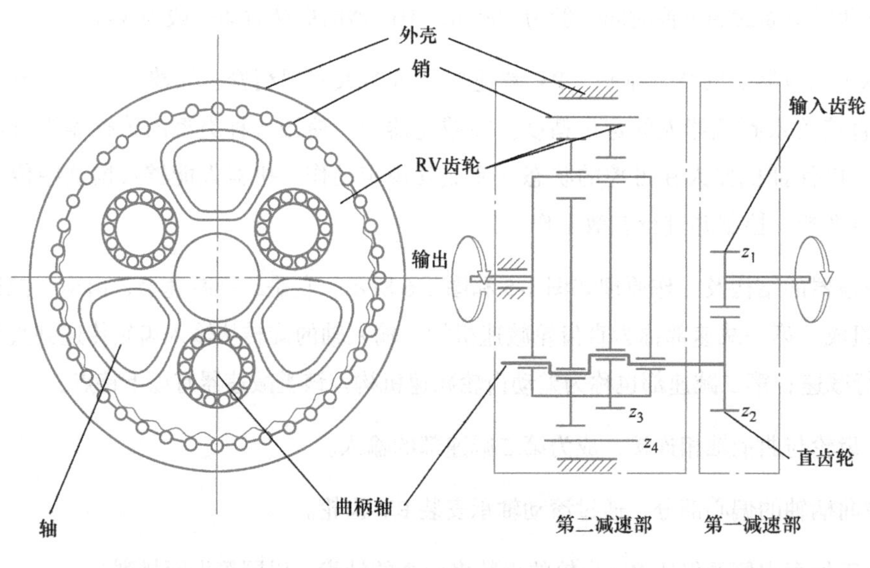

b) 机构

图1-5　RV减速器的结构图

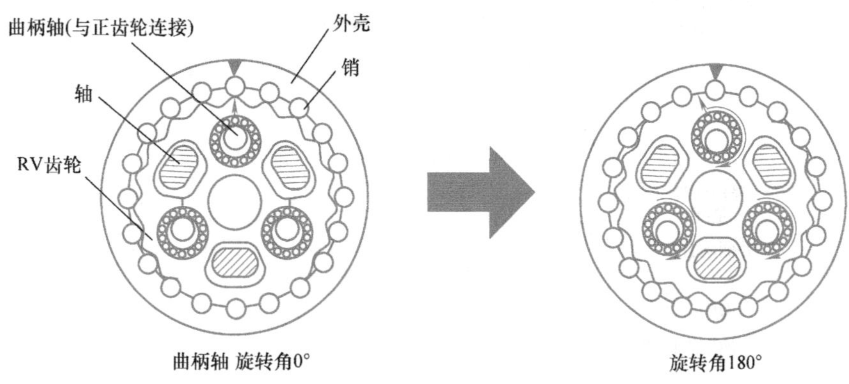

图1-6 RV减速器的工作原理

参照图 1-7，RV 减速器转速比的计算公式为

$$R = 1 + \frac{z_1}{z_2} z_4$$

$$i = \frac{1}{R}\text{（轴旋转）或} -\frac{1}{R-1}\text{（外壳旋转）}$$

式中，R 为转速比；z_1 为输入齿轮的齿数；z_2 为直齿轮的齿数；z_4 为针齿数；i 为传动比，“+”表示输入与输出方向相同，“−”表示输入与输出方向相反。

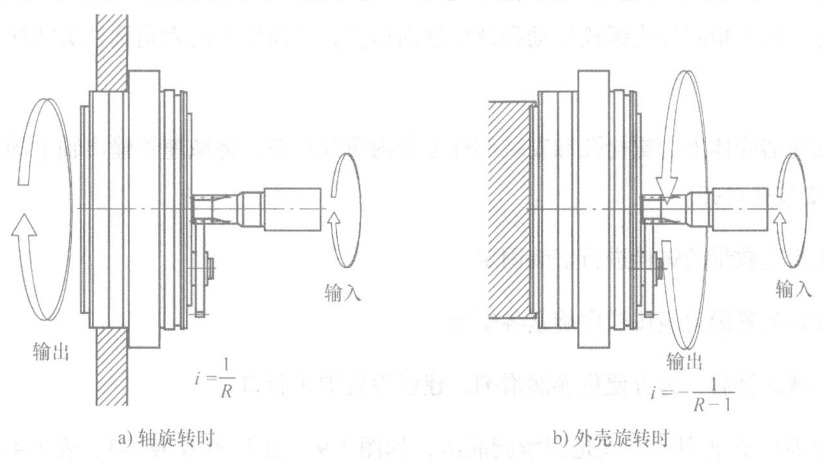

图1-7 RV减速器转速比的计算

RV 减速器安装示意图如图 1-8 所示，其安装注意事项如下：

1）安装减速器本体及其输出轴端时，应使用内六角圆柱头螺栓，并按照表 1-2 所列紧固力矩将其旋紧。内六角圆柱头螺栓一般使用 8.8 级以上的强度等级。

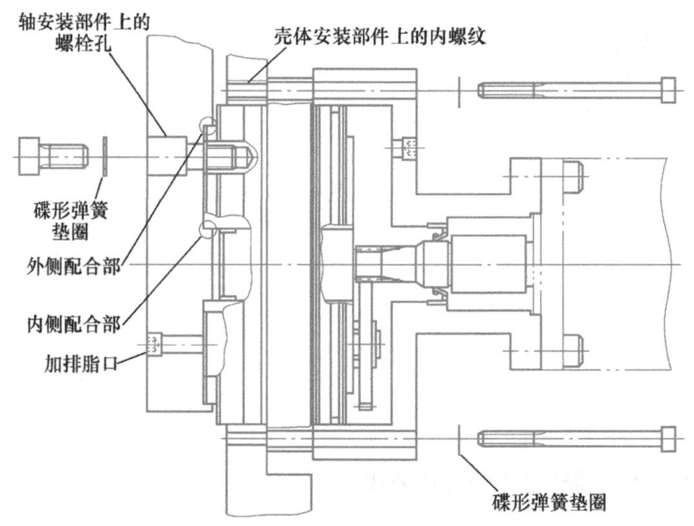

图1-8　RV减速器安装示意图

表 1-2　RV 减速器用螺栓的紧固力矩

内六角圆柱头螺栓 公称尺寸 × 螺距 /mm	紧固力矩 /N · m	紧固力 /N
M5 × 0.8	9.01 ± 0.49	9310
M6 × 1.0	15.6 ± 0.78	13180
M8 × 1.25	37.2 ± 1.86	23960
M10 × 1.5	73.5 ± 3.43	38080
M12 × 1.75	129 ± 6.37	55100
M16 × 2.0	319 ± 15.9	103410

2）为防止内六角圆柱头螺栓松动和螺栓端面损伤，必须使用内六角圆柱头螺栓用碟形弹簧垫圈。

3）将减速器壳体上的螺栓孔和安装部件上的内螺纹对齐，将减速器输出轴上的内螺纹与安装部件上的安装孔对齐。

4）使用指定数量的螺栓进行安装固定。

5）以规定的紧固力矩按顺序旋紧各螺栓。

6）安装减速器后，为方便更换润滑剂，建议设置加排脂口。

RV 减速器的标准润滑方式是润滑脂润滑，如图 1-9、图 1-10 及表 1-3、表 1-4 所示。加润滑脂时应注意以下事项：

1）RV 减速器在出厂时并未封入润滑剂，使用前必须加入厂家规定的润滑剂。

2）轴安装侧和电动机安装侧的空间（图中▨和⊠区域）不包含在内。如果有多余的空间，则应在该空间内也填充润滑剂。但是过度填充润滑剂会导致内压过高，有可能造成油封脱落或润滑剂渗漏，因此，应确保多余空间容量占总容量的 10% 左右。其中总容量 = 减速器内的空间容量 + 多余空间的容量。

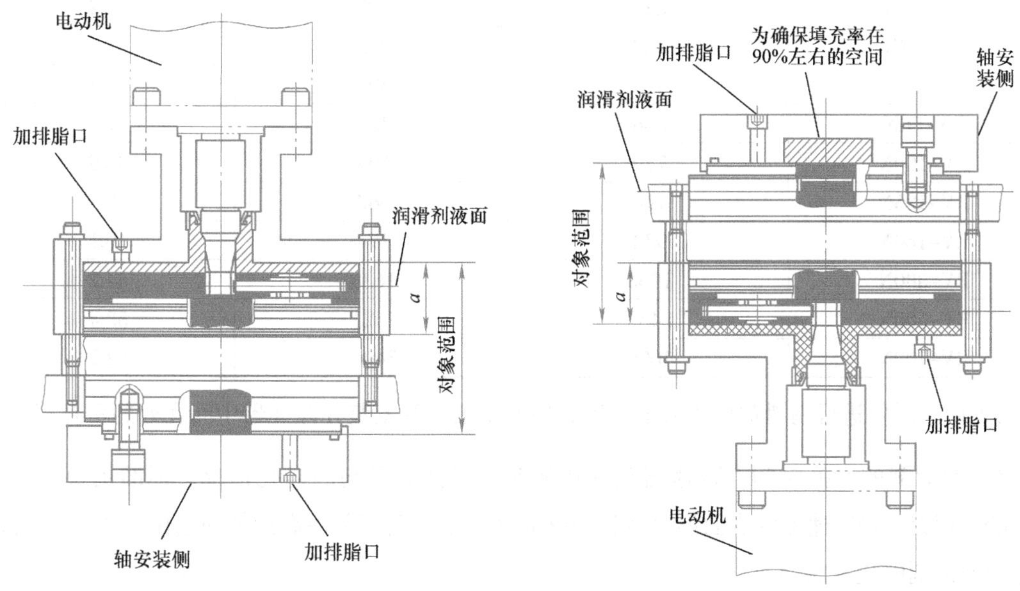

图1-9 润滑剂加入示意图（竖直安装）

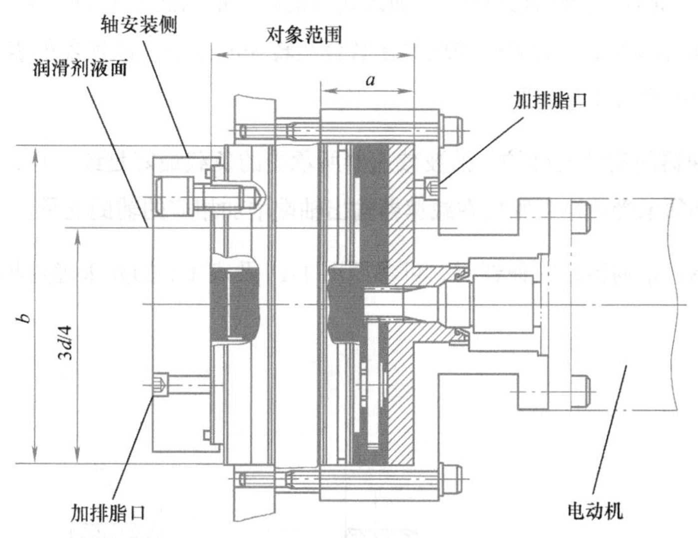

图1-10 润滑剂加入示意图（水平安装）

表 1-3 N 系列减速器的润滑剂封入量（竖直安装）

型号	减速器内的空间容量 /g	必须封入量 /g	尺寸 a/mm	型号	减速器内的空间容量 /g	必须封入量 /g	尺寸 a/mm
RV-25N	226	215	32.2	RV-125N	798	759	40.7
RV-42N	339	322	32.5	RV-160N	932	886	40.1
RV-60N	476	453	32.3	RV-380N	1963	1866	54.2
RV-80N	546	519	37.6	RV-500N	2432	2312	53.4
RV-100N	729	693	36.9	RV-700N	4096	3894	62.2

表 1-4　N 系列减速器的润滑剂封入量（水平安装）

型号	减速器内的空间容量 /g	必须封入量 /g	尺寸 a/mm
RV-25N	226	188	32.2
RV-42N	339	282	32.5
RV-60N	476	395	32.3
RV-80N	546	454	37.6
RV-100N	729	606	36.9
RV-125N	798	662	40.7
RV-160N	932	774	40.1
RV-380N	1963	1630	54.2
RV-500N	2432	2021	53.4
RV-700N	4096	3402	62.2

3）由于需要进行润滑剂加入量的调整，因此不要拆卸安装在减速器中间孔处的密封盖。

4）润滑剂的更换时间。减速器正常运转时，根据润滑剂的老化情况，标准更换时间为20000h。但是，当减速器的表面温度达到 40℃以上时，应密切关注润滑剂的老化、受污染情况，并缩短润滑剂的更换周期。

5）在加入润滑剂后进行磨合运转。在加入润滑剂后，根据润滑剂的特性，运转中有时会出现异响和转矩不均匀的现象。如果这些现象在磨合运转 30min 后（减速器的表面温度达到 50℃左右）消失，则说明没有质量问题。

（3）谐波减速器的安装与维护　谐波减速器所承受的负载最好是纯转矩，不能直接承受轴向力和弯矩。若必须承受弯矩，则应在减速器输出轴端增加相应的辅助支承。

例如，选用 XB 系列谐波减速器时，可参照图 1-11 及表 1-5 的要求确定相关零件的位置度公差。

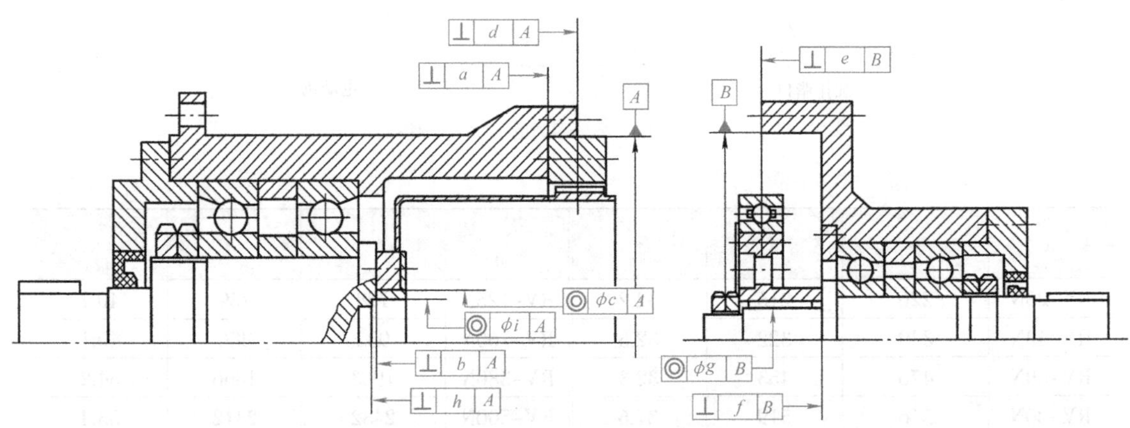

图1-11　XB系列谐波减速器相关零件的位置度公差

表 1-5　XB 系列谐波减速器相关零件的位置度公差　　（单位：mm）

机型	*a*	*b*	*c*	*d*	*e*	*f*	*g*	*h*	*i*
XB-25	0.010	0.015	0.012	0.015	0.015	0.015	0.012	0.015	0.012
XB-32	0.015	0.020	0.015	0.015	0.015	0.015	0.012	0.015	0.012
XB-40	0.015	0.020	0.020	0.025	0.025	0.015	0.015	0.020	0.015
XB-50	0.020	0.025	0.020	0.025	0.025	0.020	0.020	0.020	0.015
XB-60	0.020	0.025	0.025	0.025	0.025	0.020	0.020	0.020	0.015
XB-80	0.025	0.030	0.025	0.030	0.030	0.025	0.025	0.025	0.020
XB-100	0.025	0.030	0.030	0.030	0.030	0.025	0.025	0.025	0.020
XB-120	0.030	0.035	0.030	0.035	0.035	0.030	0.025	0.025	0.025
XB-160	0.030	0.035	0.035	0.035	0.035	0.030	0.030	0.030	0.025
XB-200	0.035	0.040	0.035	0.040	0.040	0.035	0.030	0.030	0.025
XB-250	0.040	0.045	0.040	0.040	0.040	0.035	0.030	0.030	0.025

谐波减速器也可以垂直安装使用，垂直安装又分为两种情况：

1）输出轴向下。这种谐波减速器或谐波传动组件，其波发生器位于上部，甩油杯起油泵的作用，将润滑油带入波发生器及刚轮、柔轮的轮齿啮合面。

甩油杯的结构及润滑油油面位置如图 1-12 所示。B_1、B 的数值见表 1-6。

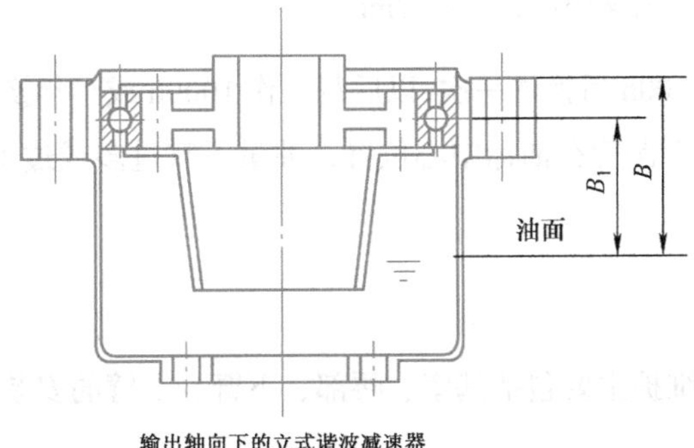

图1-12　输出轴向下安装

表 1-6　两种垂直安装的谐波减速器的油面位置及润滑油的选择

型号	环境温度为 −40~55℃时使用的润滑油	输出轴向下		输入轴向下
		B_1（从波发生器钢球中心到油面的距离）/mm	B（从刚轮的上端面到油面的距离）/mm	C（油面比波发生器钢球中心高出的距离）/mm
50	22HDL-L	20	26	2
60	32HDL-L	22	29	2
80		28	37	4
100		35	47	4
120		45	59	6
160		65	84	6
200		85	108	8
250		95	122	10

注：1. 减速器上均有透气塞，安装时透气孔应保持向上位置。
2. 在不同环境下，减速器最大温升均不允许超过 60℃。

2）输入轴向下。这种谐波减速器的安装位置及润滑油油面的位置如图 1-13 所示。C 的数值见表 1-6。

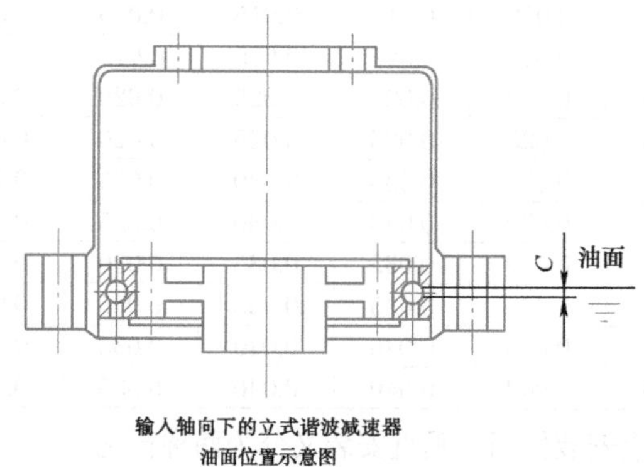

图1-13　输出轴向上安装

凡用油润滑的减速器，其在出厂时均未加油，减速器外壳上方有加油塞和透气塞，将加油塞和透气塞拧开便可注油，油质必须清洁、无杂质。卧式谐波减速器加油时应加至油标中心线位置（即高于柔性轴承下部钢球中心位置约 2mm）。

换油时间为首次运转 100h 后换油一次，以后每工作 1000h 或半年换油一次（先出现者优先）。使用中应经常检查油面是否保持在油标中心位置，油量不宜过多或过少，否则会导致减速器过热或齿轮早期磨损。

2. 机身的安装与维护

机器人机身的安装与维护主要包括基座、腰部、下臂、上臂的安装与维护。

（1）基座的安装与维护　基座是整个机器人的支承部分，它既是机器人各部件的安装和固定部位，也是机器人的电线电缆、气管油管的输入连接部位。因此，基座应具有足够大的刚度、强度和稳定性。基座的底部用来连接安装过渡板，基座内侧上方的凸台用来固定腰部回转轴的减速器针轮，减速器的输出轴用来安装腰体。基座的后侧面是管线连接盒，用来安装机器人的电线电缆和气管油管。

1）基座过渡板的安装（图 1-14）。基座底部的安装孔用来固定机器人。由于机器人的作业空间较大，而基座的安装面较小，为了保证安装稳固，一般需要在地基和基座之间安装过渡板。过渡板的厚度和面积一般比较大，以保证整个机器人运动的刚性要求。其具体尺寸根据机器人的型号和厂家要求而定。

2）地脚螺栓的安装（图 1-15）。为了保证安装稳固，基座过渡板一般需要通过地脚螺栓和混凝土地基连接，安装机器人的地基需要有足够的深度和面积。

图1-14 基座过渡板安装示意图

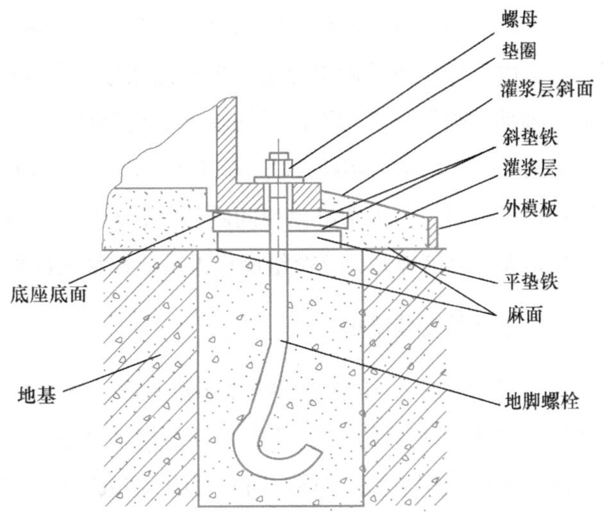

图1-15 地脚螺栓安装示意图

3）倒置安装。一般来说，机器人需要基座朝下安装在过渡板上。对于一些有特殊要求和重量较轻的机器人可采用倒置安装，这种安装方式不仅要求机器人和安装顶面之间的连接有足够的强度和刚度，还需要在基座上安装用来预防机器人脱落的防坠落保护架。

4）基座的维护。基座的维护主要涉及用来固定腰部回转轴的 RV 减速器的维护，该部分内容在上一节中已经阐述，这里不再赘述。基座的外观图如图 1-16 所示。

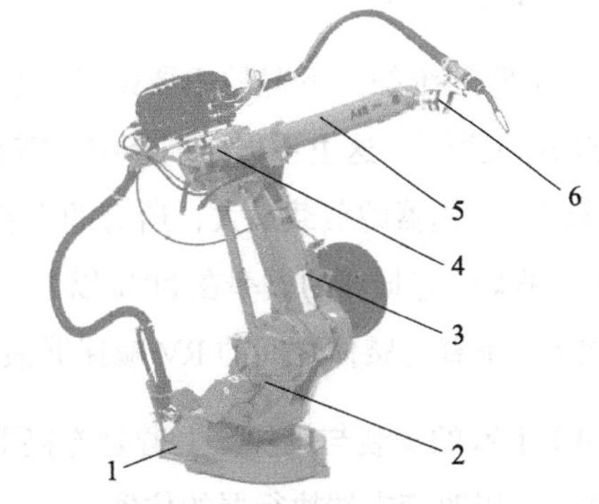

图1-16 串联机器人结构图

1—基座 2—腰部 3—下臂 4—上臂 5—手腕 6—手部

（2）腰部的安装与维护 腰部是连接基座和下臂的中间体，它可以带动下臂及后端部件在基座上回转，从而改变整个机器人的作业方向。腰部是机器人的关键部件，其结构刚性、回转范围、定位精度等都直接决定了机器人的技术性能。驱动腰部回转的 S 轴伺服电动机安装在电动机座上，电动机轴直接与 RV 减速器的输入轴连接。RV 减速器的针轮（壳体）固定在基座上，电动机座和腰体安装在 RV 减速器的输出轴上。因此，当电动机轴旋转时，减速器的输出轴将带动腰体、驱动电动机在基座上回转。

1）腰部的安装。正常情况下，腰部和回转平面的垂直度是靠安装保证的，但有些厂家的机器人腰部和底座的制造精度不够高，往往需要用垫片调整腰部与回转平面的相互位置以保证垂直度误差达到要求，这无疑给安装带来了诸多不便，且不利于拆卸。

2）腰部的维护。腰部是整个机器人上臂和下臂的支承。腰部电动机和 RV 减速器的工作情况比较好，通常磨损较小，这主要是由于腰部空闲的时间较多，动作较少的原因。腰部上还装有一个平衡缸，它是由几组弹簧并联组成的，当上臂向前伸出及向下动作时，平衡缸的弹簧受压，利用弹簧的反作用力平衡重力矩。平衡缸经过长期运行后也会出现问题，主要是固定在上臂铰链上的轴承会损坏。因为该位置的轴承受到的径向力很大，但运动速度并不快，而在该位置一般采用的是滚动轴承。实践证明，若将该位置的滚动轴承换成滑动轴承，并保证良好的润滑情况，则使用效果很好。当平衡缸出现问题需要打开时，一定要做好充分的准备工作，因为里面的弹簧力量很大，容易弹开，这会给操作人员造成很大的伤害。

（3）下臂的安装维护

1）下臂的结构。下臂是连接腰部和上臂的中间体，它可以连同上臂及后端部件在腰部上摆动，以改变末端执行器的位置。下臂和回转摆动伺服电动机分别安装在腰部上部凸耳的左右两侧，中间通过 RV 减速器完成下臂的回转摆动，该减速器同样采用输出轴固定、针轮回转的安装方式。伺服电动机安装在腰部凸耳的左侧，电动机轴直接与 RV 减速器的输入轴连接，RV 减速器的输出轴通过螺钉固定在腰部上，针轮通过螺钉与下臂连接。当电动机轴旋转时，减速器针轮将带动下臂在腰部上摆动。

2）下臂的维护。下臂的主要维护工作同样是 RV 减速器和伺服电动机的检测、维护和更换，方法如上所述，这里不再详细介绍。需要指出的是，下臂与上臂之间的 RV 减速器容易损坏，因为该轴上减速器的负载最大，所有的下臂力矩均作用在其上，是调整机器人位置和姿态的最关键的一根轴，它损坏的概率在 80% 以上。尤其是对于重载荷和高频次运行的机器人更为常见。相比之下，下臂与腰体之间的 RV 减速器损坏的概率就小得多，不到前者损坏概率的 1/10。

（4）上臂的安装与维护　上臂是连接下臂和手腕的中间体，上臂可以连同手腕及后端部件一起摆动，以改变末端执行器的位置。

1）上臂的结构及安装。上臂的上方为箱体结构，内腔用来安装驱动手腕回转的 R 轴伺服电动机及减速器。上臂回转伺服电动机安装在上臂的左下方，与其成一体的电动机安装座上。电动机轴直接与 RV 减速器的输入轴连接。RV 减速器安装在上臂另一侧，减速器的针轮（壳体）通过螺钉与上臂连接在一起，输出轴通过螺钉与下臂连接。电动机轴旋转时，上臂及电动机轴可绕下臂摆动。安装 RV 减速器时，先将针轮固定在上臂上，然后用螺钉连接输出轴和下臂，减速器安装完成后，再将安装好 RV 减速器输入轴的伺服电动机安装到上臂上。其拆卸过程与安装过程相反。

2）上臂的维护。上臂的维护工作主要也是 RV 减速器和伺服电动机的检测、维护和更换。

3. 手腕的安装与维护

机器人手腕的主要作用是改变末端执行器的姿态，例如，通过手腕的回转和弯曲，来保证工件、焊枪等作业对象处于合适的姿态，因此可以说，手腕是决定机器人作业灵活性的关键部件。机器人的手腕一般由腕部和手部组成。腕部用来连接上臂和手部，手部用来安装末端执行器。机器人腕部的回转和输出机构通常与上臂同轴安装，因此，也可以视为上臂的延长部件。通常，要完成末端执行器参考点的三维空间定位，机器人的手腕需要有三个回转或摆动自由度。

（1）手腕的结构形式　为了实现手腕的三自由度控制，机器人手腕通常采用以下三种结构形式，其中能够进行 360° 或接近 360° 回转的旋转轴，称为回转轴，简称 R 型轴。只能在 270° 以下范围内回转的旋转轴，称为摆动轴，简称 B 型轴。

1）RRR 结构。RRR 结构的手腕多采用锥齿轮传动，三根回转轴的回转范围通常不受限制，其结构紧凑、动作灵活，可以最大限度地改变末端执行器的姿态。但是，由于手腕上三根回转轴的轴线相互之间不垂直，增加了控制难度，因此，RRR 结构在通用工业机器人中使用得相对较少。

2）BBR 结构或 BRR 结构。BBR 结构即“摆动轴＋摆动轴＋回转轴”，BRR 即“摆动轴＋回转轴＋回转轴”。这两种结构的手腕，其三根轴的回转轴线相互垂直，并和三维空间的坐标轴一一对应，故操作简单、控制容易，但是这种结构手腕的外形通常比较大，结构不够紧凑，因此，多用于大型、重载的工业机器人。在机器人作业要求固定时，BBR 结构的手腕也经常被简化为 BR 结构的二自由度手腕。

3）RBR 结构。RBR 结构即“回转轴＋摆动轴＋回转轴”，这种结构的手腕，其回转轴线同样互相垂直，并和三维空间的坐标轴一一对应，故操作简单、控制容易，且结构紧凑、动作灵活，是目前工业机器人上最为常用的手腕结构。驱动其手腕回转的电动机基本都安装在上臂后侧，有前驱和后驱两种安装形式，前驱结构多用于中小规格机器人，后驱结构可用于各种规格的机器人。

（2）手腕的安装与维护

1）R 轴的安装与维护。手腕回转轴采用谐波减速器减速。R 轴的驱动电动机、减速器、过渡轴等传动部件均安装在上臂的内腔中。手腕回转体安装在上臂的前端，减速器输出轴和手腕回转体之间通过过渡轴进行连接，因此，手腕回转体可起到延长上臂的作用。R 轴驱动电动机的电缆从一侧线缆管进入内腔，电动机后侧安装有保护罩。谐波减速器的刚轮和电动机座固定在上臂的内壁上，伺服电动机的输出轴和减速器的谐波发生器相连接，谐波减速器的柔轮输出和过渡轴相连接。过渡轴是连接谐波减速器和手腕回转体的中间轴，它安装在上臂内部，可在上臂内回转。过渡轴的前端面上安装有滚子轴承，轴承的外圈固定在上臂前端面上，后端面与谐波减速器的柔轮相连接。过渡轴的后端支承为径向轴承，轴承的外圈安装于上臂的内侧，其内圈与过渡轴的后端配合。

R 轴的维护工作主要是对谐波减速器和伺服电动机的检测、维护和更换。其中轴承损坏的故障较多，主要原因是轴承中缺少润滑脂，或者润滑脂已经变质而失去作用。更换过渡轴轴承时，需要先取出前端用来固定手腕回转体的安装螺钉，将轴承内圈和手腕回转体分离，取下手腕回转体；然后取下轴承外圈的固定螺钉，便可从前端取出过渡轴和轴承。

2）B 轴的安装与维护。对于前驱结构的手腕，其手腕弯曲轴 B 和手部回转轴 T 的伺服电动机均安装在手腕回转体上。B 轴伺服电动机安装在手腕回转体的后部，电动机通过同步带与安装在手腕前端的谐波减速器输入轴相连接，谐波减速器的柔轮输出连接摆动体。

安装在手腕回转体右前侧的谐波减速器刚轮和安装在左前侧的支承座，是摆动体摆动回转的支承，它们分别用来安装左、右轴承的内圈，其外圈和摆动体相连接，可随摆动体回转。摆动体的回转驱动力来自谐波减速器的柔轮输出，减速器的柔轮与摆动体之间利用螺钉固定。因此，当驱动电动机轴旋转时，通过同步带带动谐波减速器的谐波发生器回转，减速器的柔轮输出将带动摆动体摆动。

检修 B 轴的传动系统时，首先旋松连接螺钉，取下同步带轮和同步带，脱开驱动电动机和谐波减速器的连接。然后，可从手腕回转体的左侧窗口，旋松驱动电动机的安装螺钉，从窗口中取出驱动电动机。在取下同步带轮后，可旋松连接螺钉，将减速器的谐波发生器及前后支承轴承等部件从刚轮中取出。如果需要进一步分解，可在取下谐波发生器后，再旋松连接减速器与摆动体的固定螺钉，取出减速器的柔轮及连接板，将减速器的柔轮从刚轮中取出。如果需要将摆动体取出，在谐波减速器侧，需要在取下柔轮后，继续旋松固定减速器刚轮的连接螺钉，然后将刚轮从支承轴承的内圈中取下；在另一侧，旋松连接螺钉，将支承座连同内部组件一起从支承轴承的内圈中取下。B 轴发生轴承损坏的故障也较多，需要定期进行检修。

3）T 轴的安装与维护。在中小规格的机器人上，手部回转轴（T 轴）的驱动电动机一般安装在手腕回转体上，T 轴谐波减速器等主要传动部件安装在由壳体、密封端盖所组成的封闭空间内。壳体直接安装在手腕摆动体上。T 轴回转减速传动轴通过锥齿轮与中间传动轴的输出锥齿轮啮合，锥齿轮与谐波减速器的谐波发生器相连接，减速器的柔轮通过轴套连接轴承的内圈和末端执行器的安装法兰，谐波齿轮减速器的刚轮、轴承的外圈固定在壳体上。安装法兰的外部用密封端盖封闭，并和摆动体连为一体。由于末端执行器安装法兰采用交叉滚子轴承支承，因此，它可同时承受径向和轴向载荷。

T 轴的传动轴有时因为碰撞会出现弯曲等现象，这时机器人会有噪声及运动不平稳等问题出现，需要考虑对整个轴进行修复。该轴的材质为合金钢，制造起来比较麻烦，且校正后必须进行动平衡试验。因为这根轴很细，所以在运输过程中需要特别注意。一般情况下，其中的锥齿轮基本没有磨损现象，主要是因为 T 轴在传动过程中的负载较小，因此损坏的概率不是很大。但是，出现异常时必须及时检修。其中有多套齿轮相互啮合，装配时一定要保证这些齿轮正确啮合，不仅要保证中心距正确，还要保证角度正确。这就要求在装配和维修过程中须设计出一套合适的装配和检验工具，以及轴承的拆装工具。正确的拆装是保证齿轮啮合质量的重要因素。

4. 末端执行器的安装与维护

（1）末端执行器的安装　对于工件的抓取作业，一般采用单轴或多轴气动手爪；对于焊接等需要夹持工具的作业，可直接通过夹具将工具连接在执行器的安装法兰上。这里主要讨论气动手爪的安装与维护，它安装在末端执行器的法兰上。采用气缸作为末端执行器主要是因为其结构紧凑、重量较轻，且形式多种多样，能满足各种抓取要求，具有较大的灵活性和较小的惯性。很多世界知名气动厂家利用气动原理将产品做成气动手爪，直接与机器人的末端执行器相连接。气动手爪一般通过定位销和螺钉安装在末端执行器法兰或者过渡板上。气动手爪的常用结构及外形如图 1-17 所示。

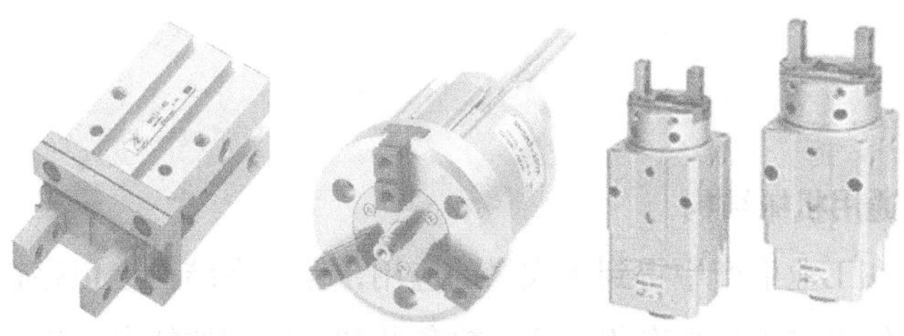

图1-17　气动手爪

（2）末端执行器的维护　气动手爪的维护注意事项如下：

1）在含有腐蚀性气体、化学药品、海水、水、水蒸气的环境中或附着上述物质的场所使用气动手爪时，应与厂家确认，以免造成气动手爪失效。

2）在含有粉尘、切削液的场所，应选用防尘型气动手爪。

3）不给油气动手爪中含有预加润滑脂，可不加油工作；其他气动手爪需使用注油器加入润滑油后再使用。

4）在运动工件可能碰到操作者的身体或气动手爪可能夹住手指的场合，应安装保护罩。

5）气动手爪不得跌落，以免造成其变形，导致精度下降或精度不良。

6）安装气动手爪及其附件时，螺纹的紧固力矩应在允许范围内。手指上安装有附件时，不可以承受扭力。

7）夹持点距离和外伸量应在规定的允许范围内，以免因手指承受过大的力矩而降低其寿命。

8）气动手爪夹持工件时，考虑到工件存在尺寸误差和磁性开关存在磁滞，选用的开闭行程应有一定的裕量。

9）安装在手指上用于夹持工件的附件应小且轻，以免开闭时的惯性力过大，使手指夹不住工件或影响气动手爪的寿命。

10）对于极细、极薄的工件，为防止夹持不稳、位置偏移等问题，应在附件上设置退让空间。

11）做往返动作的手指不得承受横向负载或冲击负载，以防手指松动或破损。在气动手爪移动的行程末端，工作和附件不要碰到其他物体，应留有间隙。

12）插装工件时要充分对中，以免手指受到意外的力。调试时，可依靠手动或低压驱动气缸做低速运动，以确保安全无冲击。

13）用速度控制阀来调节手指的开闭速度，以免手指受到过大的冲击力。

14）拆卸气动手爪时，应先确认其没有夹持工件，并须在释放完压缩空气后再拆卸。

15）遇到因停电或气源出现故障而使气压下降，造成工件脱落的情况，应采取防止脱落的措施。

1.2.3　并联机器人机械部件的安装与维护

1. 并联机器人的通用机械结构

虽然串联机器人在工业生产中得到了大量的应用，但其在结构上仍存在先天的不足。现有串联机器人的机械结构决定了其具有相对低运输负载和低精度的特点，连杆串联配置的影响尤其显著。每一根连杆都要支承除负载之外的连杆自身的重量，因而都承受了较大的弯矩。这就要求连杆必须具有足够的刚度，从而使其重量变得更重。这就是仅抓取几公斤的负载却需要使用重达几百公斤的串联机器人来完成作业的主要原因。另外，对于串联机器人，定位精度会受到柔性变形的影响，而机器人的内部传感器不能测量出这种柔性变形。更为糟糕的是，连杆放大了误差，基座端一根或两根连杆的内部传感器的测量误差将导致末端执行器产生较大的位置误差。例如，对仅由单个旋转式关节构成的 1m 长的机器人手臂而言，0.06° 的测量误差将导致末端执行器产生 1mm 的位置误差。精密减速器的回程误差也是导致定位不精确的因素之一。这也是大多数情况下，制造商给出的精度通常是远优于绝对精度的重复精度的主要原因。

（1）并联机器人的运动副　并联机器人的运动副主要有转动副（R）、移动副（P）、螺旋副（H）、圆柱副（C）、球面副（S）、平面副（E）、万向铰（U）。

（2）并联机器人分类　按照平台的自由度数量，并联机器人可分为二自由度机器人、三自由度机器人、四自由度机器人、五自由度机器人和六自由度机器人。对于空间并联机构，用每条分支中支链的基本副数目的数字链并列起来表示其结构，例如，6-5-4 表示有三条分支，每条分支中支链的基本副数目分别为 6、5、4。如果并联机构是对称结构形式的分支链，则可简化为图 1-18 所示

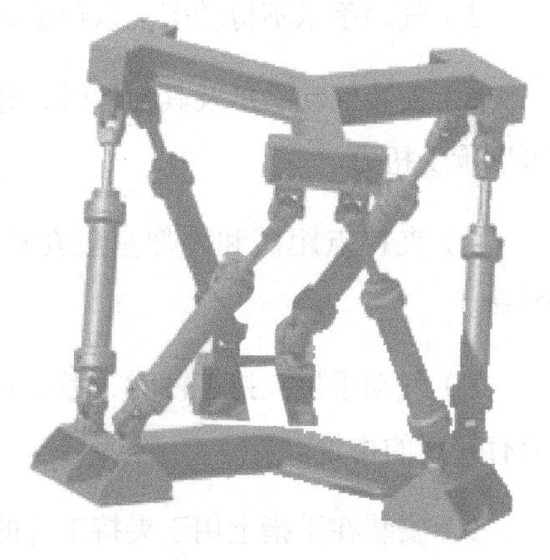

图1-18　6-SPS并联机构

的表示方法，6-SPS 并联机构中的 6 表示该机构由 6 条支链连接运动平台和固定平台组成，其各分支结构是对称的，并且每个分支都是由球面副 - 移动副 - 球面副构成的。一般来讲，并联机器人都是由固定平台、移动平台和支链三部分组成的。

2. 本体支架的安装与维护

图 1-19 所示的并联机器人本体支架的安装步骤如下：

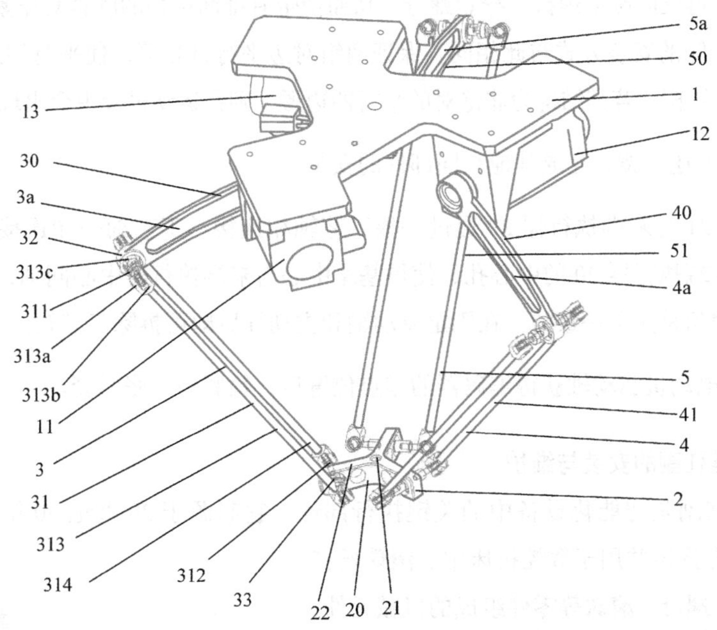

a) 主视图

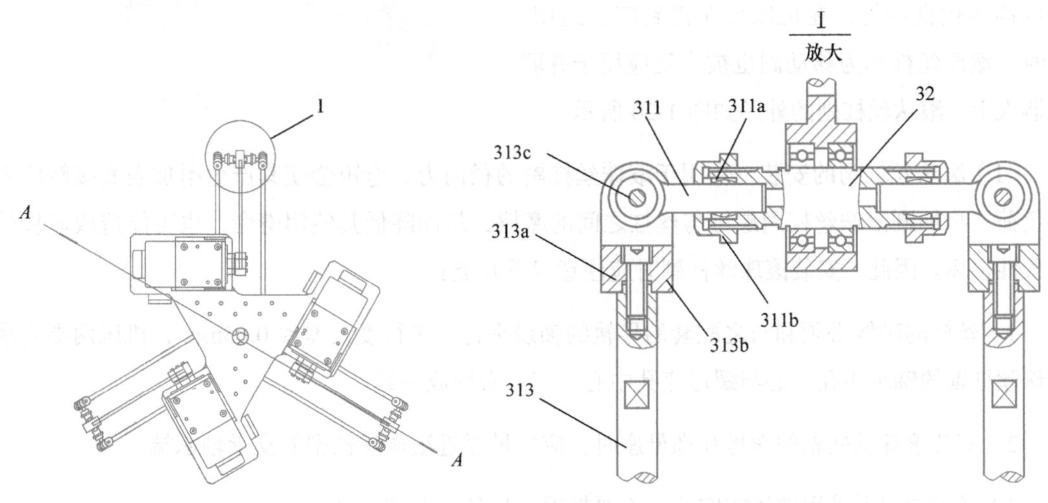

b) 俯视图和剖视图

图1-19 并联机器人本体支架及其安装方法

1）装配第一从动杆 313 一端对称设置的第一连接叉 313a 和第二连接叉 313b，用夹具保证两个连接叉的侧面平行后，拧紧螺钉。

2）完成对称设置的第一连接叉 313a、第二连接叉 313b 与第一转轴 311 的装配，在保证第一转轴 311 两端的轴承中心距后，锁紧螺母。

3）第一转轴 311 的端面通过胀紧套贴合于第一转动副 32 的端面，由第一从动杆 313 所在平面进行定位，再反向旋动螺钉、拧紧螺母。从而使带有锥面结构的胀紧套压紧销轴，以摩擦力固定销轴。另一侧的安装方式与此相同。保证两组对边平行且相等，使平行四边形杆组 31 为精确的平行四边形结构。若其结构为非绝对的平行四边形，则在运动过程中会出现振动及瞬时冲击。

4）重复上述步骤，完成其他相同部件的安装。

5）基座 21 与末端执行器 20 通过一根工艺轴相连接。工艺轴一端连接基座 21 的中心孔，另一端连接末端执行器 20 的中心孔，使得基座中心与末端执行器中心同轴，从而保证了三根主动杆的初始摆角是完全一致的，在固定驱动轴和主动杆后即可拆除工艺轴。

6）调整电动机驱动轴获得编码器的零点位置后，锁紧另一胀紧套。

3. 滚珠丝杠副的安装与维护

滚珠丝杠副是智能化设备中的关键执行部件，它起源于 20 世纪 90 年代中后期，由日本 NSK 公司首先推出并用于数控机床中。滚珠丝杠副是由丝杠、螺母、滚珠等零件组成的机械元件，其作用是将旋转运动转变为直线运动或将直线运动转变为旋转运动。因其具有传动效率高、定位精度高等优良特性，在机床行业得到广泛运用。同时，滚珠丝杠作为移动副也被广泛应用于并联机器人上。滚珠丝杠副的外形如图 1-20 所示。

图1-20　滚珠丝杠副

（1）滚珠丝杠副的安装　作用于滚珠丝杠副的径向力、弯矩会使其产生附加表面接触应力等负荷，将加剧滚珠丝杠副螺母与丝杠之间的摩擦，从而降低其使用寿命，也可能造成丝杠的永久性损坏。因此，安装滚珠丝杠副时应注意以下几点：

1）丝杠的轴线必须和与之配套的导轨的轴线平行，平行度误差≤ 0.05mm；机床两端支承滚珠丝杠副的轴承座孔中心与螺母座孔中心，三点必须成一线。

2）安装滚珠丝杠副的螺母和螺母座时，应尽量靠近滚珠丝杠副的支承轴承端。

3）通常情况下采用整体式安装，不要把螺母从丝杠上卸下来。

（2）螺母卸装注意事项

1）辅助轴的最大直径应比滚珠丝杠底径小 0.1~0.3mm。

2）辅助轴在使用时应靠近丝杠螺纹轴肩。

3）卸装过程中，旋转螺母时切勿用力过大，以免损坏螺母滚道或滚动体。

4）安装滚珠丝杠副时要避免过分撞击。

（3）螺母发生散落后的安装注意事项

1）安装前，必须认真做好各装配件的清洁工作。

2）在装配挡珠器或反向器时，滚珠进出口处与螺旋槽相切的孔应和螺旋槽准确、圆滑地衔接，使滚珠能够顺利地运行于进出口及回程滚道。螺母上的螺旋回程道也必须与两个切向孔衔接好，以保证滚珠在运行时不产生冲击、卡珠或产生滑动摩擦等不良现象。

3）挡珠器或反向器在装配时不能与螺母的滚道发生接触，为使滚珠顺利运行，还要保证与滚珠接触的端部具有正确的形状和位置。

4）滚珠丝杠副在传递精确运动时，可以调整为具有一定过盈量而有较好的接触刚度，从而提高其轴向精度；并应使其在整个行程中的摩擦阻力矩保持基本一致，没有局部过紧现象。

5）安装调整完成后，加注 140 号轴承油，润滑脂可用锂基润滑脂。

（4）滚珠丝杠副的维护

1）滚珠丝杠副在使用过程是严禁灰尘或切屑等污物进入的，因此必须装有防护装置。

2）滚珠丝杠副在机床上外露，应采用封闭的防护罩，如采用螺旋弹簧钢带套管、伸缩套管和折叠式套管等。安装时，将防护罩的一端连接在滚珠螺母的侧面，另一端固定在滚珠丝杠的支承座上。

3）滚珠丝杠副位于隐蔽位置，应采用密封圈进行防护。密封圈装在螺母的两端，有接触式和非接触式两种类型。

（5）滚珠丝杠副的润滑

1）滚珠丝杠副通常采用锂基润滑脂和轴承油两种润滑剂。润滑脂一般加在螺纹滚道和螺母的壳体空间内，轴承油则经过壳体上的注油孔注入螺母的空间内。

2）使用过程中，每半年更换一次润滑脂，清洗旧脂，涂上新脂。用轴承油润滑的滚珠丝杠副，可在机床每班工作前加油一次。

4. 导轨的安装与维护

（1）导轨上有定位螺栓时的安装（图 1-21）

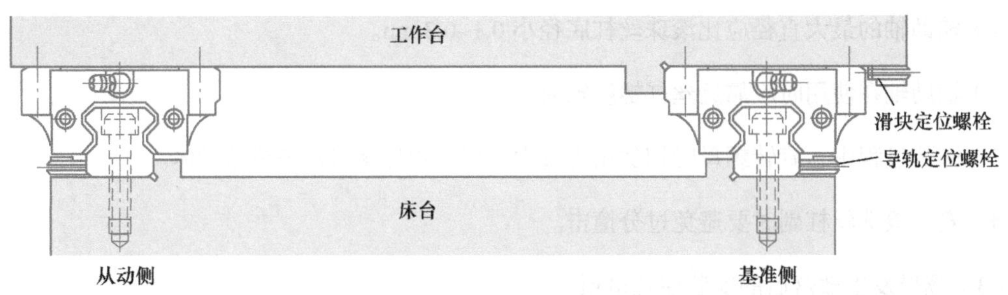

图1-21　导轨上有定位螺栓时的安装

1）安装前，必须清除安装面上的加工毛边与污物，如图 1-22 所示。

2）将线性导轨平放在床台上，使导轨的基准面贴向床台的侧向安装面，如图 1-23 所示。

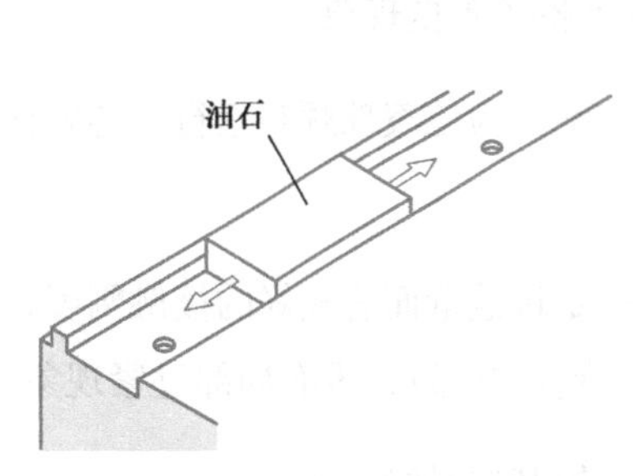

图1-22　清除导轨安装面上的污物

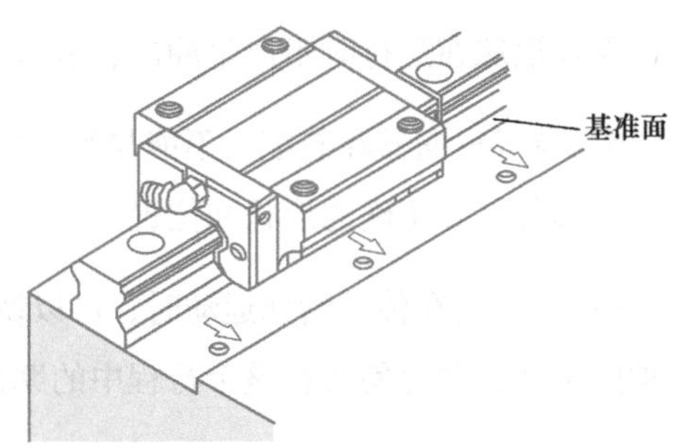

图1-23　导轨的安装

3）将装配螺栓锁定，但不完全锁紧，并使导轨基准面尽量贴紧床台侧向安装面。安装前应观察螺栓孔与装配螺栓是否吻合，如图 1-24 所示。

4）依次锁紧导轨定位螺栓锁紧，使导轨与床台侧向安装面紧密贴合，如图 1-25 所示。

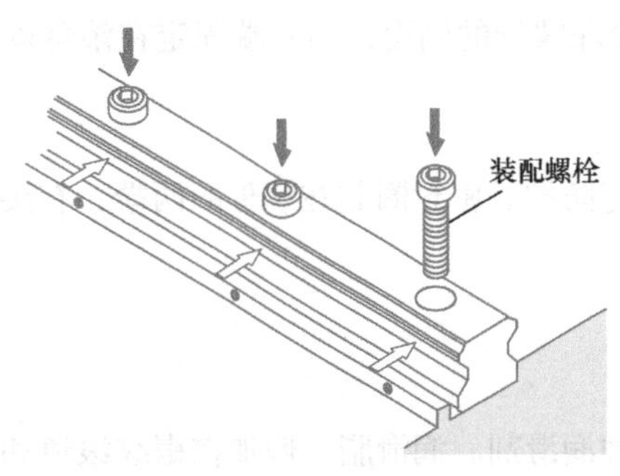

图1-24　装配螺栓锁紧

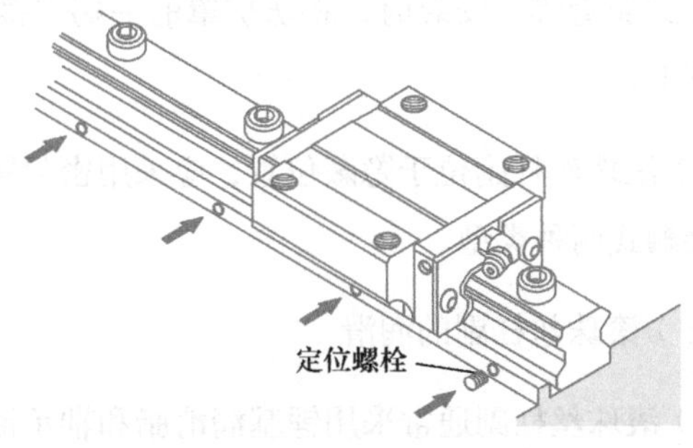

图1-25　锁紧定位螺栓

5）使用指示式扭力扳手，按规定的扭力值将装配螺栓锁紧，锁紧顺序是由导轨右端往左端依次锁紧，这样可获得稳定的精度，如图 1-26 所示。

6）依照步骤 1）~5）安装其余配对的导轨。

（2）滑块的安装　如图 1-27 所示，滑块的安装步骤如下：

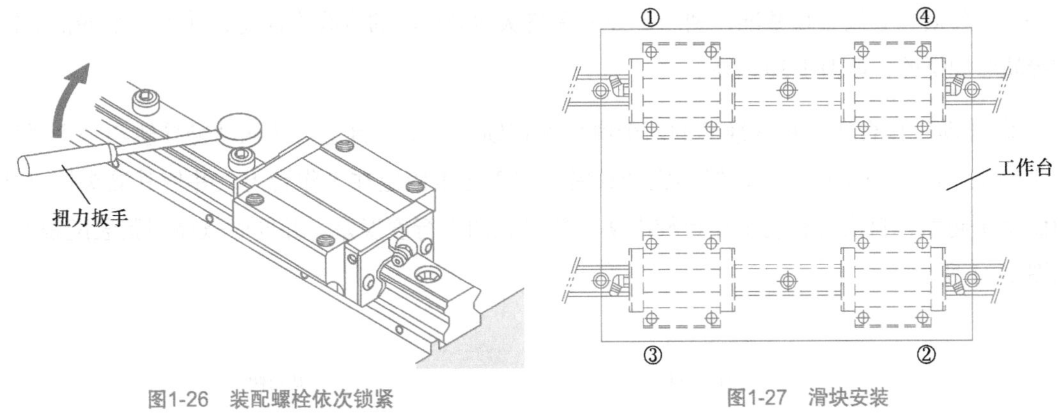

图1-26　装配螺栓依次锁紧　　图1-27　滑块安装

1）将工作台安装至滑块上，锁定滑块装配螺栓，但不完全锁紧。

2）使用定位螺栓将滑块基准面与工作台侧向安装面锁紧，以定位工作台。

3）按①～④的顺序，锁紧滑块装配螺栓。

（3）导轨上无定位螺栓时的安装　如图 1-28 所示，导轨上无定位螺栓时的安装步骤如下：

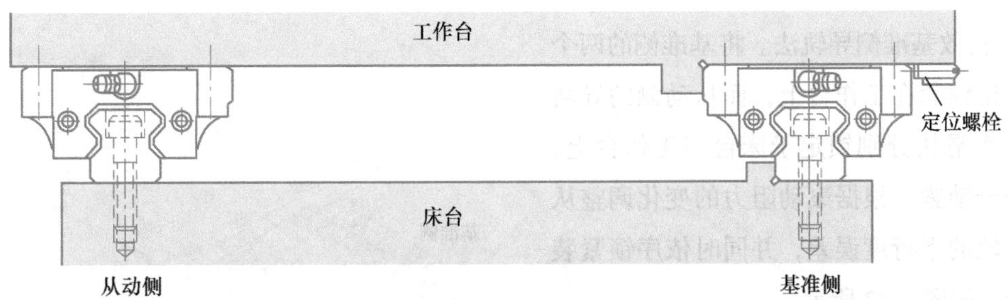

图1-28　导轨上无定位螺栓时的安装

1）基准侧导轨的安装。将装配螺栓锁定，但不完全锁紧，利用夹具使导轨基准面贴紧床台侧向安装面，再使用扭力扳手按规定的扭力值依次锁紧导轨装配螺栓，如图 1-29 所示。

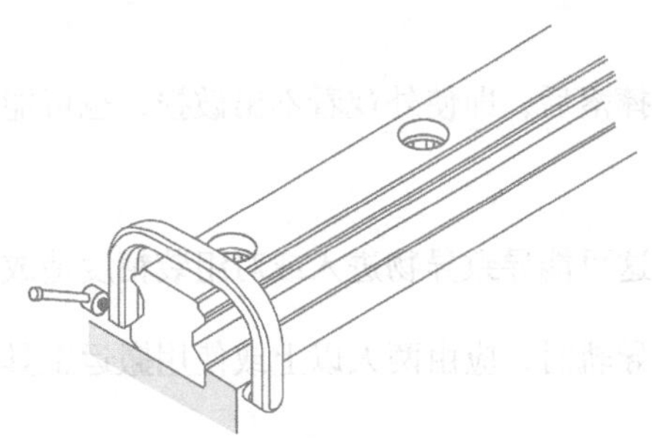

图1-29　基准侧导轨的安装

2）从动侧导轨的安装。

① 直线量块法，将直线量块置于两导轨之间，使用千分表将其调至与基准侧导轨侧向基准

面平行，然后以直线量块基准，利用千分表调整从动侧导轨的直线度误差，并沿自由端依次锁紧导轨装配螺栓，如图 1-30 所示。

② 移动工作台法。将基准侧的两个滑块固定锁紧在工作台上，使从动侧导轨与一个滑块分别锁定于床台与工作台上，但不完全锁紧。将千分表固定在工作台上，并使其测头接触从动侧滑块侧面，自由端移动工作台校准从动侧导轨的平行度误差，并同时依序锁紧装配螺栓，如图 1-31 所示。

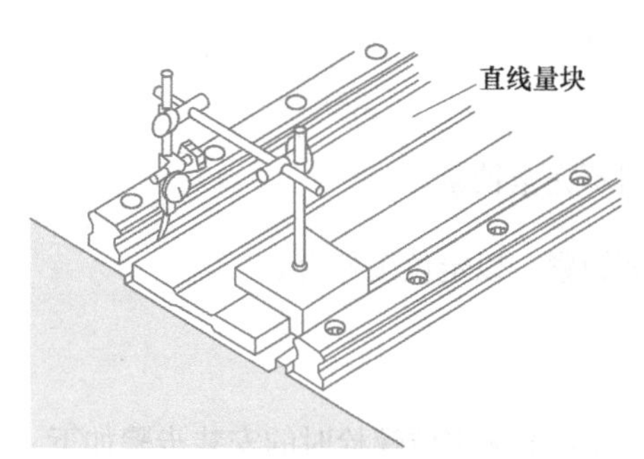

图1-30　直线量块法

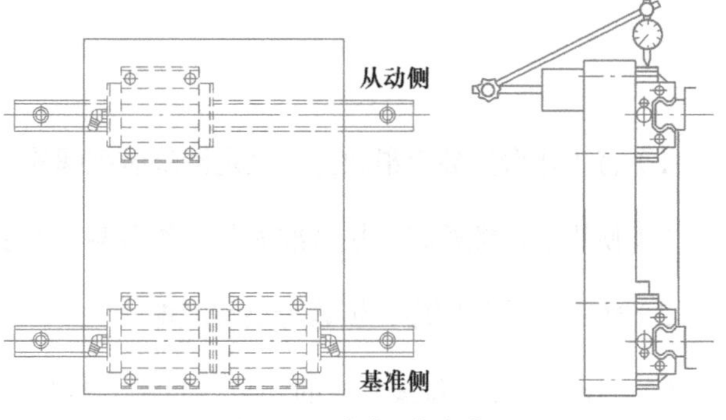

图1-31　移动工作台法

③ 仿效基准侧导轨法。将基准侧的两个滑块固定锁紧在工作台上，而从动侧的导轨与另一个滑块分别锁定于床台与工作台上，但不完全锁紧。根据滚动阻力的变化调整从动侧导轨的平行度误差，并同时依序锁紧装配螺栓，如图 1-32 所示。

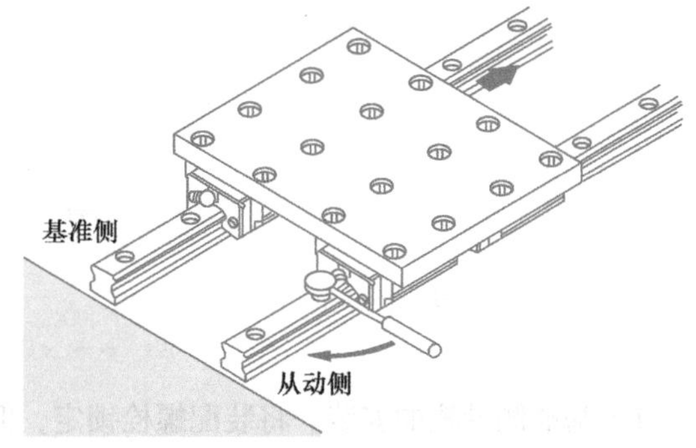

图1-32　效仿基准侧导轨法

（4）直线导轨的维护

1）滑块及导轨在倾斜后可能因自身重量而落下，应加以注意。

2）导轨受到敲击或发生摔落后，即使外观看不出破损，也可能造成功能上的损害，应加以注意。

3）切勿自行分解滑块，这可能导致异物进入或对组装精度造成不利影响。

4）搬运重量过重的线性导轨时，应由两人以上或使用搬运工具来操作，以免导致人员受伤或工件破损。

5）应防止外来物质与异物，造成滑块故障、损坏与功能上的损伤。

6）应先涂防锈油，然后再封入润滑油（脂）。

7）不同性质的润滑油（脂）不可混合使用。

8）采用润滑油润滑时，润滑油种类会因不同安装方式而异。

9）填充润滑剂后，应先来回推动滑块移动至少三个滑块长度的行程，重复此动作两次以上，并确认导轨表面是否有油膜均匀涂布。

10）使用环境温度不可超过 80℃，瞬时温度不可超过 100℃。

11）将滑块从导轨上拆卸下来或替换滑块时，应利用假轨协助安装，非必要时不可将滑块拆离导轨。

12）存放线性导轨时应确定涂上防锈油后再封入指定的封套中，并采用水平放置，且要避免高温、低温及高度潮湿的环境。

5. 连杆的安装与维护

在并联机器人的连杆系统中，主要采用电动缸和液压缸。缸体的一端通过运动副连接固定平台，另一端通过运动副连接活动平台（末端执行器）。通过各缸的伸缩来完成对末端执行器位姿的控制。下面就对图 1-33 所示液压缸的安装与维护进行简略介绍。

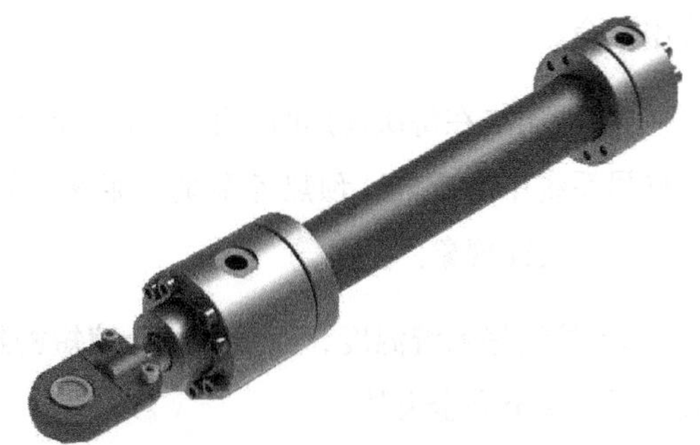

图1-33 液压缸

（1）液压缸的安装

1）液压缸及周围环境应清洁。油箱要保证密封，以防止污染。管路和油箱应清理干净，防止有脱落的氧化铁皮及其他杂物。清洁时要使用无绒布或专用纸。不能使用麻线和黏合剂作为密封材料。液压油按设计要求选用，注意油温和油压的变化。空载时，拧开排气螺栓进行排气。

2）配管的连接不得有松弛现象。

3）液压缸的基座必须有足够的刚度，否则加压时缸筒将成弓形向上翘而使活塞杆弯曲。

4）在将液压缸安装到系统中之前，应对液压缸标牌上的参数与订货时的参数进行比较。

5）脚座固定式移动缸的轴线应与负载作用力的作用线同轴，以避免引起侧向力，侧向力容易使密封件磨损及活塞损坏。对于移动物体的液压缸，安装时应使缸与移动物体在导轨面上的运动方向保持平行，其平行度误差一般不大于 0.05mm/100mm。

6）安装液压缸缸体的密封压盖螺钉时，其拧紧程度以保证活塞在全行程上移动灵活，无阻滞和轻重不均匀等现象为宜。螺钉拧得过紧，会增加阻力，加速磨损；过松则会引起漏油。

7）必须将排气阀或排气螺塞安装在最高点，以便排除空气。

8）缸的轴向两端不能固定死，且一端必须保持浮动以防止热膨胀的影响。由于缸内受液压力和热膨胀等因素的作用，因此有轴向伸缩。若缸两端固定住，则将导致缸各部分变形。

9）导向套与活塞杆之间的间隙要符合要求。

10）注意缸与导轨的平行度和直线度误差，其误差应在0.1mm/全长以内。如果液压缸上素线在全长上超差，则应修刮液压缸的支架底面或修刮机床的接触面来达到要求；如果侧素线超差，可松开液压缸固定螺钉，拔掉定位锁，校正其侧素线的精度。

11）拆装液压缸时，严防损伤活塞杆顶端的螺纹、缸口螺纹和活塞杆表面。严禁锤打缸筒和活塞表面，如果缸孔和活塞表面有损伤，不允许用砂纸打磨，要用细油石精心研磨。

（2）液压缸的维护

1）液压缸在使用过程中应定期更换液压油，清洗系统滤网，保证液压油清洁度，以延长其使用寿命。

2）液压缸在每次使用时，要进行全伸全缩地试运转五个行程，然后再带载运行。这样做可以排尽系统中的空气，预热各系统，能够有效地避免由于系统中存在空气或水，而在液压缸缸体中造成气蚀现象。

3）控制好系统温度，油温过高会缩短密封件的使用寿命，油温长期过高将使密封件发生永久变形，甚至完全失效。

4）防护好活塞杆外表面，防止磕碰和划伤对密封件的损伤，经常清理液压缸动密封的防尘圈部位和裸露的活塞杆上的泥沙，防止黏在活塞杆表面上的不易清理的污物进入液压缸内部损伤活塞、缸筒或密封件等。

5）经常检查各螺纹、螺栓等连接部位，发现松动应立即紧固好。

6）经常润滑连接部位，防止无油状态下的锈蚀或非正常磨损 。

1.3 工业机器人电气系统的连接与维护

1.3.1 电气控制系统的组成和结构

1. 电气控制系统的组成

工业机器人电气控制系统（简称电控系统）的基本组成如图1-34所示。

（1）控制计算机　它是控制系统的调度指挥机构，一般为微型机、微处理器，有32位、64

位等类型。

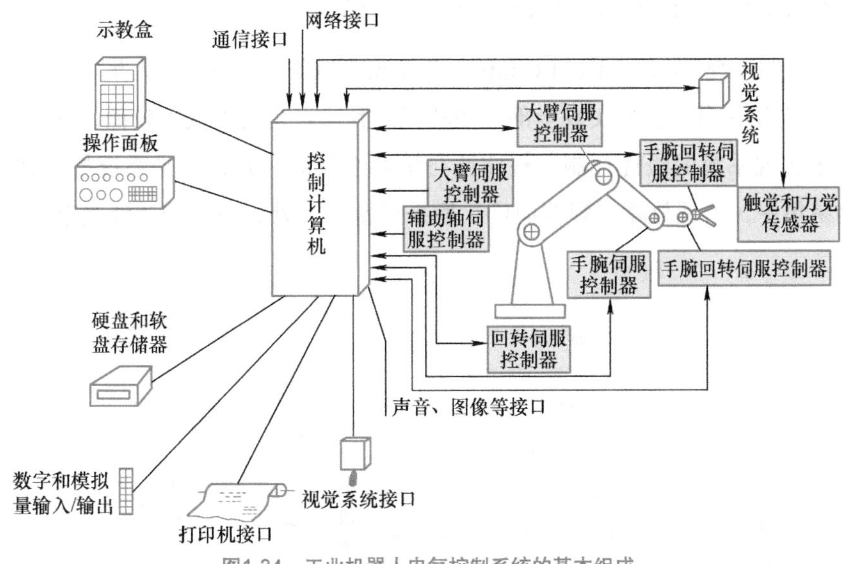

图1-34 工业机器人电气控制系统的基本组成

（2）示教盒 用来示教机器人的工作轨迹和参数设定，以及所有人机交互操作，拥有独立的 CPU 和存储单元，与主计算机之间以串行通信方式实现信息交互。

（3）操作面板 由各种操作按键、状态指示灯构成，只完成基本功能操作。

（4）硬盘和软盘存储器 存储机器人工作程序的外围存储器。

（5）数字和模拟量输入 / 输出 各种状态和控制命令的输入或输出。

（6）打印机接口 记录需要输出的各种信息。

（7）传感器接口 用于信息的自动检测，实现机器人的柔性控制，一般为力觉、触觉和视觉传感器。

（8）轴控制器 完成机器人各关节位置、速度和加速度的控制。

（9）辅助设备控制 用于和机器人配合的辅助设备的控制，如手爪变位器等。

（10）通信接口 实现机器人和其他设备的信息交换，一般有串行接口、并行接口等。

（11）网络接口

1）Ethernet 接口。可通过以太网实现数台或单台机器人的直接 PC 通信，数据传输速率高达 10Mbit/s，可直接在 PC 上用 Windows 库函数进行应用程序编程，支持 TCP/IP 通信协议，通过 Ethernet 接口将数据及程序装入各个机器人的控制器中。

2）Fieldbus 接口。支持多种流行的现场总线规格，如 Device net、AB Remote I/O、Interbus-s、PROFIBUS-DP、M-NET 等。

2. 电气控制系统的结构

工业机器人控制系统按其控制方式可分为以下三类：

（1）集中控制系统（Centralized Control System，CCS）工业机器人集中控制系统框图如图 1-35 所示，它用一台计算机实现全部控制功能。其优点是硬件成本较低，便于信息的采集和分析，易于实现系统的最优控制，整体性与协调性较好。其缺点是系统控制缺乏灵活性，控制危险容易集中，出现故障后影响面广、后果严重；另外，该系统连线复杂，会降低系统的可靠性。

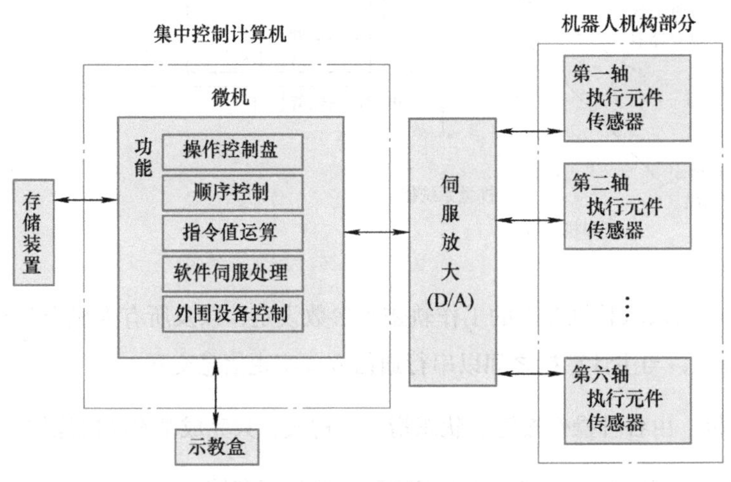

图1-35　集中控制系统框图

（2）主从控制系统　工业机器人主从控制系统框图如图 1-36 所示。它采用主、从两级计算机实现系统的全部控制功能。主计算机实现管理、坐标变换、轨迹生成和系统自诊断等功能；从计算机实现所有关节的动作控制。主从控制方式系统的实时性较好，能实现高精度、高速度控制，但其系统扩展性较差，维修困难。

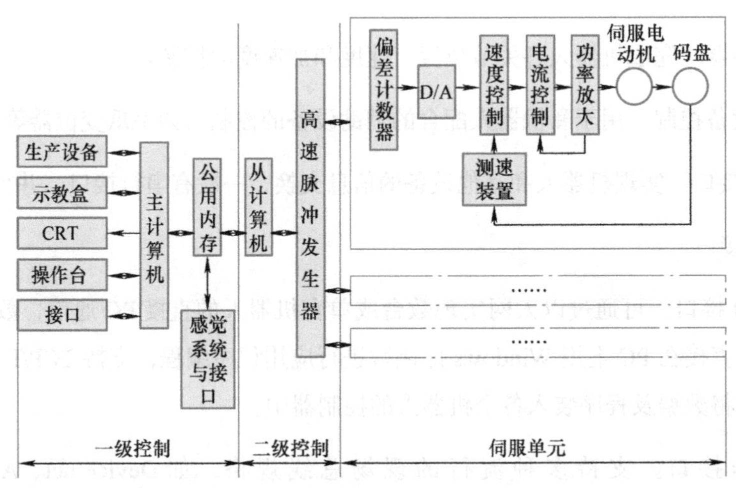

图1-36　主从控制系统框图

（3）分散控制系统（Distribute Control System，DCS） 如图 1-37 所示，工业机器人分散控制系统分为几个模块，每个模块各有不同的控制任务和控制策略，各模式之间可以是主从关系，也可以是平等关系。由于 DCS 采用“分散控制，集中管理”的主导思想，故其又称为集散控制系统。

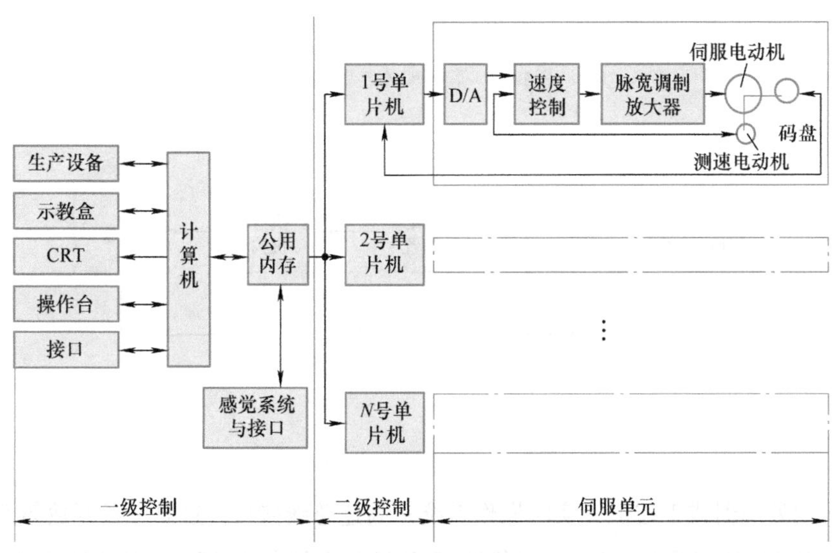

图1-37 分散控制系统框图

对于这种机器人控制系统，常采用两级控制方式，即由上位机、下位机和网络组成。上位机可以进行不同的轨迹规划和控制算法，下位机进行插补细分、控制优化等的研究和实现。上位机和下位机通过通信总线相互协调工作，这里的通信总线可以采用 RS-232、RS-485 和 USB 总线等形式。另外，随着以太网和现场总线技术的发展，尤其是现场总线的应用，形成了网络集成式全分散控制系统——现场总线控制系统（Filedbus Control System，FCS）。

分散式控制系统的优点在于系统灵活性好，控制系统的危险性降低，采用多处理器的分散控制，有利于系统功能的并行执行，提高了系统的处理效率，缩短了响应时间。

目前，世界上的商品化机器人控制器大多采用多 CPU 分散式控制方式，其实现方式有：

1）工控机（Industrial Personal Computer，IPC）+ 通用运动控制卡。这是一种应用范围较广、结构简单和易于实现的机器人控制体系结构，也是目前国内机器人所采用的主要控制器结构形式。这种控制方式主要又可分为基于 PC 的控制系统（图 1-38）、基于嵌入式控制器的控制系统和基于 PLC 的控制系统（图 1-39）三类。

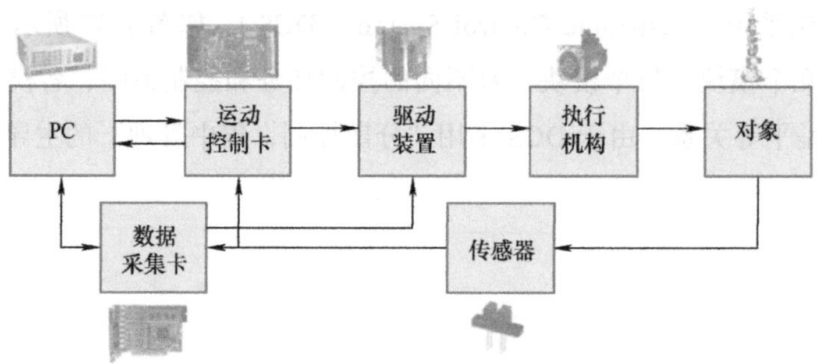

图1-38　基于PC的控制系统

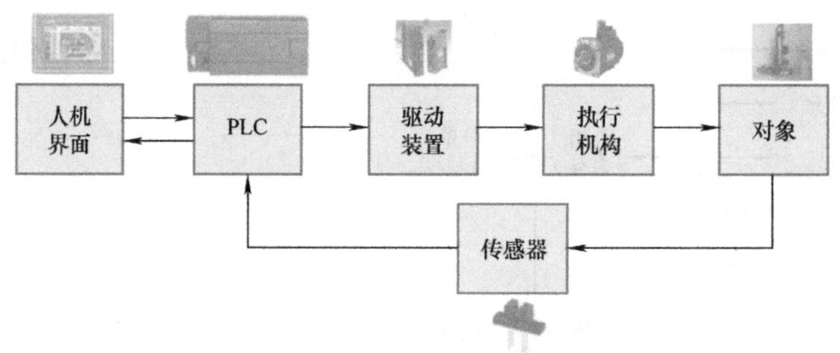

图1-39　基于PLC的控制系统

2）嵌入式处理器或工控机＋实时操作系统＋高速总线接口。这是一种开放体系结构的运动控制系统，它利用处理器不断提高的计算速度、不断扩大的存储量和具有实时性能的操作系统，实现灵活多样的运动轨迹控制和开关量的逻辑控制。目前，国际上的主流机器人生产厂家大多采用这种结构形式，图 1-40~ 图 1-42 所示分别为其电气控制系统、各部件电气接线示意图及伺服驱动系统。

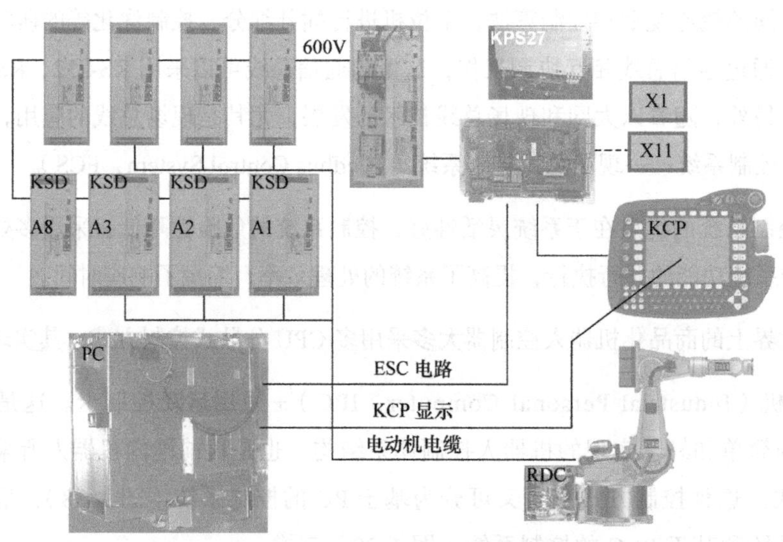

图1-40　工业机器人电气控制系统

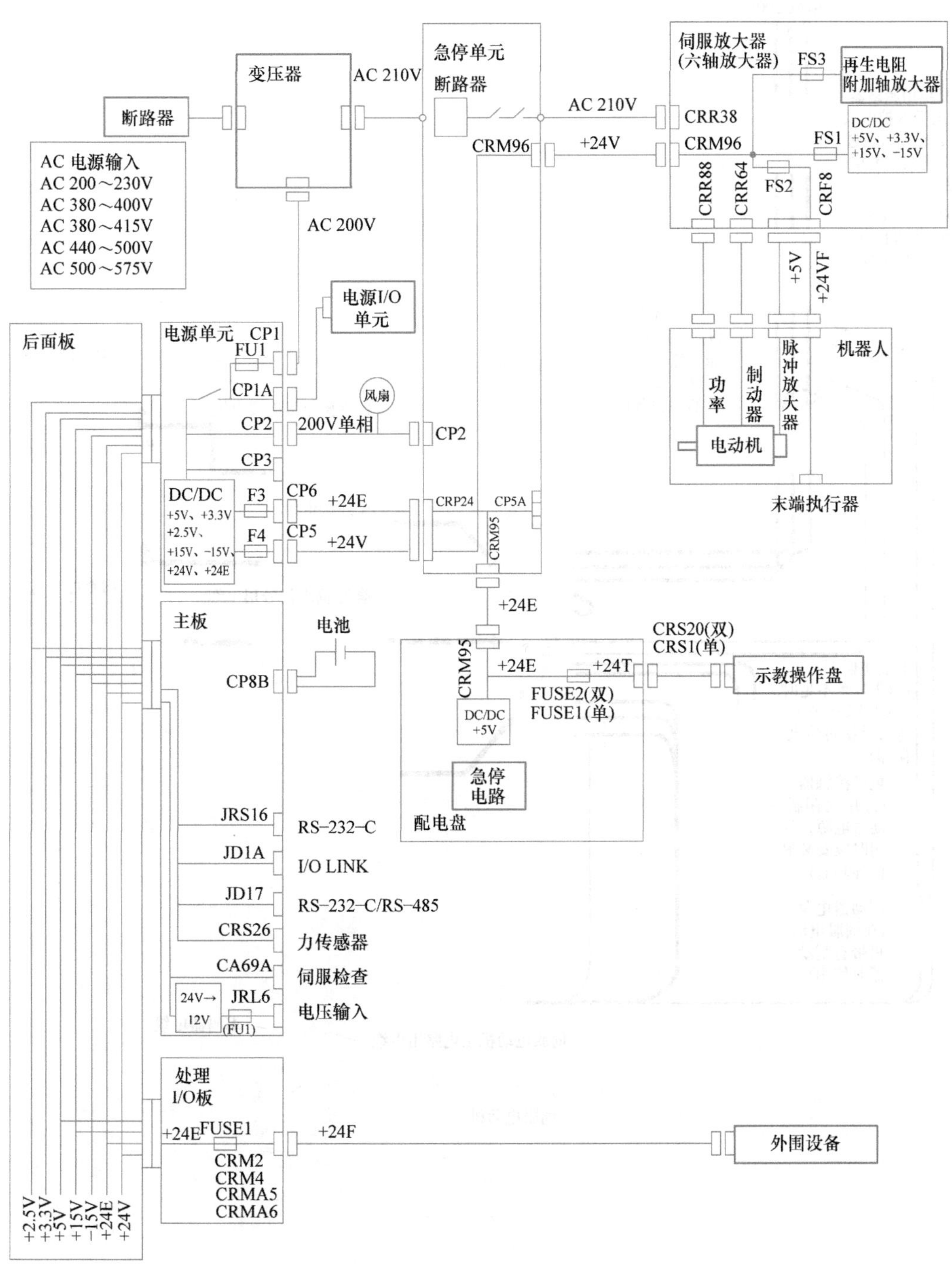

图1-41　各部件电气接线示意图

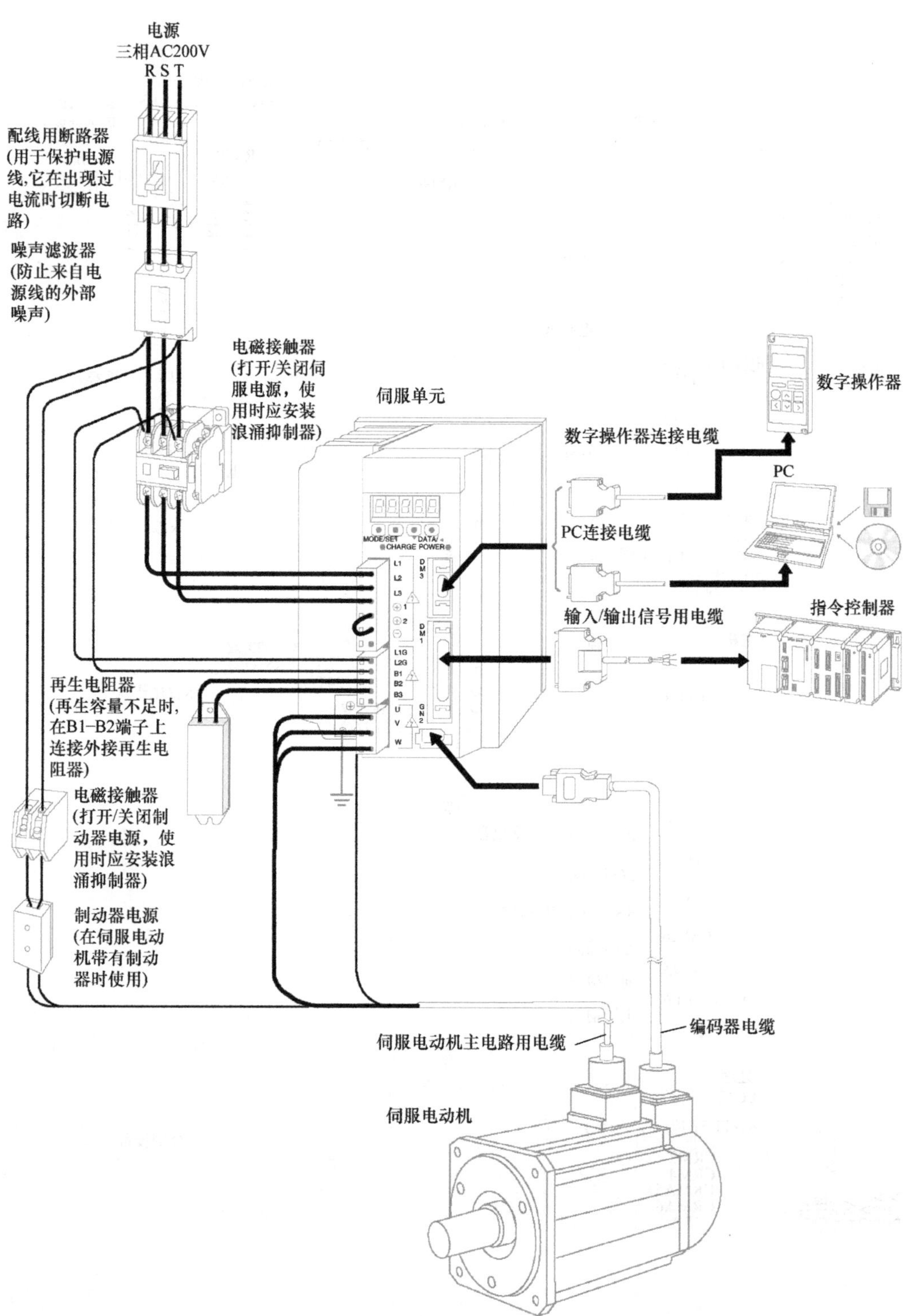

图1-42　工业机器人伺服驱动系统

1.3.2 电源供给模块电路连接与维护

1. 电路连接

图 1-43 和图 1-44 所示分别为工业机器人外部电源供给模块和伺服放大器电源供给模块的连接电路。其中，外部电源供给模块主要由断路器、滤波器和变压器组成，其作用是为工业机器人系统供给能源；而伺服放大器电源供给模块由断路器、接触器和伺服放大器等组成。

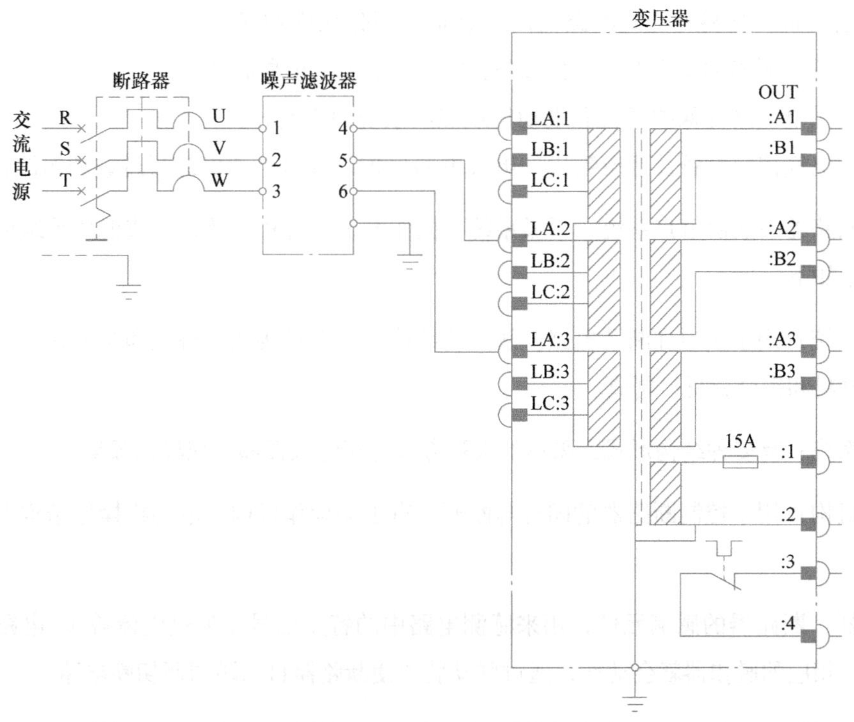

图1-43 外部电源供给模块电路

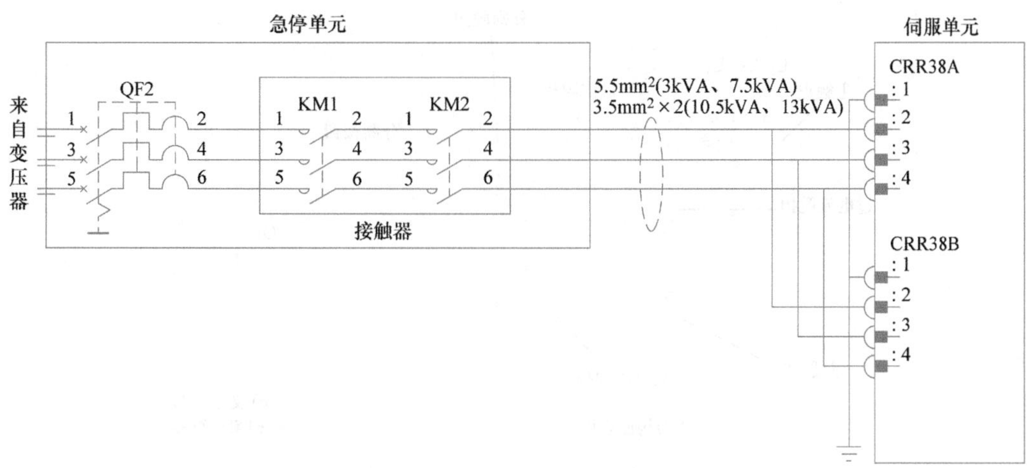

图1-44 伺服放大器电源供给模块电路

2. 主要电气元件的工作原理及维护

（1）断路器　断路器相当于刀开关、熔断器、热继电器和欠电压继电器的组合。它是一种既能进行手动操作，又能自动进行欠电压、失电压、过载和短路保护的控制电器，其外形如图 1-45 所示。

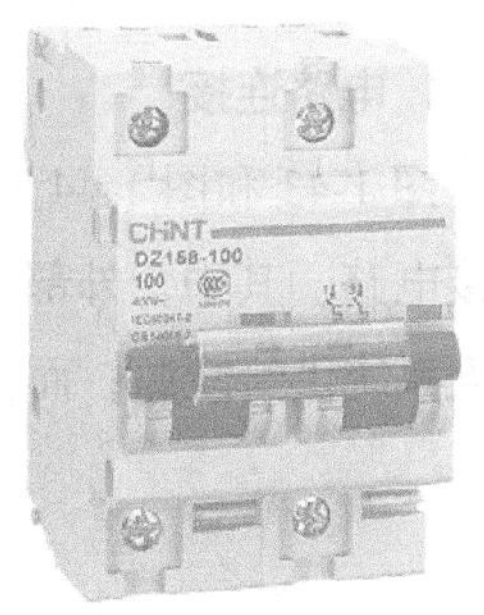

图1-45　断路器外形

1）结构。断路器的结构有框架式（又称万能式）和塑料外壳式（又称装置式）两大类。框架式断路器为敞开式结构，适用于大容量配电装置。塑料外壳式断路器的特点是各部分元件均安装在塑料壳体内，具有良好的安全性，结构紧凑、简单，可独立安装，常用作供电线路的保护开关和电动机或照明系统的控制开关，也广泛用于电气控制设备及建筑物内的电源电路保护以及对电动机进行过载和短路保护。

低压断路器一般由触点系统、灭弧系统、操作系统、脱扣器及外壳或框架等组成，各组成部分的作用如下。

触点系统：用于接通和断开电路。触点的结构形式有对接式、桥式和插入式三种，一般采用银合金材料和铜合金材料制成。

灭弧系统：有多种结构形式，采用的灭弧方式有窄缝灭弧和金属栅灭弧等。

操作机构：用于控制断路器的闭合与断开，有手动操作机构、电动机操作结构和电磁操作机构等。

脱扣器：断路器的感测元件，用来感测电路中的特定信号（如过电流等）。电路一旦出现异常信号，相应的脱扣器就会动作，通过联动装置使断路器自动跳闸而切断电路。

2）工作原理。断路器的结构原理图、文字符号和图形符号如图 1-46 所示。

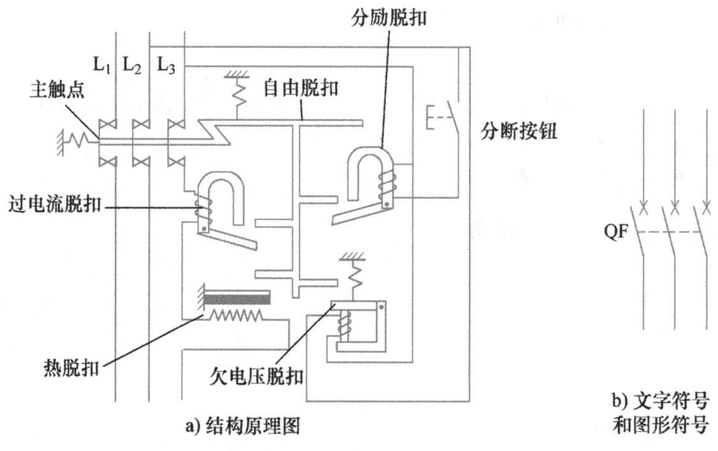

a) 结构原理图　　b) 文字符号和图形符号

图1-46　断路器的结构原理图、文字符号和图形符号

在主触点闭合后，当电路发生短路或过电流（电流达到或超过过电流脱扣器动作值）事

故时，过电流脱扣器的衔铁吸合，驱动自由脱扣器动作，主触点在弹簧的作用下断开；当电路过载时（L_3 相），热脱扣器的热元件发热，使双金属片产生足够的弯曲，推动自由脱扣器动作，从而使主触点断开，切断电路；当电源电压不足（小于欠电压脱扣器释放值）时，欠电压脱扣器的衔铁释放，使自由脱扣器动作，主触点断开，切断电路。分励脱扣器用于远距离切断电路，当需要分断电路时，按下分断按钮，分励脱扣器线圈通电，衔铁驱动自由脱扣器动作，使主触点断开而切断电路。

3）选用。断路器的额定电压和额定电流应分别不小于电路的额定电压和最大工作电流。热脱扣器的整定电流应与所控制负载（如电动机等）的额定电流一致；电磁脱扣器的瞬时动作整定电流应大于负载电路正常工作的最大电流。对于单台电动机来说，DZ 系列自动断路器电磁脱扣器的瞬时动作整定电流 I_z 可按下式计算

$$I_z \geqslant KI_q$$

式中，K 为安全系数，可取 1.5~1.7；I_q 为电动机的起动电流。

对于多台电动机来说，I_z 的计算公式为

$$I_z \geqslant KI_{qmax} + \text{电路中其他电动机的额定电流}$$

式中，K 也取 1.5~1.7；I_{qmax} 为多台电动机中的最大起动电流。

断路器用于电动机保护时，电磁脱扣器的瞬时动作整定电流一般应为电动机起动电流的 1.7 倍；断路器用于多台电动机的短路保护时，电磁脱扣器的整定电流一般为容量最大的一台电动机起动电流的 1.3 倍再加上其余电动机的额定电流。分断或接通电路时，断路器的额定电流和热脱扣器的整定电流均应等于或大于电路中负载额定电流的 2 倍。选择断路器时，不允许因下级保护失灵而导致上级跳闸，否则会扩大停电范围。

（2）噪声滤波器　为有效抑制伺服放大器对电网及周边设备产生 EMC 干扰，可在工业机器人电源供给模块中的主电源侧和变频器之间安装噪声滤波器，其外形如图 1-47 所示。

图1-47　噪声滤波器

1）结构和工作原理。电源噪声是电磁干扰的一种，其传导噪声的频谱大致为 10kHz~30MHz，最高可达 150MHz。根据传播方向不同，电源噪声可分为两大类：一类是从电源进线引入的外界干扰，另一类是由电子设备产生并经电源线传导出去的噪声。从形成特点来看，噪声干扰分串模干扰与共模干扰两种。串模干扰是两条电源线之间（简称线对线）的噪声，共模干扰则是两条电源线对大地（简称线对地）的噪声。因此，电磁干扰噪声滤波器应符合电磁兼容性（EMC）的要求，也必须是双向射频滤波器，一方面要滤除从交流电源线上

引入的外部电磁干扰，另一方面还要避免设备本身向外部发出噪声干扰，以免影响同一电磁环境中其他电子设备的正常工作。此外，电磁干扰噪声滤波器应对串模、共模干扰都起到抑制作用。

2）基本电路。电磁干扰噪声滤波器的基本电路如图 1-48 所示。

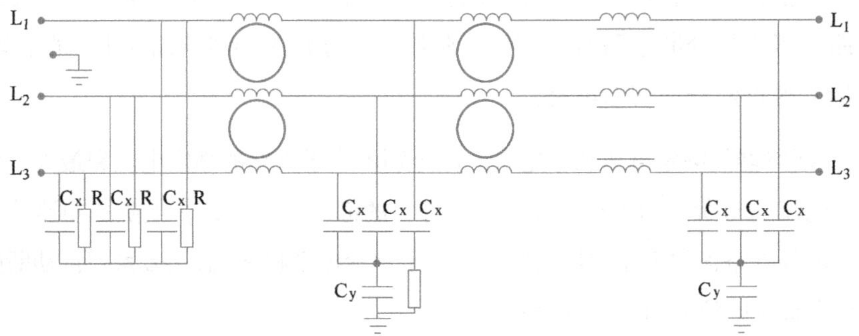

图1-48　噪声滤波器的基本电路

3）安装使用。

① 出于安全考虑，使用噪声滤波器前应对“试验电压”进行测试。

② 接地滤波器在通电使用前必须保证安全地连地，否则会造成人身伤害或财产损失。

③ 面接触滤波器的底面一般为金属表面，为保证滤波器的滤波效果，应可能使其表面与金属支架或机柜表面（之间无任何绝缘物质）相接触。

④ 安装位置滤波器时应尽量靠近变频器侧，通常情况下滤波器与变频器之间的接线越短越好，不宜超过 1m。

⑤ 布线时，滤波器的输入线与输出线不得平行或交叉，应使输入线和输出线尽量远离。

⑥ 每年应对滤波器的连接至少检查一次。

4）维护。

① 所有测试、拆卸工作应在切断电源 5min 后进行，以保证滤波器充分放电。

② 如发现滤波器有故障，应首先切断电源并及时更换。

（3）变压器　变压器是一种静止电器，它通过线圈间的电磁感应，将一种电压交流电能转换成同频率的另一种电压交流电能。确切地说，它具有变压、变流、变换阻抗和隔离电路的作用。

1）结构。变压器由铁心和绕组构成，称为器身。

① 铁心。铁心构成了变压器的磁路，同时又是套装绕组的骨架。铁心分为铁心柱和铁轭两部分。铁心柱上套绕组，铁轭将铁心柱连接起来形成闭合磁路。为了减少铁心中的磁滞、涡流损耗，提高磁路的导磁性能，铁心一般用高磁导率的磁性材料——硅钢片叠装而成。硅钢片有热轧和冷轧两种，其厚度为 0.35~0.5mm，两面涂以厚 0.02~0.23mm 的漆膜。

铁心的结构有心式、壳式和渐开线式等形式。心式结构的特点是铁心柱被绕组包围，如图1-49 所示。壳式结构的特点是铁心包围绕组顶面、底面和侧面，如图 1-50 所示。由于心式结构比较简单，绕组装配及绝缘比较容易，因而电力变压器的铁心主要采用心式结构。

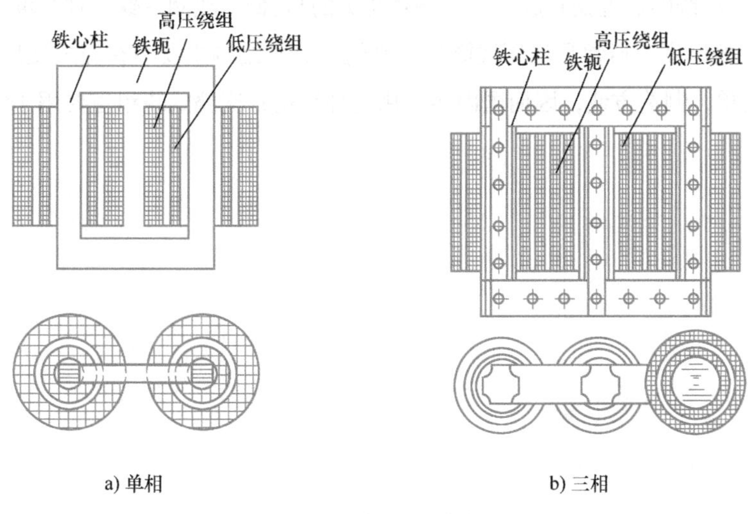

a) 单相　　b) 三相

图1-49　心式变压器的内部结构

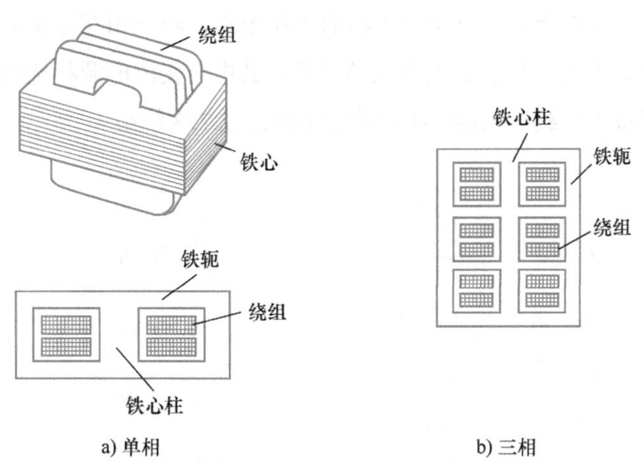

a) 单相　　b) 三相

图1-50　壳式变压器的内部结构

变压器的铁心一般是将硅钢片制作成一定形状，然后把铁柱和铁轭的钢片一层一层地交错重叠制成。采用交错式重叠法减小了相邻层之间的接缝，从而减小了励磁电流。这种结构的夹紧装置简单经济，可靠性高，因此国产变压器普遍采用叠装式铁心结构。

② 绕组。绕组是变压器的电路部分，它由铜或铝绝缘导线绕制而成。为了节省铜材，目前我国大多采用铝线。变压器的一次绕组（原绕组）输入电能，二次绕组（副绕组）输出电能，它们通常套装在同一个心柱上。一次绕组和二次绕组具有不同的匝数，通过电磁感应作用，一次绕组的电能就可以传递到二次绕组中，且使一次绕组、二次绕组具有不同的电压和电流。

两个绕组中，电压较高的称为高压绕组，电压较低的称为低压绕组。从高、低压绕组的相对位置来看，变压器的绕组又可分为同心式和交叠式。同心式绕组的排列如图 1-49 和图 1-50 所示。如图 1-51 所示，圆筒式绕组是一种同心式绕组，其高、低压线圈都做成圆筒形，在同一铁心柱上同心排列；也可以将绕组装配到铁心上成为器身，如图 1-52 所示。为了便于线圈和铁心绝缘，通常将低压线圈靠近铁心放置。交叠式绕组的高、低压线圈沿铁心柱高度方向交叠排列，为了减小绝缘层的厚度，通常是低压线圈靠近铁轭，这种结构主要用在壳式变压器中。由于同心式绕组结构简单，制造方便，因而国内多采用这种结构；交叠式绕组主要用于特种变压器中。

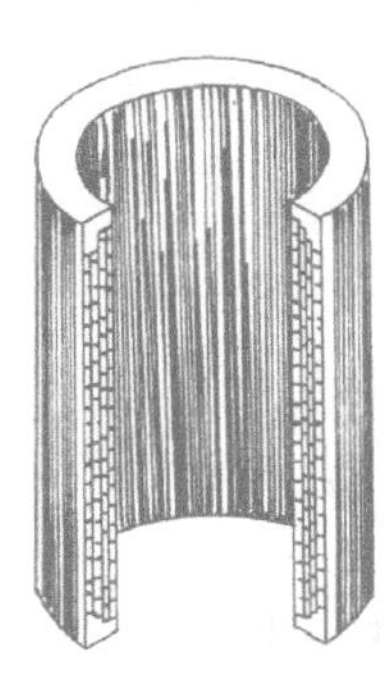
图1-51　圆筒式绕组

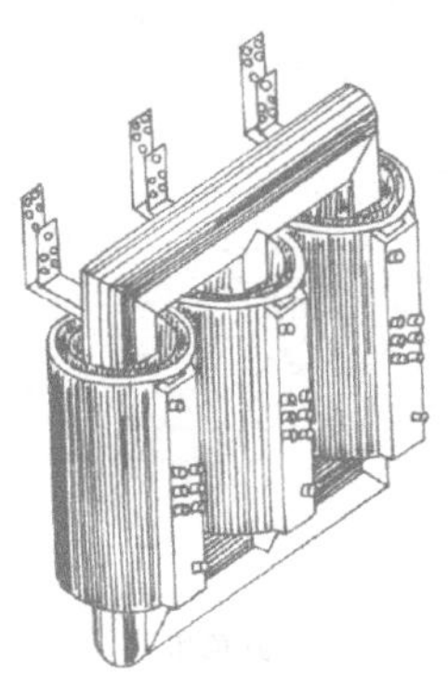
图1-52　三相变压器器身

2）工作原理。图 1-53 所示为单相变压器的工作原理，两个相互绝缘的绕组套在一个共同的铁心上，它们之间只有磁的耦合，没有电的联系。其中与交流电源相接的绕组称为原绕组或一次绕组；与用电设备（负载）相接的绕组称为副绕组或二次绕组。

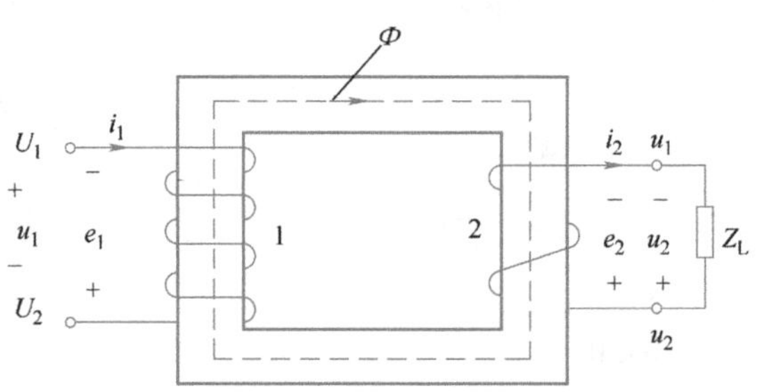

图1-53　单相变压器的工作原理

一次绕组通入电流后产生交变磁通，感应出电动势 e_1，二次绕组与一次绕组产生的磁通交链进而产生感应电动势 e_2，则有

$$e_1=-N_1\frac{\mathrm{d}\Phi}{\mathrm{d}t};e_2=-N_2\frac{\mathrm{d}\Phi}{\mathrm{d}t}$$

由上式可得

$$\frac{e_1}{e_2}=\frac{N_1}{N_2}\approx\frac{U_1}{U_2}$$

可见一次绕组、二次绕组感应电动势的大小与各自绕组的匝数成正比，而绕组的感应电动

势近似等于各自的电压。因此，只要改变绕组的匝数比，就能改变电压，这就是变压器的变压原理。

3）常见故障处理。变压器出现故障时，器身一般会发热或声音出现异常，例如：

① 电网发生单相接地或产生谐振过电压时，变压器的声音较平常尖锐。

② 当有大容量的动力设备起动时，负荷变化较大，使变压器声音变大。如果变压器带有电弧炉、可控硅整流器等负荷，由于有谐波分量，变压器内瞬间会发出“哇哇”声或“咯咯”间歇声。

③ 过负荷会使变压器发出很高且沉重的“嗡嗡”声。

④ 个别零件松动，如铁心的穿心螺钉夹得不紧或有遗漏零件在铁心上，变压器会发出强烈而不均匀的噪声或有类似于锤击和吹风的声者。

⑤ 变压器内部接触不良或绝缘有击穿时，会发出“噼啪”或“吱吱”声，且此声音随距离故障点的远近而变化。

⑥ 系统短路或接地时，变压器中将通过很大的短路电流，使其发出“噼啪”声，严重时会有巨大的轰鸣声。

⑦ 系统发生铁磁谐振时，变压器将发出粗细不均的噪声。

出现上述故障后，一般需要对电路和磁路进行检查和分析。

电路中出现的故障主要是指线环和引线故障等，常见的有线圈绝缘老化、受潮，切换器接触不良，材料质量及制造工艺不良，过电压冲击及二次系统短路引起的故障等，而铁心及其他附件的故障较少。

磁路中出现的故障一般是指铁心、铁轭及夹件间发生的故障，常见的有硅钢片短路、穿心螺钉及铁轭夹件与铁心间的绝缘损坏，以及铁心接地不良引起放电等。

为了正确地排除故障，应掌握下列情况：①系统运行方式、负荷状态、负荷种类；②故障出现时的天气情况；③变压器周围有无检修及其他工作；④运行人员有无进行操作；⑤系统有无操作；⑥采用了何种保护动作，故障现象等。

以上仅是对变压器的声音、温度、外观及其他现象的故障的初步分析，由于变压器故障并非某单一因素的反映，而是涉及诸多因素，有时甚至会出现假象。因此，必要时必须进行变压器的特性试验及综合分析，这样才能准确、可靠地找出故障原因，判明故障性质，提出较完善的处理办法，确保变压器的安全运行。

（4）接触器　接触器是一种通用性很强的自动电磁式开关电器，是电力拖动与自动控制系统中一种重要的低压电器。它可以频繁地接通和分断交流、直流主电路及大容量控制电路。其主要控制对象是电动机，也可用于控制其他设备，如电焊机、电阻炉和照明器具等电力负载。它利用电磁力的吸合和反向弹簧力作用使触点闭合和分断，从而使电路接通和断开。它具有欠电压释放保护及零压保护功能，控制容量大，可运用于频繁操作和远距离控制，而且工作可靠、寿命长、性能稳定、维护方便。但是，接触器不能切断短路电流，因此通常需要与熔断器配合使用。

接触器按主触点上通过的电流种类，分为交流和直流两种。下面以交流接触器为例进行介绍。

1）结构与工作原理。交流接触器由电磁系统、触点系统和灭弧系统三部分组成。电磁系统是接触器的重要组成部分，由线圈、铁心（静触点）和衔铁（动触点）三部分组成，图 1-54 所示为 CJ20 接触器的电磁系统。其作用是利用电磁线圈的通电或断电，使衔铁和铁心吸合或释放，从而带动动触点与静触点接通或断开，实现接通或断开电路的目的。

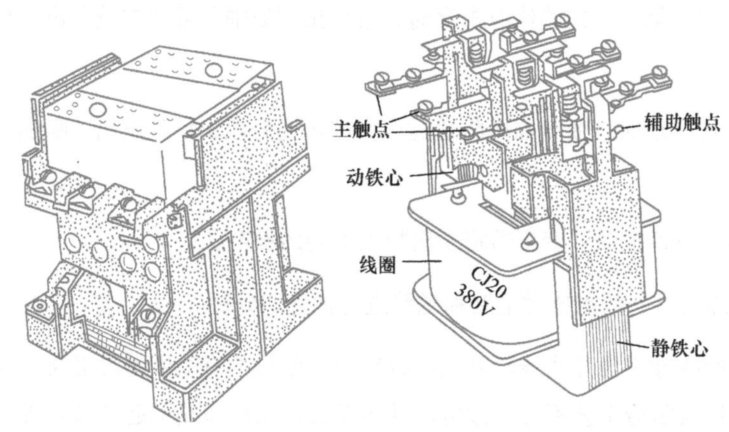

图1-54　交流接触器

交流接触器的线圈是由漆包线绕制而成的，以减少铁心中的涡流损耗，避免铁心过热。接触器的铁心和衔铁一般用 E 形硅钢片叠压铆成。同时，交流接触器为了减少吸合时的振动和噪声，在铁心上装有一个短路环作为减振器（图 1-55），使铁心中产生了不同相位的磁通量 Φ_1、Φ_2，以减少交流接触器吸合时的振动和噪声，短路环的材料一般为铜、康铜或镍铬合金。

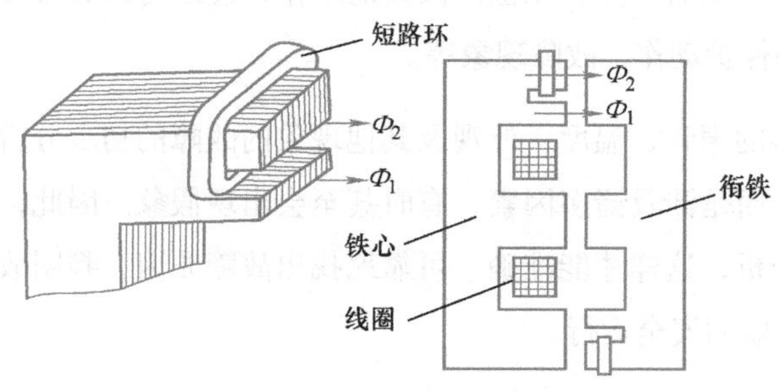

图1-55　交流接触器中的短路环

触点系统用来直接接通和分断所控制的电路。根据用途不同，接触器的触点分为主触点和辅助触点。主触点通常为三对，构成三个常开触点，用于通断主电路，其中通过的电流较大，接在电动机的主电路中。辅助触点一般有常开、常闭各两对，用在控制电路中起电气自锁和互锁的作用，其中通过的电流较小，通常接在控制电路中。

当接触器触点断开电路时，若电路中动、静触点之间的电压超过 10~12V，电流超过 80~100mA，则动、静触点之间将出现强烈的火花，这实际上是一种空气放电现象，通常称为电弧。随着两触点间距离的增大，电弧也相应地拉长，不能迅速切断。由于电弧的温度可达 3000℃或更高，会导致触点被严重烧灼，给电气设备的运行安全和人身安全等都造成了极大的威胁，因此，必须采取有效措施，尽可能地消灭电弧。常采用的灭弧措施如图 1-56 所示。

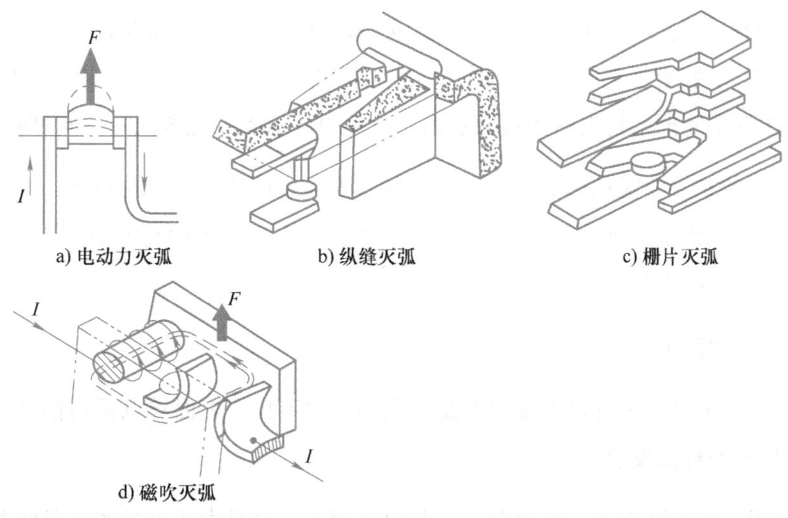

图1-56 接触器的灭弧措施

2）基本技术参数。

① 额定电压。接触器的额定电压是指主触点上的额定电压。其电压等级，交流接触器为 220V、380V、500V；直流接触器为 220V、440V、660V。

② 额定电流。接触器的额定电流是指主触点上的额定电流。其电流等级，交流接触器为 10A、15A、25A、40A、60A、150A、250A、400A、600A，最高可达 2500A；直流接触器为 25A、40A、60A、100A、150A、250A、400A、600A。

③ 线圈的额定电压。其电压等级，交流线圈为 36V、110V、127V、220V、380V；直流线圈为 24V、48V、110V、220V、440V。

④ 额定操作频率。即每小时通断次数，交流接触器可达 6000 次 /h，直流接触器可达 1200 次 /h。电气寿命可达 500~1000 万次。

3）接触器的选用。接触器主触点的额定电压应大于或等于负载电路的额定电压；主触点的额定电流应大于负载电路的额定电流，或者根据下列经验公式进行计算

$$I_c=P_n\times10^3/KU_n$$

式中，K 为经验系数，一般取 1~1.4；P_n 为电动机的额定功率（kW）；U_n 为电动机的额定电压（V）；I_c 为接触器主触点中的电流（A）。

如果接触器控制的电动机起动、制动或正反转较频繁，则一般将接触器主触点的额定电流降一级使用；接触器线圈的额定电压不一定等于主触点的额定电压，从人身和设备安全角度考虑，线圈电压可选择得低一些。

4）接触器的安装。安装接触器前，应检查线圈的额定电压等技术数据是否与实际使用情况相符，然后将铁心表面上的防锈油脂或锈垢用汽油擦净，以免多次使用后被油垢黏住，造成接触器断电时不能释放触点。接触器一般应垂直安装，其倾斜角度不得超过 5°，否则会影响接触器的动作特性。安装有散热孔的接触器时，应将散热孔放在上下位置，以利于线圈散热；安装与接线时，注意不要把杂物失落到接触器内，以免引起卡阻而烧毁线圈，同时应将螺钉拧紧。

5）接触器的维护及常见故障处理。接触器的触点应定期清理并保持整洁，但不得涂油，当触点表面因电弧作用形成金属小珠时，应及时铲除，但银及银合金触点表面产生的氧化膜，由于接触电阻很小，可不进行修复。

接触器的常见故障如下：

① 触点过热。主要原因有接触压力不足、表面接触不良、表面被电弧灼伤等，造成触点接触电阻过大，从而使触点发热。

② 触点磨损。触点磨损有两种原因：一是电气磨损，这是由于电弧的高温使触点上的金属氧化和蒸发所致；二是机械磨损，这是由于触点闭合时的撞击，以及触点表面的相对滑动摩擦所致。

③ 线圈失电后触点不能复位。主要原因有触点被电弧熔焊在一起；铁心剩磁太大，复位弹簧弹力不足；活动部分被卡住等。

④ 衔铁振动有噪声。主要原因有短路环损坏或脱落；衔铁歪斜；铁心端面有锈蚀尘垢，使动、静铁心接触不良；复位弹簧弹力太大；活动部分有卡滞，使衔铁不能完全吸合等。

⑤ 线圈过热或烧毁。主要原因有线圈匝间短路；衔铁吸合后有间隙；操作频繁，超过允许操作频率；外加电压高于线圈额定电压等。

1.3.3 伺服驱动模块电路连接与维护

1. 伺服电动机连接模块

（1）电路连接　图 1-57 和图 1-58 所示分别为工业机器人关节伺服电动机主电路和驱动电路。其中，关节伺服电动机主电路主要由伺服驱动器、伺服电动机和制动器组成，它的作用是驱动工业机器人的各关节运动，而伺服电动机驱动电路模块的主要元件为电动机功率模块，它主要为电动机提供频率可变的电能。

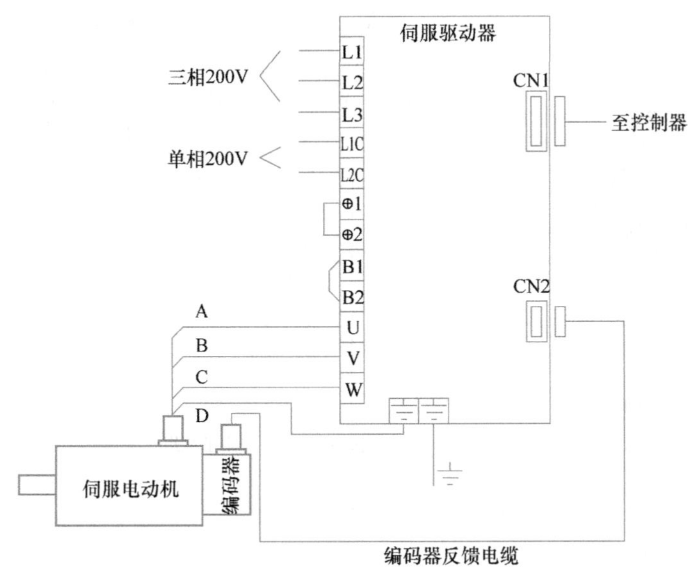

图1-57 伺服电动机主电路

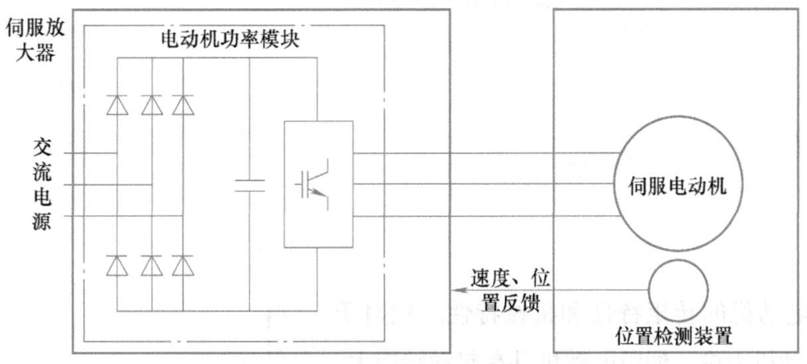

图1-58 伺服电动机驱动电路

（2）主要电气元件的工作原理及维护

1）伺服电动机的结构。工业机器人伺服电动机的外形如图1-59所示，其内部结构如图1-60所示，主要由电动机本体、编码器、电动机轴、电动机插座等组成。伺服电动机的工作原理与三相交流电动机类似，如图1-61所示。

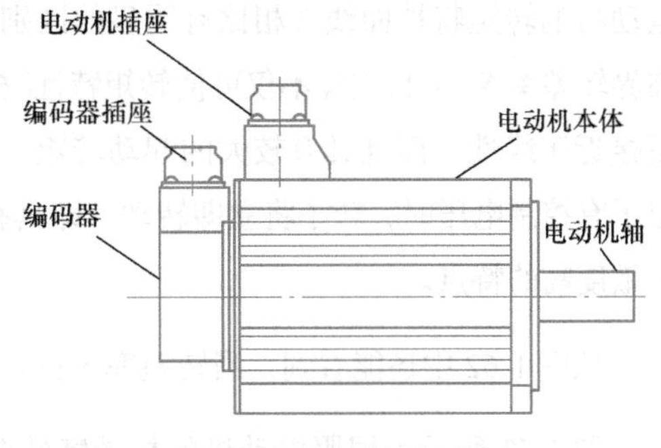

图1-59 伺服电动机外形图

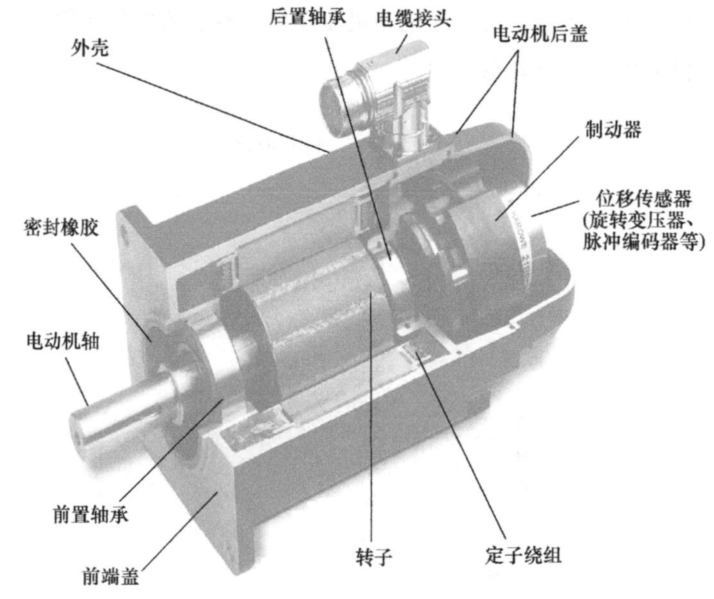

图1-60　伺服电动机的内部结构

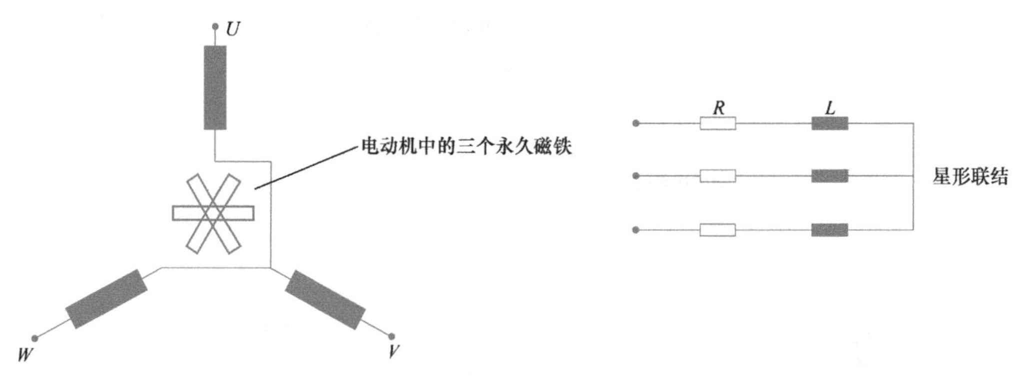

图1-61　伺服电动机的工作原理

2）伺服电动机的转矩特性和机械特性。相对于一般的交流电动机来讲，伺服电动机具有起动转矩大、运行速度范围宽等特点，这得益于转子电阻较大。其转矩特性曲线如图 1-62 中的曲线 1 所示，与普通异步电动机的转矩特性曲线 2 相比有明显的区别。它可使临界转差率 $S_0 > 1$,这样不仅可使转矩特性(机械特性)更接近于线性，而且具有较大的起动转矩。因此，当定子有控制电压时，转子将立即转动，即具有起动快、灵敏度高的特点。

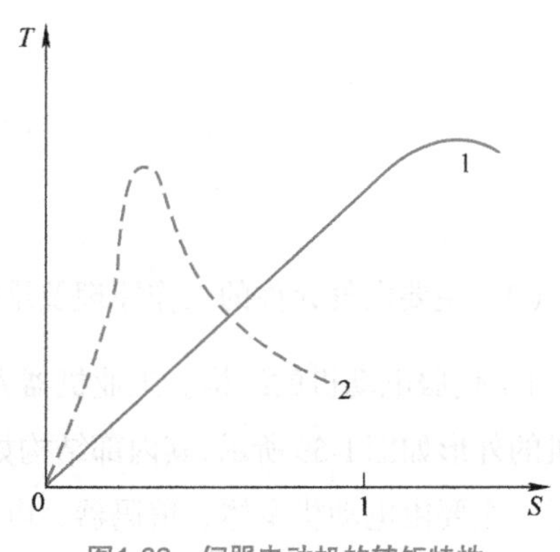

图1-62　伺服电动机的转矩特性

从图 1-62 中还能看到，当转差率 S 在 0~1 范围内时，伺服电动机都能稳定运转。

图 1-63 所示为伺服电动机的机械特性曲线。从图中可以看出，当负载一定时，控制电压

U_c越高，转速就越高；当控制电压一定时，负载增加时，转速下降。

3）电动机功率模块。变频器控制输出正弦波的驱动电源是以恒电压频率比（U/f）保持磁通不变为基础的，再通过正弦波脉宽调制（SPWM）驱动主电路，来产生U、V、W三相交流电驱动三相交流异步电动机工作。

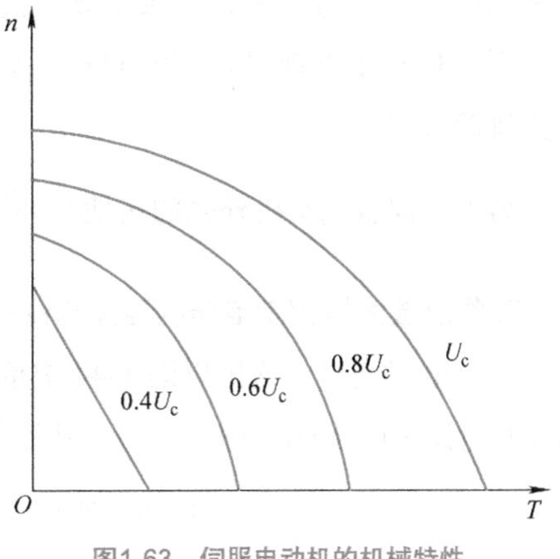

图1-63 伺服电动机的机械特性

SPWM的控制信号为幅值和频率均可调的正弦波，载波信号为三角波，如图1-64所示。当控制电压高于三角波电压时，比较器输出电压U_d为“高”电平，否则输出“低”电平。

如图1-65所示，SPWM调制波经功率放大后才能驱动电动机。在SPWM变频器功率放大主电路中，左侧的桥式整流器将工频交流电转变成直流恒值电压，给图中右侧的逆变器供电。等效正弦脉宽调制波u_a、u_b、u_c送入T1~T6的基极，逆变器输出脉宽按正弦规律变化的等效矩形电压波，经过滤波转变成正弦交流电来驱动交流伺服电动机工作。

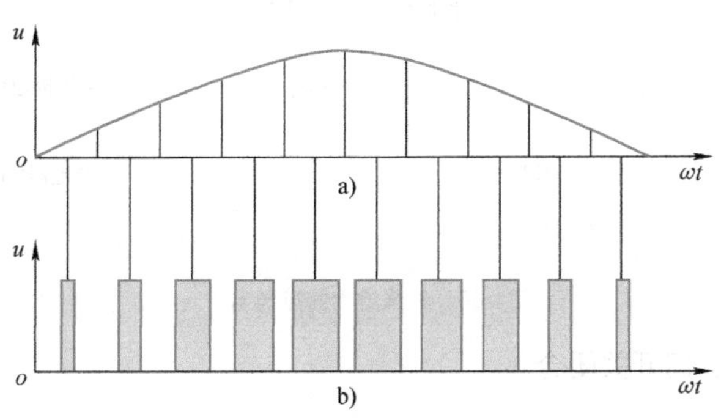

图1-64 SPWM信号调制

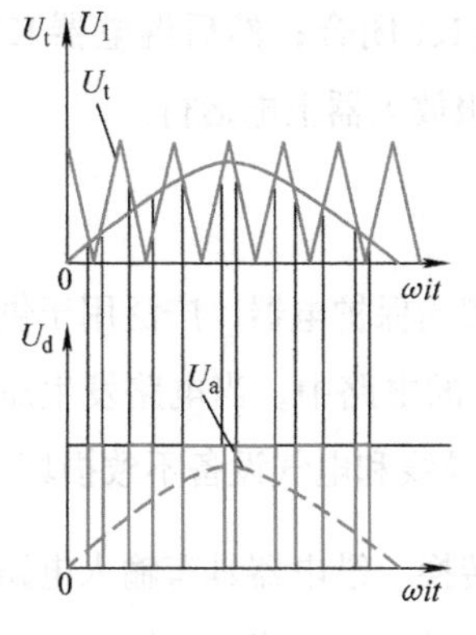

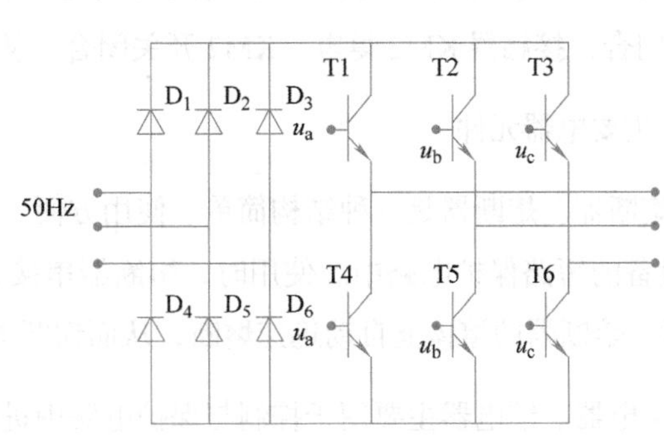

图1-65 SPWM功率放大主电路图

4）伺服电动机的使用。伺服三相异步电动机在运行过程中需注意，若其中一相和电源断开，则变成单相运行，此时电动机仍按原来的方向运转。但若负载不变，则三相供电变为单相供电，电流将变大，导致电动机过热，使用中要特别注意这种现象。若起动前有一相断电，则三相异步电动机将不能起动，只能听到嗡嗡声，而长时间无法起动将导致过热，必须迅速排除故障。

另外，伺服电动机外壳的接地线必须可靠地接大地，以防止漏电。

2. 伺服放大器控制电路的连接与维护

（1）电路连接　这里以图 1-44 中接触器 KM2 的控制为例，对工业机器人伺服放大器的基本控制电路（图 1-66）进行说明。其控制原理如下：

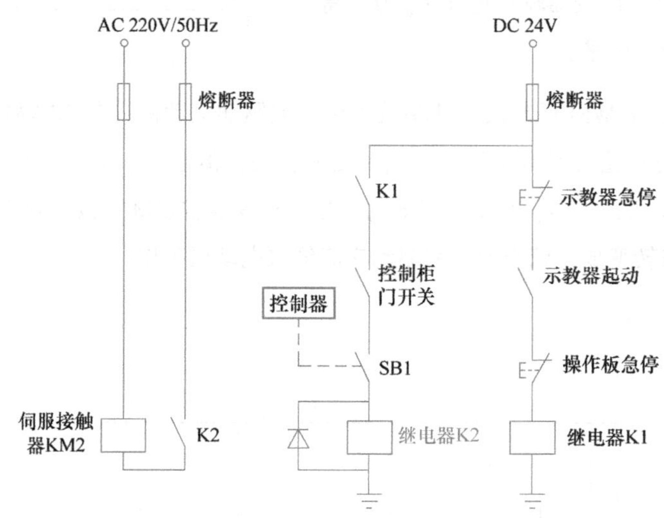

图1-66　伺服放大器控制电路

1）控制柜门关闭，门开关闭合。

2）机器人系统正常起动后，主板控制器发出指令，常开开关 SB1 闭合。

3）按下示教器起动开关后，继电器 K1 得电，相应开关 K1 闭合；然后继电器 K2 得电，开关 K2 闭合，接触器 KM2 得电，KM2 开关闭合，从而使伺服放大器上电运行。

（2）主要电器元件

1）熔断器。熔断器是一种结构简单、使用方便、价格低廉的保护电器，广泛用于供电线路和电气设备的短路保护电路中。使用时，熔断器串接在所保护的电路中，当电路发生短路或严重过载时，熔断器的熔体能自动迅速熔断，从而切断电路，使导线和电气设备不致损坏。

2）继电器。继电器主要用于控制与保护电路中进行信号转换。继电器具有输入电路（又称感应元件）和输出电路（又称执行元件），当感应元件中的输入量（如电流、电压、温度、压力等）变化到某一定值时，继电器动作，执行元件便接通或断开控制电路。

3）主令电器。用于发送动作指令的电器称为主令电器。常用的主令电器有按钮、行程开关、接近开关、万能转换开关等。

以上电气元件的具体维护方法可参阅相关教材或书籍，这里不再赘述。

1.3.4 位置反馈模块电路连接与维护

1. 电路连接

某机器人一个关节所涉及的伺服电动机编码器接线图如图 1-67 所示，其中电源采用 DC−5V。

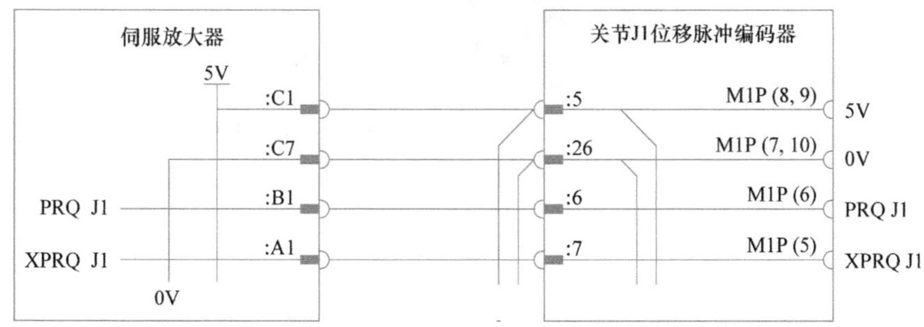

图1-67 关节J1伺服电动机编码器电路

2. 主要电气元件的工作原理及使用

（1）旋转变压器

1）结构及工作原理。旋转变压器是一种输出电压随转子转角变化的角位移测量装置，它在伺服电动机中的作用是测量电动机轴的位移和速度，因此一般固连在电动机轴上。旋转变压器的外形如图 1-68 所示。

图1-68 旋转变压器外形图

旋转变压器的内部结构如图 1-69 所示。其中有一个电磁元件，由它提供角度信息。该电磁元件的结构类似于一个小型交流发电机，有三个转子线圈和两个相差 90° 角的定子线圈。与交流发电机相反，位于转子上的一次绕组接交流电。

由每个旋转变压器引出一根导线到 RDW 组件（旋转变压数字转换器）。从二次绕组出来的电压在 RDW 组件的模数转换器中进行处理，它以 12 位的分辨率输出二进制角度值，微处理器在电动机旋转 1/3 圈以内就能测出旋转变压器的位置。

因为旋转变压器只需要很小的能量，转子就能由转子变压器来供电。由 RDW 组件产生的交流电压在转子上从一次绕组感应到二次绕组，因此取代了过去通常所用的滑环和电刷。图 1-70 所示为旋转变压器的工作原理，图 1-71 所示为频率变化过程。

图1-69 旋转变压器的内部结构

注：INKR 为脉冲宽度。

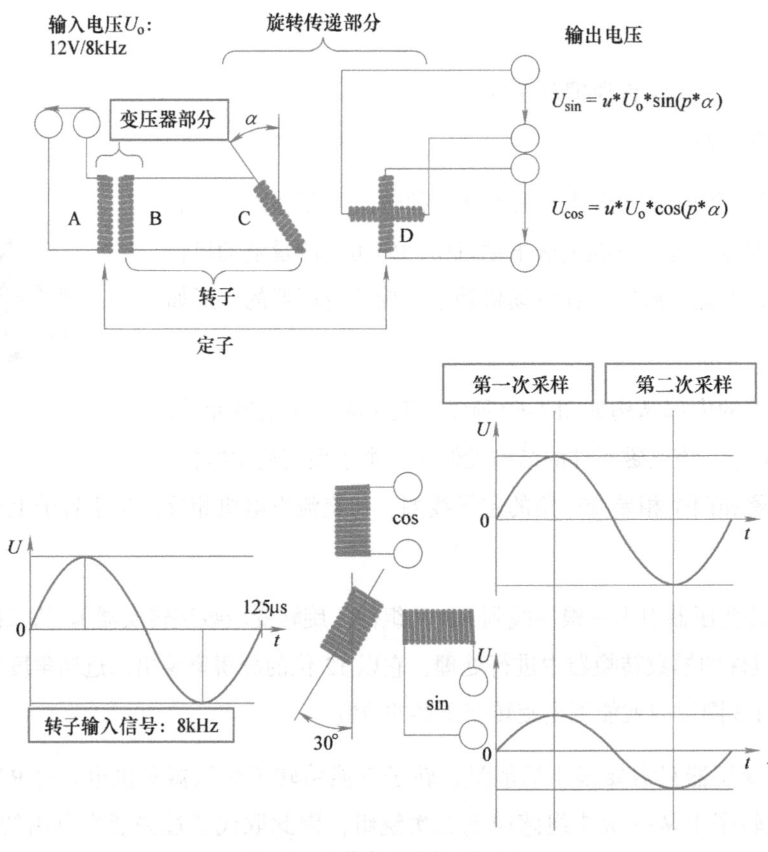

图1-70 旋转变压器的工作原理

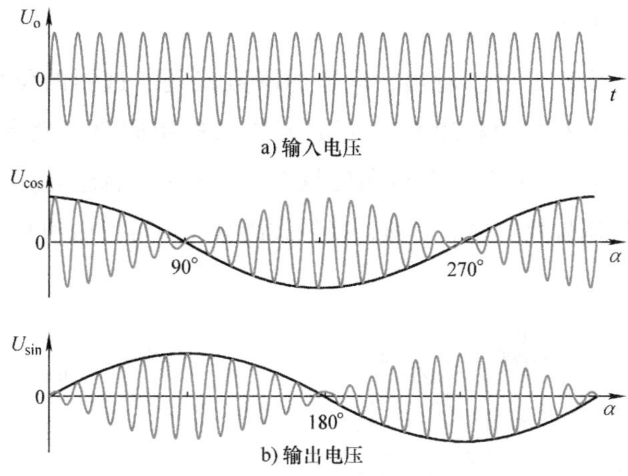

图1-71 旋转变压器的频率变化过程

2）应用。根据以上分析可知，测量旋转变压器二次绕组中感应电动势 U_2 的幅值或相位的变化，即可得到转子偏转角 α 的变化。如果将旋转变压器安装在机器人关节轴或伺服电动机上，当 α 角从 0° 变化到 360° 时，表示机器人关节或电动机轴转动了一周。测量总角度位移时，由于普通旋转变压器属于增量式测量装置，如果将其转子直接与电动机或关节轴相连，则只能反映转子转动一周以内的情况，不能反映总角度位移。

因此，为计算伺服电动机或关节轴的绝对位置，需要增加一台绝对位置计数器，用来将累计所转的圈数折算成总角度位移。为区别转向，还应加一只相敏检波器来辨别转向。

（2）脉冲编码器 脉冲编码器是一种旋转式脉冲发生器，它能把机械转角转变成电脉冲，是机器人关节上使用很广泛的位移检测装置。脉冲编码器可分为增量式与绝对式两类。其外形如图 1-72 所示。

图1-72 脉冲编码器外形图

脉冲编码器按脉冲产生元件不同，又分为光电式、接触式和电磁感应式三种，从精度和可靠性来看，光电式较好，故工业机器人主要使用的是光电式脉冲编码器。

脉冲编码器的主要参数是脉冲数 / 转（p/r），常用的有 2000p/r、2500p/r、3000p/r，它可以用于角度检测，也可用于速度检测。脉冲编码器通常与电动机做成一体，或安装在机器人关节轴端。

1）绝对式脉冲编码器。

① 工作原理。由图 1-73 可以看出，码道的圈数就是二进制的位数，而且高位在内、低位在外。其分辨角 θ=360°/24=22.5°。若是 n 位二进制码盘，就有 n 圈码道，分辨角 θ=360°/2n；码盘位数越大，所能分辨的角度越小，测量精度就越高。若要提高分辨力，则必须增多码道，即二进制位数增多。目前，接触式码盘一般可以做到 9 位二进制，光电式码盘可以做到 18 位二进制。

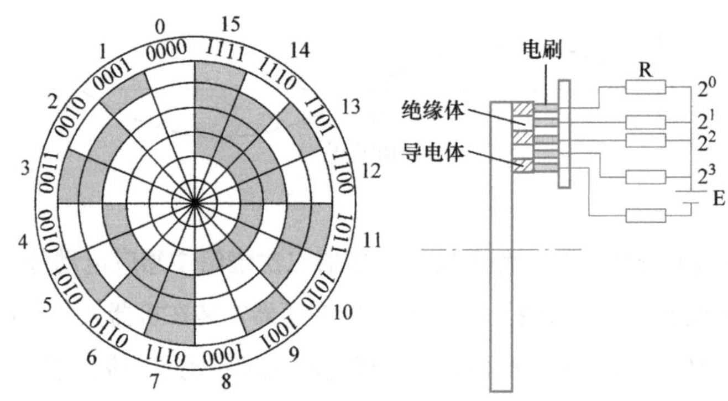

图1-73　脉冲编码器的工作原理

② 自然码盘的缺点及葛莱码盘。如图 1-74 所示，用二进制码做的码盘，如果电刷安装得不准，则会由于个别电刷错位而出现很大的数值误差。

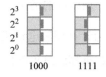

图1-74　误差举例

为了消除这种误差，可采用如图 1-75 所示的葛莱码盘，其各码道的数码不同时改变，任何两个相邻数码间只有一位是变化的，每次只切换一位数，从而可把误差控制在最小范围内。二进制码转换成葛莱码的法则：将二进制码右移一位并舍去末位的数码，再与二进制码作不进位加法，结果即为葛莱码。

图1-75　葛莱码盘

例如，二进制码 1101 对应的葛莱码为 1011，其演算过程如下：

1101（二进制码）

1101（不进位相加，舍去末位）

1011（葛莱码）

2）增量式脉冲编码器。光电式脉冲编码器通常与电动机做在一起，或者安装在电动机、机器人非轴伸端。

光电式脉冲编码器由光源、透镜、光电码盘、光电元件和信号处理电路等组成，如图 1-76

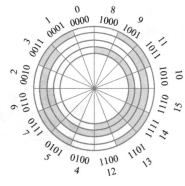

所示。

光电码盘是用玻璃材料经研磨抛光制成的，玻璃表面在真空中镀上一层不透光的铬，然后用照相腐蚀法在上面制成向心透光窄缝。透光窄缝在圆周上等分，其数量从几百条到几千条不等。圆盘也用玻璃材料研磨抛光制成，其透光窄缝为两条，每一条后面安装有一只光电元件。光电码盘与工作轴连在一起，光电码盘每转过一个缝隙就发生一次光线的明暗变化，光电元件把通过光电码盘和圆盘射来的忽明忽暗的光信号转换为近似正弦波的电信号，经过整形、放大和微分处理后，输出脉冲信号。通过记录脉冲的数目，就可以测出转角，从而测出脉冲的变化率，即单位时间脉冲的数目，就可以求出速度。

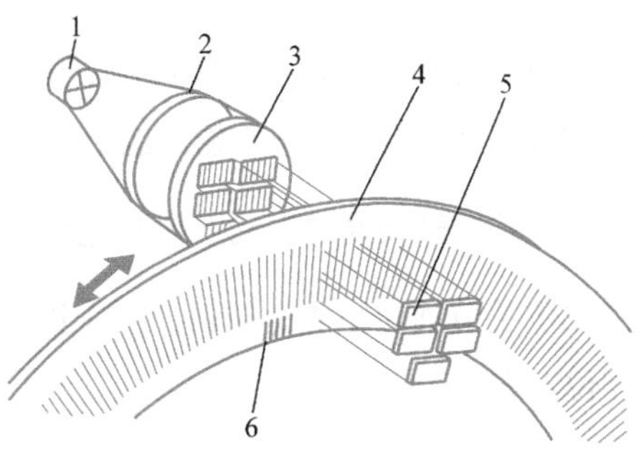

图1-76 光电式脉冲编码器的结构

1—光源 2—透镜 3—光栏板 4—光电码盘 5—光电元件 6—参考标记

1.3.5 常见故障分析与维修

1. 常见故障现象及处理

（1）电动机上电后发生机械振荡（加／减速时） 故障原因及处理方法如下：

1）脉冲编码器故障。此时应检查伺服系统是否稳定；电路板维修检测电流是否稳定；速度检测单元反馈线端子上的电压是否在某几点处下降，如有下降，则表明脉冲编码器不良，应更换编码器。

2）脉冲编码器十字联轴器可能损坏，导致轴转速与检测到的速度不同步。此时应更换联轴器。

3）测速发电机故障。此时应修复或更换测速发电机。维修实践中，测速发电机电刷磨损、卡阻故障较多，此时应拆下测速发电机的电刷，用砂纸打磨几下，同时清理换向器上的污垢，再重新装好。

（2）电动机上电后，机械运动异常快速（飞车）

1）检查位置控制单元和速度控制单元是否有问题。

2）检查脉冲编码器接线是否错误。

3）检查脉冲编码器联轴器是否损坏。

4）检查测速发电机端子是否接反，以及励磁信号线是否接错。

注意：这类故障现象一般应由专业的电路板维修技术人员处理，否则可能会造成更严重的后果。

（3）关节轴不能定向移动或定向移动不到位

1）检查定向控制电路的设置调整，检查定向板、关节轴控制印刷电路板的调整。

2）检查位置检测器（编码器）的输出波形是否正常，从而判断编码器的好坏（应注意在设备正常时测录编码器的正常输出波形，以便故障时查对）。

（4）关节轴转动时振动　检查电动机线圈、伺服系统、脉冲编码器、联轴器、测速发电机。

（5）关节轴转矩能力较弱，小于设定转速转动　检查伺服电动机编码器相位是否与转子磁极相位对齐。

2. 维修

这里针对伺服电动机编码器相位要与转子磁极相位对齐的问题，对伺服电动机的维修方法进行理论上的分析与实践上的讨论。

（1）维修方法分析　伺服电动机编码器相位与转子磁极相位对齐的唯一目的就是要达成矢量控制目标，使 d 轴励磁分量和 q 轴出力分量解耦，令永磁交流伺服电动机定子绕组产生的电磁场始终正交于转子永磁场，从而获得最佳的出力效果，即“类直流特性”。这种控制方法也称为磁场定向控制（FOC），达成 FOC 控制目标的外在表现就是伺服电动机的“相电流”波形始终与“相反电势”波形保持一致。由图 1-77a 可知，只要能够随时检测到正弦型反电势波形的电角度相位，就可以相对容易地根据此相位生成与反电势波形一致的正弦型相电流波形，因此，相位对齐就可以转化为编码器相位与反电势波形相位的对齐关系。

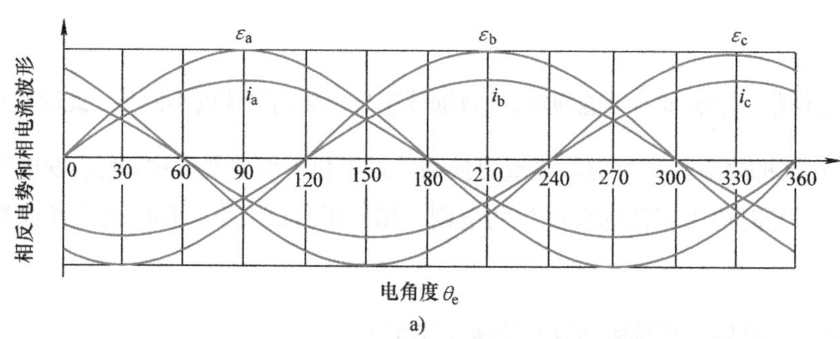

a)

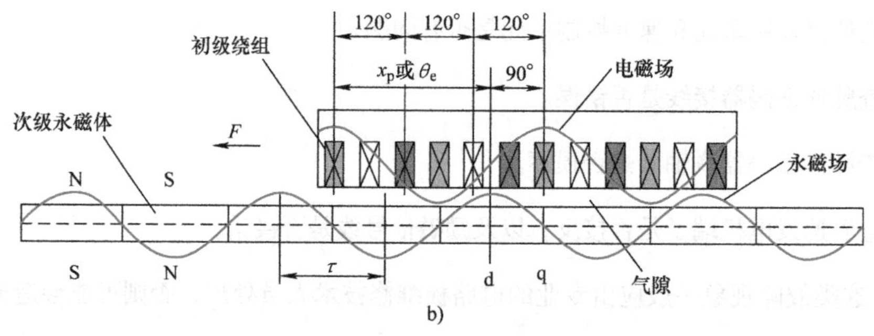

b)

图1-77　相位对齐原理

（2）实践上的讨论

1）增量式编码器相位对齐方式。增量式编码器的输出信号为方波信号，又可以分为普通增量式编码器和带换相信号的增量式编码器，其中普通增量式编码器具备两相正交方波脉冲输出信号 A 和 B，以及零位信号 Z；带换相信号的增量式编码器除具备输出信号 A、B、Z 外，还具备互差 120° 的电子换相信号 U、V、W，它们各自的每转周期数与电动机转子的磁极对数一致。带换相信号的增量式编码器的电子换相信号 U、V、W 的相位与转子磁极相位或电角度相位之间的对齐方法如下：

① 用一个直流电源给电动机的 UV 绕组通以小于额定电流的直流电，U 相入、V 相出，将电动机轴定向至一个平衡位置。

② 用示波器观察编码器的 U 相信号和 Z 信号。

③ 调整编码器转轴与电动机轴的相对位置。

④ 一边调整，一边观察编码器 U 相信号跳变沿和 Z 信号，直到 Z 信号稳定在高电平上（默认 Z 信号的常态为低电平）后，锁定编码器与电动机的相对位置。

⑤来回扭转电动机轴，松手后，若电动机轴每次自由回复到平衡位置时，Z 信号都能稳定在高电平上，则对齐有效。

撤掉直流电源后，验证方法如下：

①用示波器观察编码器的 U 相信号和电动机的 UV 线反电势波形。

②转动电动机轴，编码器的 U 相信号上升沿与电动机的 UV 线反电势波形由低到高的过零点重合，编码器的 Z 信号也出现在这个过零点上。

上述验证方法，也可以用作对齐方法。

需要注意的是，此时增量式编码器的 U 相信号的相位零点即与电动机 UV 线反电势的相位零点对齐，由于电动机的 U 相反电势与 UV 线反电势之间相差 30°，因而这样对齐后，增量式编码器 U 相信号的相位零点与电动机 U 相反电势的 −30° 相位点对齐，而电动机电角度相位与 U 相反电势波形的相位一致，所以此时增量式编码器 U 相信号的相位零点与电动机电角度相位的 −30° 点对齐。

有些伺服电动机生产企业习惯于将编码器的 U 相信号零点与电动机电角度的零点直接对齐，为达到此目的，可以采用以下方法：

① 用三个阻值相等的电阻接成星形，然后将星形联结的三个电阻分别接入电动机的 U、V、W 三相绕组引线。

② 用示波器观察电动机 U 相输入与星形电阻的中点，就可以近似得到电动机的 U 相反电势波形。

③ 依据操作的方便程度，调整编码器转轴与电动机轴的相对位置，或者编码器外壳与电动机外壳的相对位置。

④ 一边调整，一边观察编码器的 U 相信号上升沿和电动机 U 相反电势波形由低到高的过零点，最终使上升沿和过零点重合，此时锁定编码器与电动机的相对位置关系，完成对齐。

由于普通增量式编码器不具备 U、V、W 相位信息，而 Z 信号也只能反映一圈内的一个点位，不具备实现直接相位对齐的潜力，因而不作为本讨论的话题。

2）绝对式编码器的相位对齐方式。绝对式编码器的相位对齐对于单圈和多圈而言差别不大，都是在一圈内将编码器的检测相位与电动机电角度的相位对齐。早期的绝对式编码器会以单独的引脚给出单圈相位的最高位电平，利用此电平的 0 和 1 翻转，也可以实现编码器和电动机的相位对齐，方法如下：

① 用一个直流电源给电动机的 UV 绕组通以小于额定电流的直流电，U 相入、V 相出，将电动机轴定向至一个平衡位置。

② 用示波器观察绝对式编码器最高计数位的电平信号。

③ 调整编码器转轴与电动机轴的相对位置。

④ 一边调整，一边观察最高计数位信号的跳变沿，直到跳变沿准确地出现在电动机轴的定向平衡位置处，锁定编码器与电动机的相对位置关系。

⑤ 来回扭转电动机轴，松手后，若电动机轴每次自由回复到平衡位置时，跳变沿都能准确复现，则对齐有效。

这类绝对式编码器目前已经被采用 EnDAT、BiSS、Hyperface 等串行协议以及日系专用串行协议的新型绝对式编码器广泛取代，因而最高位信号就不复存在了，对齐编码器和电动机相位的方法也有所变化，其中一种非常实用的方法是利用编码器内部的 EEPROM，存储编码器随机安装在电动机轴上后的实测相位，具体方法如下：

① 将编码器随机安装在电动机轴上，即固接编码器转轴与电动机轴，以及编码器外壳与电动机外壳。

② 用一个直流电源给电动机的 UV 绕组通以小于额定电流的直流电，U 相入、V 相出，将电动机轴定向至一个平衡位置。

③ 用伺服驱动器读取绝对编码器的单圈位置值，并存入编码器内部记录电动机电角度初始相位的 EEPROM 中。

④ 对齐过程结束。

由于此时电动机轴已定向于电角度相位的 −30° 方向，因此，存入编码器内部 EEPROM 中的位置检测值就对应于电动机电角度的 −30° 相位。此后，驱动器将任意时刻的单圈位置检测数据与这个存储值相减，并根据电动机极对数进行必要的换算，再加上 −30° ，就可以得到该时刻的电动机电角度相位。

这种对齐方法的一大好处是，只需向电动机绕组提供确定相序和方向的转子定向电流，无需调整编码器和电动机轴之间的角度关系。因此，编码器可以以任意初始角度直接安装在电动机轴上，且无需精细，甚至简单的调整过程，操作简单、工艺性好。

如果绝对式编码器既没有可供使用的 EEPROM，又没有可供检测的最高计数位引脚，则对齐方法将相对复杂。如果驱动器支持单圈绝对位置信息的读出和显示，则可以考虑采用以下对齐方法：

① 用一个直流电源给电动机的 UV 绕组通以小于额定电流的直流电，U 相入、V 相出，将电动机轴定向至一个平衡位置。

② 利用伺服驱动器读取并显示绝对编码器的单圈位置值。

③ 调整编码器转轴与电动机轴的相对位置。

④ 经过上述调整，使显示的单圈绝对位置值充分接近根据电动机的极对数折算出来的电动机 −30° 电角度所对应的单圈绝对位置点，锁定编码器与电动机的相对位置关系。

⑤ 来回扭转电动机轴，松手后，若电动机轴每次自由回复到平衡位置时，上述折算位置点都能准确复现，则对齐有效。

如果也无法获得绝对值信息，那么，就只能一边检测绝对位置检测值，一边检测电动机电角度相位，利用原厂专用工装调整编码器和电动机的相对位置关系，将编码器相位与电动机电角度相位相互对齐，然后再锁定。

这里推荐采用在 EEPROM 中存储初始安装位置的方法，这种方法简单、实用、适应性好，便于向用户开放，以便用户自行安装编码器，并完成电动机电角度的相位整定。

3）旋转变压器相位对齐方式。旋转变压器简称旋变，是由经过特殊电磁设计的高性能硅钢叠片和漆包线构成的，与采用光电技术的编码器相比，它具有耐热、耐振、耐冲击、耐油污，甚至耐腐蚀等优点，因而被武器系统等工况恶劣的应用广泛采用。其中，一对极（单速）的旋变可以视作一种单圈绝对式反馈系统，它的应用最为广泛，因而在此仅以单速旋变为讨论对象。多速旋变与伺服电动机配套时，其极对数最好采用电动机极对数的约数，以便与电动机电角度的对应和极对数分解。

旋变的信号引线一般有 6 根，分为 3 组，分别对应一个激励线圈和两个正交的感应线圈，激励线圈接收输入的正弦型激励信号，感应线圈依据旋变转、定子的相互角位置关系，感应出具有 SIN 和 COS 包络的检测信号。旋变 SIN 和 COS 输出信号是根据转、定子之间的角度对激励正弦信号的调制结果，如果激励信号是 $\sin\omega t$，转、定子之间的角度为 θ，则 SIN 信号为 $\sin\omega t\sin\theta$，COS 信号为 $\sin\omega t\cos\theta$，根据 SIN、COS 信号和原始激励信号，通过必要的检测电路，就可以获得具有较高分辨率的位置检测结果。目前，商用旋变系统的检测分辨率可以达到每圈 2^{12}，即 4096，而科学研究和航空航天系统甚至可以达到 2^{20} 以上，但其体积和成本也都非常可观。

商用旋变与伺服电动机电角度相位的对齐方法如下：

① 用一个直流电源给电动机的 UV 绕组通以小于额定电流的直流电，U 相入、V 相出。

② 用示波器观察旋变的 SIN 线圈的信号引线输出。

③ 依据操作的方便程度，调整电动机轴上的旋变转子与电动机轴的相对位置，或者旋变定子与电动机外壳的相对位置。

④ 一边调整，一边观察旋变 SIN 信号的包络，一直调整到信号包络的幅值完全归零，锁定旋变。

⑤ 来回扭转电动机轴，松手后，若电动机轴每次自由回复到平衡位置时，信号包络的幅值过零点都能准确复现，则对齐有效。

撤掉直流电源，进行对齐验证：

① 用示波器观察旋变的 SIN 信号和电动机的 UV 线反电势波形。

② 转动电动机轴，验证旋变的 SIN 信号包络过零点与电动机的 UV 线反电势波形由低到高的过零点重合。

这种验证方法也可以用作对齐方法。

此时，SIN 信号包络的过零点与电动机电角度相位的 −30° 点对齐。

如果想直接和电动机电角度的 0° 点对齐，则可以考虑采用以下对齐方法：

① 将三个阻值相等的电阻接成星形，然后将星形联结的三个电阻分别接入电动机的 U、V、W 三相绕组引线。

② 用示波器观察电动机 U 相输入与星形电阻的中点，就可以近似得到电动机的 U 相反电势波形。

③ 依据操作的方便程度，调整编码器转轴与电动机轴的相对位置，或者编码器外壳与电动

机外壳的相对位置。

④ 一边调整，一边观察旋变 SIN 信号包络的过零点和电动机 U 相反电势波形由低到高的过零点，最终使这两个过零点重合，锁定编码器与电动机的相对位置关系，完成对齐。

需要指出的是，在上述操作中须有效区分旋变 SIN 包络信号中的正半周和负半周。由于 SIN 信号是以转、定子之间角度 θ 的 $\sin\theta$ 值对激励信号的调制结果，因而与 $\sin\theta$ 的正半周对应的 SIN 信号包络中，被调制的激励信号与原始激励信号同相；而与 $\sin\theta$ 的负半周对应的 SIN 信号包络中，被调制的激励信号与原始激励信号反相。据此可以区别旋变输出的 SIN 包络信号波形中的正半周和负半周，对齐时，需要取 $\sin\theta$ 由负半周向正半周过渡点对应的 SIN 包络信号的过零点，如果取反了，或者未加准确判断的话，对齐后的电角度有可能错位 180°，从而有可能造成速度外环进入正反馈。

如果可接入旋变的伺服驱动器能够为用户提供从旋变信号中获取的与电动机电角度相关的绝对位置信息，则可以考虑采用以下对齐方法：

① 用一个直流电源给电动机的 UV 绕组通以小于额定电流的直流电，U 相入、V 相出，将电动机轴定向至一个平衡位置。

② 利用伺服驱动器读取并显示从旋变信号中获取的与电动机电角度相关的绝对位置信息。

③ 依据操作的方便程度，调整旋变轴与电动机轴的相对位置，或者旋变外壳与电动机外壳的相对位置。

④ 经过上述调整，使显示的绝对位置值充分接近根据电动机的极对数折算出来的电动机 −30° 电角度所对应的绝对位置点，锁定编码器与电动机的相对位置关系。

⑤ 来回扭转电动机轴，松手后，若电动机轴每次自由回复到平衡位置时，上述折算绝对位置点都能准确复现，则对齐有效。

利用驱动器内部的 EEPROM 等非易失性存储器，也可以存储旋变随机安装在电动机轴上后的实测相位，具体方法如下：

① 将旋变随机安装在电动机轴上，即固接旋变转轴与电动机轴，以及旋变外壳与电动机外壳。

② 用一个直流电源给电动机的 UV 绕组通以小于额定电流的直流电，U 相入、V 相出，将电动机轴定向至一个平衡位置。

③ 用伺服驱动器读取由旋变解析出来的与电角度相关的绝对位置值，并存入驱动器内部记录电动机电角度初始安装相位的 EEPROM 等非易失性存储器中。

④ 对齐过程结束。由于此时电动机轴已定向于电角度相位的 −30° 方向，因此存入驱

动器内部 EEPROM 等非易失性存储器中的位置检测值就对应于电动机电角度的 −30° 相位。此后，驱动器将任意时刻由旋变解析出来的与电角度相关的绝对位置值与这个存储值做差，并根据电动机极对数进行必要的换算，再加上 −30°，就可以得到该时刻的电动机电角度相位。

这种对齐方式需要编码器和伺服驱动器支持和配合方能实现，而且由于记录电动机电角度初始相位的 EEPROM 等非易失性存储器位于伺服驱动器中，因此一旦对齐后，电动机就和驱动器绑定了，如果需要更换电动机、旋变或者驱动器，则都需要重新进行初始安装相位的对齐操作，并重新绑定电动机和驱动器的配套关系。

注意：

① 在以上讨论中，所谓对齐到电动机电角度的 −30° 相位的提法，是以 UV 线反电势波形滞后于 U 相 30° 为前提的。

② 在以上讨论中，都以 U、V 相通电，并参考 UV 线反电势波形为例，有些伺服系统的对齐方式可能采用 U、W 相通电并参考 UW 线反电势波形。

③ 如果想直接对齐到电动机电角度 0° 相位点，也可以将 U 相接入低压直流电源的正极，将 V 相和 W 相并联后接入直流电源的负极，此时电动机轴的定向角相对于 U、V 相串联通电的方式会偏移 30° ，以文中给出的相应对齐方法对齐后，原则上将对齐于电动机电角度的 0° 相位，而不再有 −30° 的偏移量。这样做看似有好处，但是考虑到电动机绕组的参数不一致，V 相和 W 相并联后，流经 V 相和 W 相绕组的电流很可能并不一致，从而会影响电动机轴定向角度的准确性。而在 U、V 相通电时，U 相和 V 相绕组为单纯的串联关系，因此，流经 U 相和 V 相绕组的电流必然是一致的，电动机轴定向角度的准确性不会受到绕组定向电流的影响。

④ 不排除伺服厂商有意将初始相位错位对齐的可能性，尤其是在可以提供绝对位置数据的反馈系统中，初始相位的错位对齐将很容易被数据的偏置量补偿回来。采用此方式可以起到保护自己产品线的作用，但用户将无法得知伺服电动机反馈元件的初始相位位置。

⑤ 对于直线电动机，采用增量式直线编码器 +U、V、W 霍尔相位检测信号的方式时，可以借鉴上面的带 U、V、W 相位的增量式编码器的对齐方式；采用绝对式直线编码器反馈的直线电动机，可以参考上述绝对式编码器的对齐方式；带 C、D 信号的直线编码器应用很少，而且长距离也很难实现，故在直线电动机中的应用可以不予考虑。

与旋变对应的直线感应式传感器为感应同步器，目前应用较少，而且其印刷“绕组”的物理节距（毫米级）往往小于直线电动机的永磁体极距（几十毫米级），所以无法与旋变应用直接对应，如果一定要用，可参照增量式直线编码器 +U、V、W 霍尔相位检测信号的方式。

思考练习题

1. 简述工业机器人的装调步骤。

2. 串联机器人中手腕的常见结构有哪些?

3. 直线导轨的安装与维护应注意哪些问题?

4. 滚珠丝杠的安装与维护应注意哪些问题?

5. 工业机器人电气控制系统主要由哪些部件组成?

6. 工业机器人电气控制系统的体系结构主要有哪些?

7. 工业机器人伺服位置检测主要采用哪些传感器？它们的原理是怎样的?

8. 简述脉冲编码器的工作原理。

第2章 CHAPTER 2 ABB工业机器人装调与维护

ABB集团由两家拥有上百年历史的国际性企业——瑞典的阿西亚公司（ASEA）和瑞士的布朗勃法瑞公司（BBC Brown Boveri）在1988年合并而成，是全球500强企业之一，总部位于瑞士苏黎世。它是全球电力和自动化技术领域的领导企业，致力于为工业、能源、电力、交通和建筑等行业的客户提供解决方案，帮助客户提高生产率和能源效率，同时减少对环境的不良影响。2005年，ABB在中国建立了研发中心，且取得了一系列研发成果，开发出ABB最小的机器人IRB 120“中国龙”、全球最快的码垛机器人IRB 460，以及应用于汽车制造行业的开门机器人、焊接机器人等。

2.1 了解ABB工业机器人

1. ABB工业机器人的型号及特性

IRB型机器人是ABB公司的一类工业机器人产品，常用于焊接、涂刷、搬运与切割等。IRB意指ABB标准系列机器人，常用型号有IRB120、IRB1400、IRB2400、IRB4400、IRB6400。其型号的含义：IRB是指ABB机器人；第一位数1、2、4、6等是指机器人的大小；第二位数4是指属于S4或S4C系统。无论是何种型号，机器人的控制部分都基本相同。

IRB120是ABB最新一代六轴工业机器人中的一员，其有效载荷达3kg，专为使用基于机器人的柔性自动化制造行业而设计。该机器人为开放式结构，特别适合于柔性应用，并且可以与外部系统进行广泛通信。IRB120具有敏捷、紧凑、轻量的特点，控制精度与路径精度俱优，是物料搬运与装配应用的理想选择。IRB120的性价比较高，使用广泛，本章所述内容大多以IRB120为主要载体，其特点如下：

1）在紧凑空间内凝聚了ABB产品系列的各种功能与技术。其质量减至仅25kg，结构紧凑，几乎可以安装在任何地方，如工作站内部、机械设备上方或生产线上其他机器人的近旁。

2）有效载荷为3kg［手腕（五轴）垂直向下时为4kg］，工作范围达580mm，能通过柔性（非刚性）自动化解决方案执行一系列作业。

3）具有出色的便携性与集成性，安装角度不受任何限制，空气管线与用户信号线缆从底部至手腕全部嵌入机身内部，易于实现机器人集成。

4）优化的工作范围。除水平工作范围达580mm以外，IRB120还具有一流的工作行程，底座下方拾取距离为112mm。IRB120采用对称结构，第二轴无外凸，回转半径极小，可靠近其他设备安装，纤细的手腕进一步增强了手臂的可达性。

5）快速、精准、敏捷。IRB120配备轻型铝合金电动机，结构轻巧、功率强劲，可实现机器人高加速度运行，在任何应用中都能确保优异的精度。

6）准度与敏捷性。搭配IRC5紧凑型控制器，将以往大型设备“专享”的精度与运动控制引入了更广阔的应用空间。除节省空间之外，新型控制器还通过设置单相电源输入、外置式信号接头（全部信号）及内置式可扩展16路I/O系统，简化了调试步骤。离线编程软件RobotStudio可用于生产工作站模拟，为机器人设定最佳位置；还可执行离线编程，以避免发生代价高昂的生产中断或延误。

7）缩小占地面积。IRB 120机器人与IRC5紧凑型控制器的结合，显著缩小了工业机器人的占地面积，更加适用于空间紧张的应用场合。

2. ABB工业机器人结构

如图2-1所示，IRB 120工业机器人主要由机器人本体、控制器、示教器和各部件之间的连接线组成。

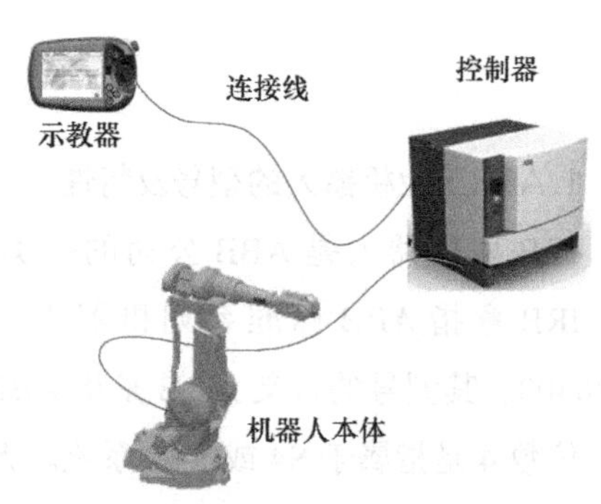

图2-1 IRB120工业机器人系统组成

（1）工业机器人本体（图2-2） IRB120工业机器人本体是由六根轴组成的空间六杆开链机构，理论上可达到运动范围内的空间任何一点。六根转轴均由AC伺服电动机驱动，每台电动机后均有编码器。每根转轴均带有一个齿轮箱，机械手的运动精度（综合）达±0.05~±0.2mm，带有手动松闸按钮，可在维修时使用。机械手带有串口测量板（SMB），测量板带有六节可充电的镍铬电池，起保存数据的作用。

（2）示教器 如图2-3所示，IRB120工业机器人示教器由硬件和软件组成，其通过集成线缆和接头连接到控制器。操作示教器时，通常需要手持该设备，如图2-4所示。惯用右手者用左手持该设备，右手在触摸屏上执行操作；而惯用左手者可以通过将显示器旋转180°，用右手持该设备。

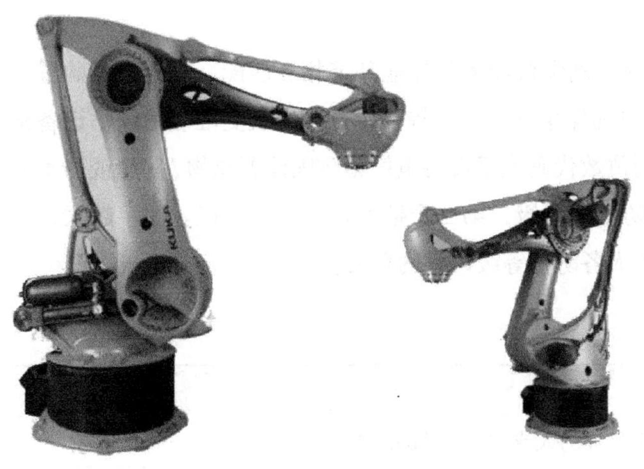

图2-2 IRB120工业机器人本体

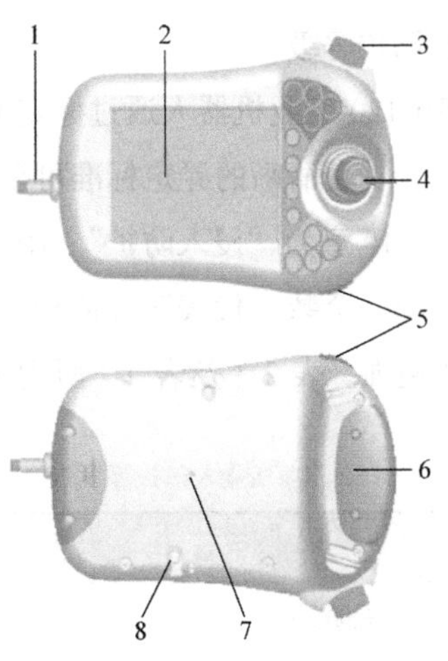

图2-3 工业机器人示教器的结构

1—连接器 2—触摸屏 3—紧急停止按钮 4—控制杆 5—USB 端口 6—使动装置 7—重置按钮 8—触摸笔

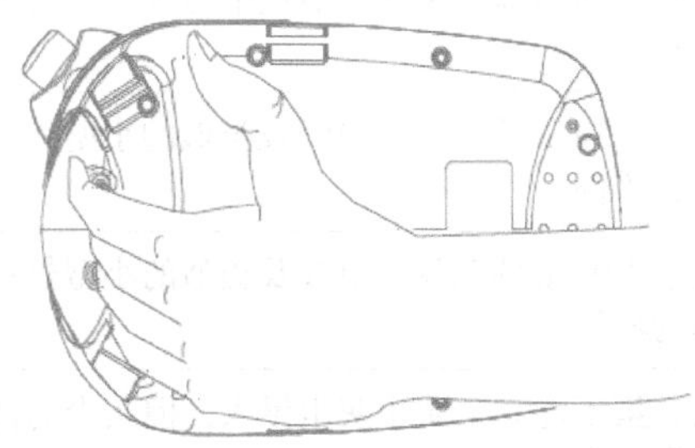

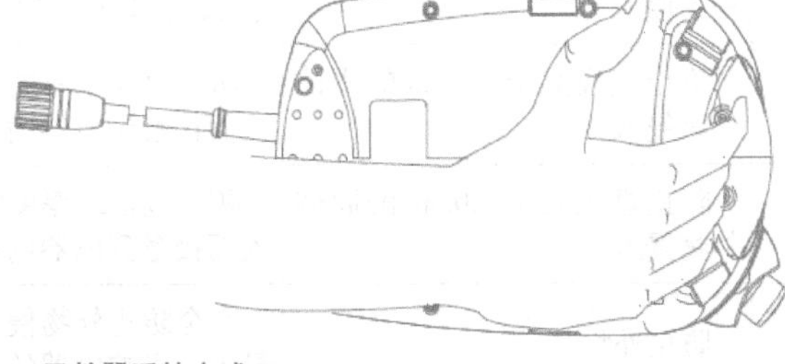

图2-4 示教器手持方式

（3）控制器 如图 2-5 所示，IRB120 工业机器人控制器包含两个模块：控制模块和驱动模块。两个模块通常合并在一个控制器机柜中，其中控制模块包含主机、I/O 电路板和闪存等电子控制装置，运行操作机器人（即 Robot Ware 系统）所需的所有软件。IRC5 驱动模块最多可包含 9 个驱动单元，它能处理六根内轴和两根普通轴或附加轴。使用一个控制器运行多个机器人时，必须为每个附加的机器人添加额外的驱动模块，但只需使用一个控制模块。

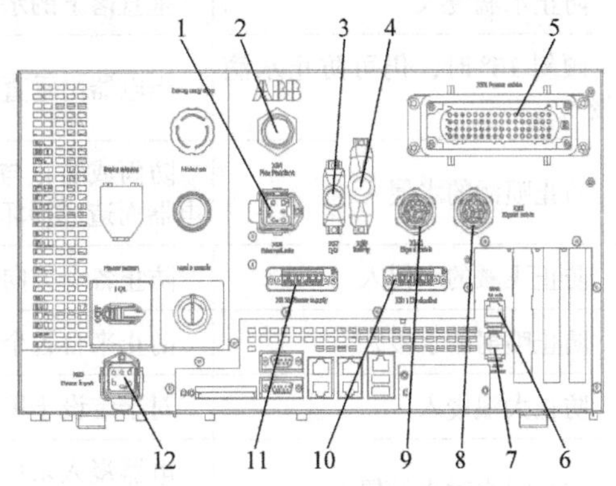

图2-5 控制器

1—XS8 附加轴与电源电缆连接器 2—XS4 Flex Pendant 连接器 3—XS7 I/O 连接器 4—XS9 安全连接器 5—XS1 电源电缆连接器 6—XS0 电源输入连接器 7—XS10 电源连接器 8—XS11 Device Net 连接器 9—XS41 信号电缆连接器 10—XS2 信号电缆连接器 11—XS13 轴选择器连接器 12—XS12 附加轴与信号电缆连接器

3. 防护等级

IRB120 工业机器人通过标定 IP 等级，确保机器人与作业环节相互匹配。用户投资购置机器人时，一套清晰的界定标准可帮助用户确保生产安全，提高生产率以及更准确地评估设备预期寿命。IP 意为“侵入防护”，用一个两位数代码表示设备电控箱防固体颗粒物 / 防尘或防水的能力。第一个数字代表防固体颗粒物 / 防尘的等级，第二个数字代表防水等级。数字越大，防护能力越强。表 2-1 及表 2-2 所列为机器人各防护等级数字的含义。

表 2-1　IRB120 工业机器人防护等级第一个数字的含义

数字	防护范围	说明
0	无防护	对外界的人或物无特殊的防护
1	防止直径大于 50mm 的固体外物侵入	防止人体（如手掌）因意外而接触到电器内部的零件，防止较大尺寸（直径大于 50mm）的外物侵入
2	防止直径大于 12mm 的固体外物侵入	防止人的手指接触到电器内部的零件，防止中等尺寸（直径大于 12mm）的外物侵入
3	防止直径大于 2.5mm 的固体外物侵入	防止直径或厚度大于 2.5mm 的工具、电线及类似的小型外物侵入而接触到电器内部的零件
4	防止直径大于 1.0mm 的固体外物侵入	防止直径或厚度大于 1.0mm 的工具、电线及类似的小型外物侵入而接触到电器内部的零件
5	防止外物	完全防止外物侵入，虽不能完全防止灰尘侵入，但灰尘的侵入量不会影响电器的正常运作
6	防止外物及灰尘	完全防止外物及灰尘侵入

表 2-2　IRB120 工业机器人防护等级第二个数字的含义

数字	防护范围	说明
0	无防护	对水或湿气无特殊的防护
1	防止水滴侵入	垂直落下的水滴（如凝结水）不会对电器造成损坏
2	倾斜 15° 时，仍可防止水滴侵入	当电器由垂直倾斜至 15° 时，滴水不会对电器造成损坏
3	防止喷洒的水侵入	防雨或防止与垂直方向的夹角小于 60° 的方向所喷洒的水侵入电器而造成损坏
4	防止飞溅的水侵入	防止各个方向飞溅而来的水侵入电器而造成损坏
5	防止喷射的水侵入	防止来自各个方向由喷嘴射出的水侵入电器而造成损坏
6	防止大浪侵入	对于装设于甲板上的电器，可防止因大浪侵袭而造成损坏
7	防止浸水时水的侵入	电器浸入水中一定时间或水压在一定的标准以下时，可确保不因浸水而造成损坏
8	防止沉没时水的侵入	电器无限期沉没在水压下，可确保不因浸水而造成损坏

2.2 本体的使用与维护

2.2.1 安装与搬运

1. ABB工业机器人的安装调试步骤

工业机器人是精密的机电设备，其运输和安装有着特殊要求。ABB 工业机器人的安装调试步骤如图 2-6 和表 2-3 所示。

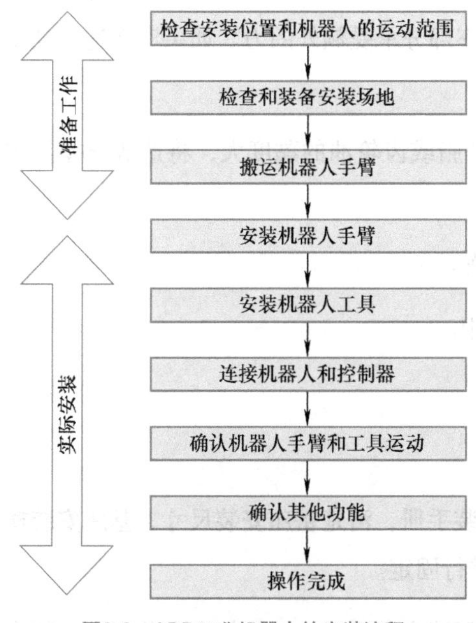

图2-6 ABB工业机器人的安装流程

表 2-3 ABB 工业机器人的安装调试步骤

序号	安装调试内容
1	将机器人本体与控制柜吊装到位
2	连接机器人本体与控制柜之间的电缆
3	连接示教器与控制柜
4	接入主电源
5	检查主电源正常后通电
6	校准机器人六根轴的机械原点
7	设定 I/O 信号
8	安装工具与周边设备
9	编程调试
10	投入自动运行

2. ABB工业机器人的安装原则

（1）检查安装位置和机器人的运动范围　安装工业机器人的第一步是全面考察安装场地，包括厂房的布局、地面状况、供电电源等基本情况，然后根据使用手册，认真研究工业机器人的运动范围，从而设计布局方案，确保安装位置处有足够的运动空间。ABB 工业机器人的安全布局如图 2-7 所示。

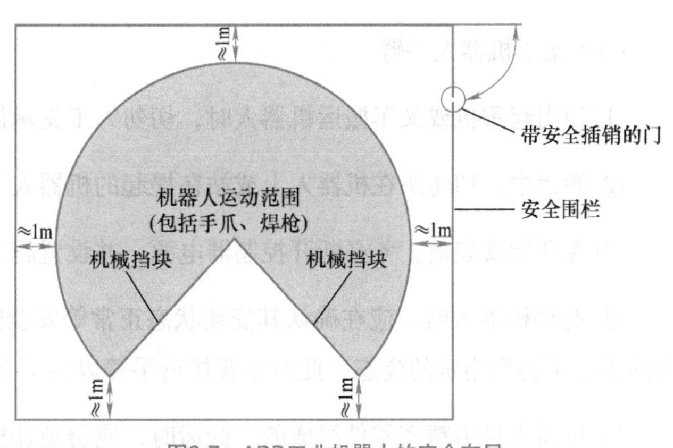

图2-7 ABB工业机器人的安全布局

1）在工业机器人的周围设置安全围栏，且安全围栏的布局应合理，保证机器人有最大的运动空间，即使在手臂上安装手爪或者焊枪，也不会和周围的机器产生干扰。

2）设置带安全插销的安全门。

3）控制柜、操作台等不要设置在看不见机器人主体动作的位置。

（2）检查和准备安装场地

1）ABB 工业机器人本体的安装环境应满足以下要求：

① 当安装在地面上时，地面的水平度在 ±5° 以内。

② 地面和安装座要有足够的刚度。

③ 确保安装座的平面度符合要求，以免机器人基座部分承受额外的力。如果实在达不到要求，可使用衬垫调整平面度。

④ 工作环境温度范围为 0~45℃。低温起动时，油脂或齿轮油的黏度大，将造成偏差异常或超负荷，须按时低速暖机运转。

⑤ 相对湿度必须在（35%~85%）RH 之间，无凝露。

⑥ 确保安装位置极少暴露在灰尘、烟雾和水环境中。

⑦ 确保安装位置无易燃、腐蚀性液体和气体。

⑧ 确保安装位置不受过大振动的影响。

2）基座的安装。安装机器人基座前，认真阅读安装手册，清楚基座安装尺寸、基座安装横截面、紧固力矩等要求，使用高强度螺栓通过螺栓孔进行固定。

3）机器人架台的安装。安装机器人架台前，认真阅读安装手册，清楚架台安装尺寸、架台安装横截面、紧固力矩等要求，使用高强度螺栓通过螺栓孔进行固定。

（3）搬运机器人手臂

① 使用起重机或叉车搬运机器人时，切勿人工支承机器机身。

② 搬运中，切勿趴在机器人上或站在提起的机器人下方。

③ 在开始安装前，务必断开控制器电源，并设置施工中标志。

④ 起动机器人时，应在确认其安装状态正常等安全问题后，再接通电动机电源，并将机器人的手臂调整到指定的姿态，此时不要接近手臂以免被夹紧挤压。

⑤ 机器人是由精密零件组成的，搬运时，应避免让机器人受到过分的冲击和振动。

⑥ 用起重机和叉车搬运机器人时，应事先清除障碍物等，以确保安全地搬运到安装位置。

3. ABB工业机器人的搬运

ABB 工业机器人在运输时一般用木箱包装，包括底板和外壳两部分。底板是包装箱的承重部分，与内包装物之间有固定，内包装物不会在底板上窜动，是起重机或叉车搬运的受力部分。外壳及上盖只起防护作用，其承重有限，故包装箱上不能放重物，不能倾倒、不能雨淋等。拆包装前应先检查其是否有破损，如有破损，应联系运输单位或供应商。使用电动扳手、撬杠、羊角锤等工具，先拆盖，再拆壳，且注意不要损坏箱内物品；最后拆除机器人与底板间的固定物，可能是钢丝缠绕、长自攻钉、钢钉等。核查零部件，根据装箱清单核查机器人系统零部件，一般包括机器人本体、控制柜、示教器、连接线缆、电源等。注意检查机器人外观是否有损坏。

机器人出厂时已调整到易于搬运的姿态，可以用叉车或起重机搬运，首先根据机器人的重量选择适当承重的叉车或起重机，注意研究叉车或起吊绳位置，确保平衡稳定。图 2-8 所示为 IRB120 工业机器人装运姿态。

如果机器人未固定在基座上并保持静止，则其在整个工作区域中是不稳定的。移动手臂会使重心偏移，这可能造成机器人翻倒。装运姿态是最稳定的位置，因此在将机器人固定到基座上之前，切勿改变其姿态。

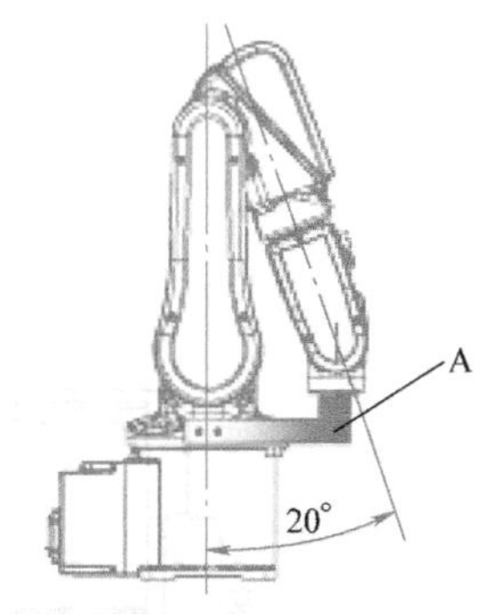

图2-8 IRB120工业机器人装运姿态

利用起重机用圆形吊带吊升机器人，在手臂上安装一个吊环，并在其上挂住吊绳提升起来，将机器人移到最稳定的位置。有架台时也采用同样的方法。不同型号的机器人，其提升姿态不同，如图 2-9 所示。在机器人表面与圆形吊带直接接触的地方垫放厚布；搬运过程中，人员均不得出现在悬挂载荷的下方；关闭机器人的所有电力、液压和气压供给，用连接螺钉和垫圈安装支架，将上臂固定到底座上，如图 2-10 所示。

4. ABB工业机器人的固定

吊升或装运后放下机器人时，必须及时确定机器人的方位并将其固定在基座或底板上，以便安全运行机器人。在安装现场准备止动螺孔，底座孔配置如图 2-11 所示。

如图 2-12 所示，将机器人吊升至安装现场，并将两个插销安装到底座的孔中，将机器人放入其安装位置时，使用连接螺钉轻轻引导机器人，将固定螺钉和垫圈安装到底座的止动孔中，并以十字交叉方式拧紧螺栓，以确保底座不发生扭曲。IRB120 工业机器人底座每一侧最大载荷为 0.5kg，上臂最大载荷为 0.3kg。

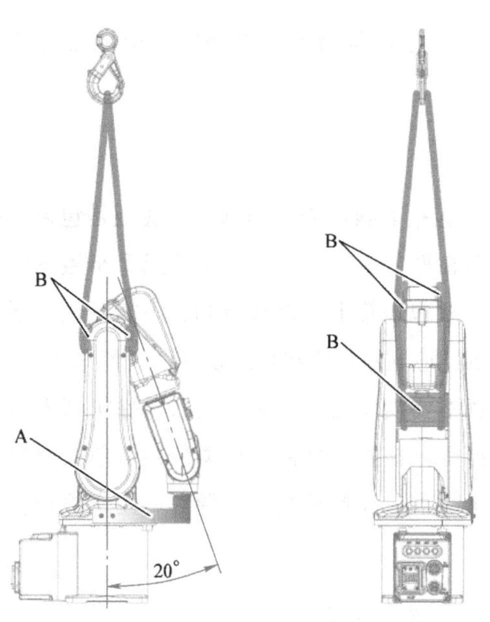

图2-9 IRB120工业机器人的吊升

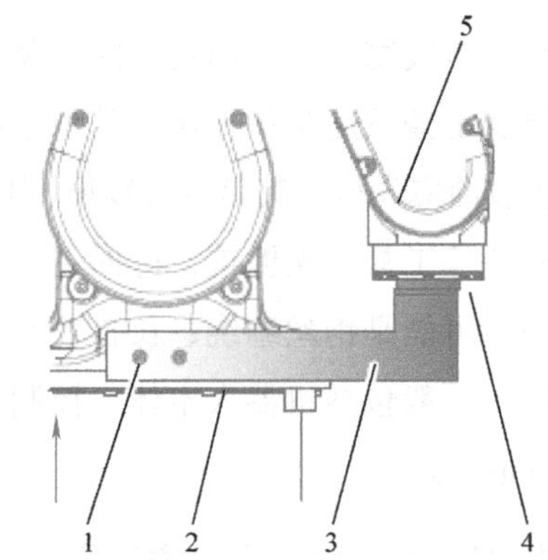

图2-10 IRB120工业机器人吊升过程中的固定方式

1—连接螺钉M4 2—底座 3—支架 4—连接螺钉M5 5—上臂

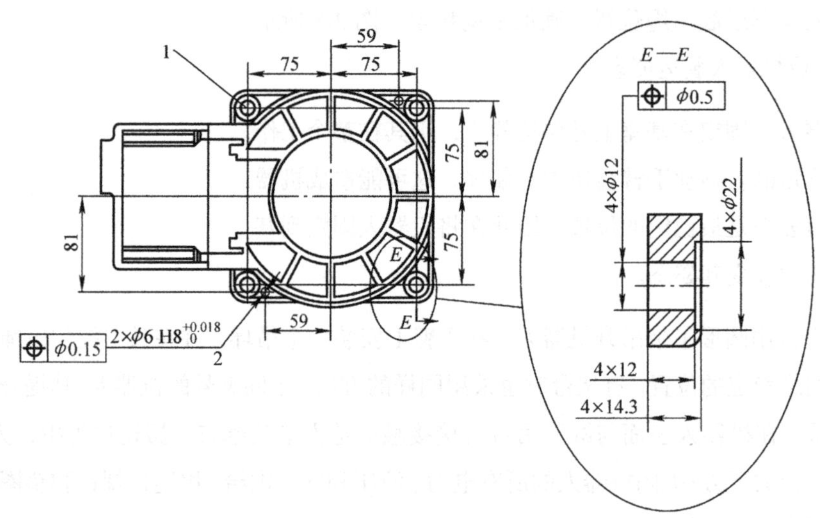

图2-11 IRB120工业机器人底座孔配置

1—连接螺钉孔（4个） 2—针脚孔（2个）

5. IRB120工业机器人的安装

IRB120 工业机器人系统的默认配置为安装到地面上，不考虑倾斜。在悬挂位置安装机器人的方法与在地面上安装基本相同，悬挂安装时应确保龙门吊或相应结构足够坚固。如果机器人采用墙面安装方式或者安装在倾斜位置，则基坐标系的 *X* 方向应指向下方，如图 2-13 所示。

如果以其他任何角度安装机器人，则必须更新参数安装角度。正确配置安装角度，可便于机器人系统采用最佳的可行方法控制其移动，错误定义安装角度则会导致机械结构过载、路径性能和路径精确度较低等。图 2-14 所示为 IRB120 工业机器人基坐标系的 *X* 方向。

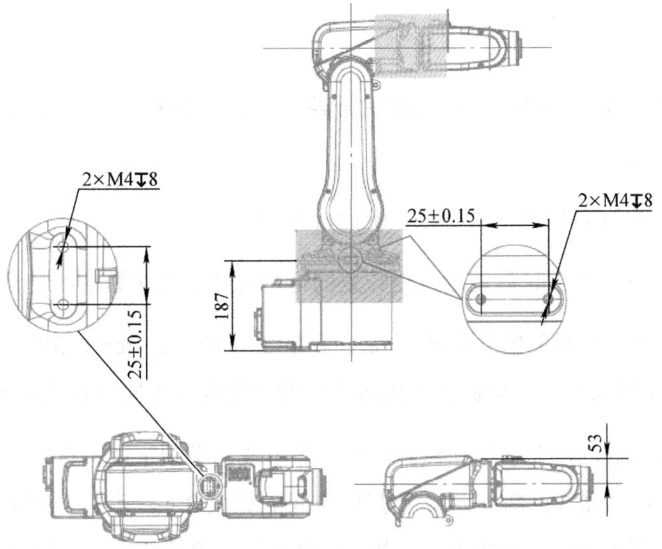

图2-12 IRB120工业机器人底座和上臂安装孔

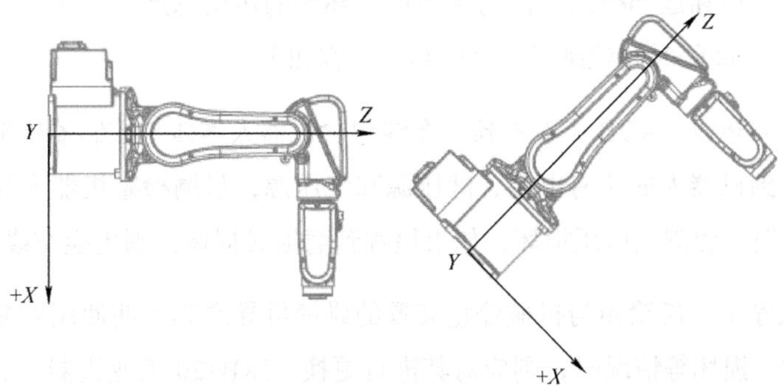

图2-13 IRB120工业机器人基坐标系的 *X* 方向向下

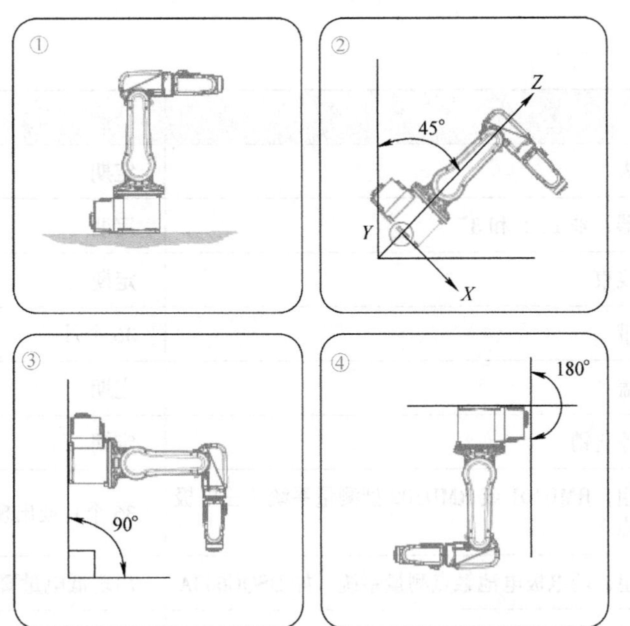

图2-14 IRB120工业机器人基坐标系的 *X* 方向

2.2.2 ABB工业机器人的机械检修与维护

ABB 工业机器人检修与维护的间隔时间取决于待执行维护活动的类型和机器人的工作条件，主要有以下方式：

1）日历时间：按月数规定，而不论系统运行与否。

2）操作时间：按操作小时数规定，更频繁的运行意味着更频繁的维护活动。

3）SIS ：由机器人的服务信息系统（Service Information System，SIS）规定。间隔时间通常根据典型的工作循环来给定，但此值会因各部件的负荷强度不同而存在差异。

ABB 工业机器人由机器人本体和控制器机柜等组成，必须定期进行维护，以确保其功能的正常发挥。ABB 工业机器人的维护活动及其相应间隔见表 2-4。其中“定期”意味着要按时间执行相关活动，但实际的间隔时间可以不遵照机器人制造商的规定，此间隔时间取决于机器人的操作周期、工作环境和运动模式等。通常来说，环境的污染越严重，运动模式越苛刻（电缆线束弯曲得越厉害），间隔时间就越短。具体维护内容如下：

（1）检查机器人布线　ABB 工业机器人布线包含机器人本体与控制器机柜之间的布线。检查前必须关闭连接到机器人的所有电源、液压源和气压源，目测检查机器人与控制器机柜之间的控制布线有无磨损、切割或挤压损坏，如果检查到磨损或损坏，则更换布线。

（2）检查机械停止　齿轮箱与机械停止装置的碰撞可导致其预期使用寿命缩短，当机械停止出现弯曲、松动、损坏等情况时，则应对其进行更换。IRB120 工业机器人的机械停止位置如图 2-15 所示。

表 2-4　ABB 工业机器人维护间隔时间

维护活动	设备	间隔
检查	机器人	定期
检查	阻尼器，轴 1、2 和 3	定期
检查	电缆线束	定期
检查	同步带	36 个月
检查	塑料盖	定期
检查	机械停止销	定期
更换	电池组，RMU101 或 RMU102 型测量系统（三电极电池触点）	36 个月或出现电池低电量警告时
更换	电池组，两电极电池触点测量系统，如 DSQC633A	出现低电量警告时
清洁	完整机器人	定期

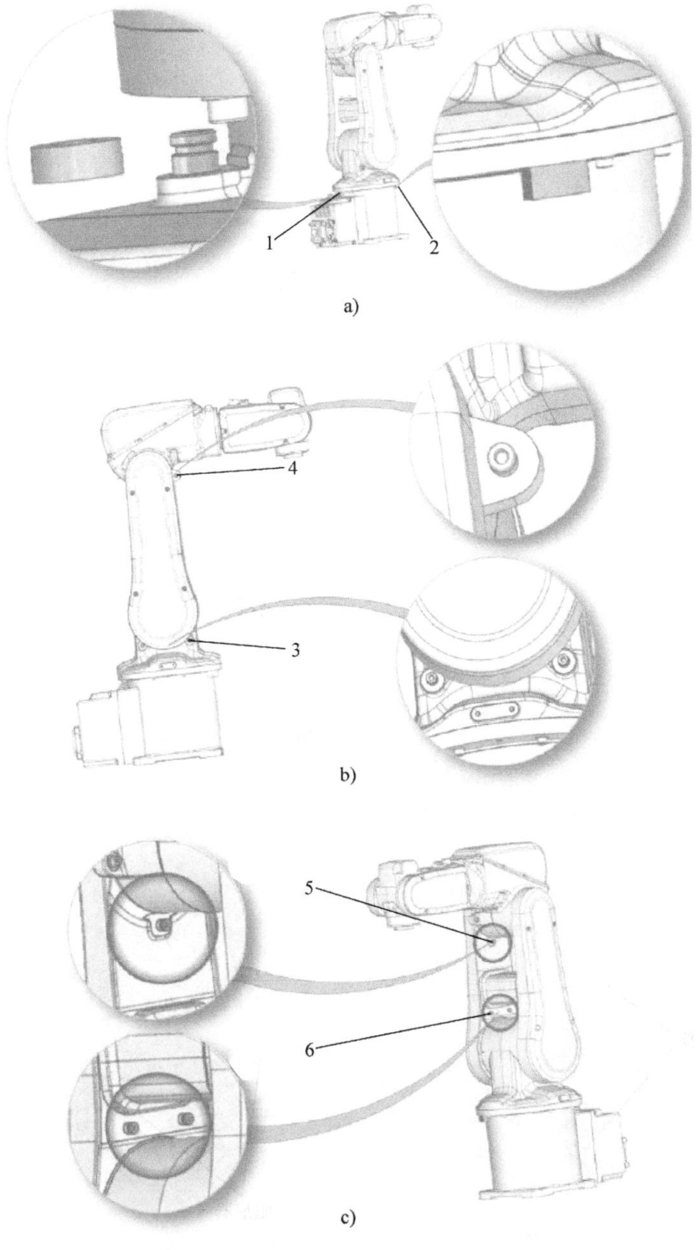

图2-15　IRB120工业机器人的机械停止位置

1—机械停止轴 1（底座） 2—机械停止轴 1（摆动平板） 3—机械停止轴 2（摆动壳）
4—机械停止轴 3（上臂） 5—机械停止轴 3（下臂） 6—机械停止轴 3（下臂）

（3）检查机器人阻尼器（图 2-16） 检查所有阻尼器是否存在裂纹或者超过 1mm 的印痕，检查所有连接螺钉是否存在变形，如果检测到任何损坏，则必须更换新的阻尼器。

（4）检查机器人同步带（图 2-17） 拆卸盖子即可接近每条同步带，检查同步带是否损坏或磨损，以及同步带轮是否损坏，如果检测到任何损坏或磨损，则必须更换该部件。检查每条带的张力，如果张力不正确，则应进行调整（轴 3：F=18~19.8N；轴 5：F=7.6~8.4N）。

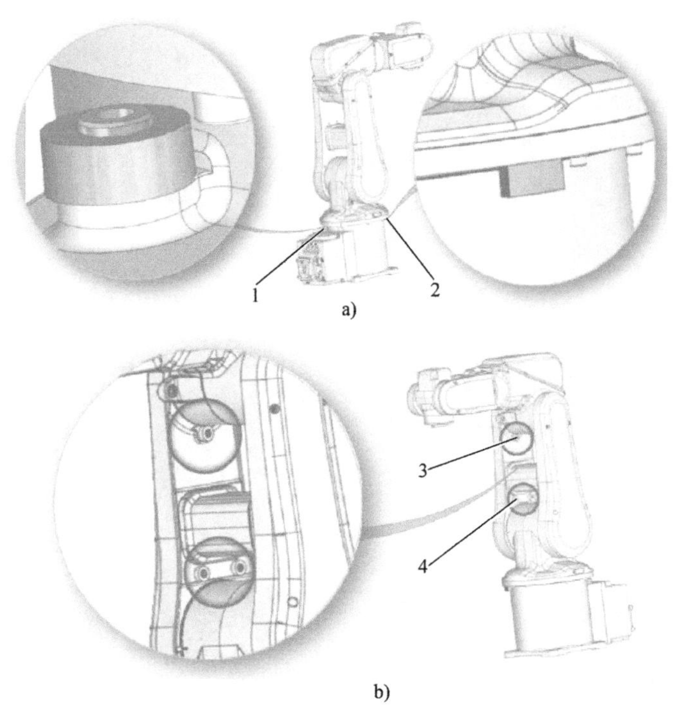

图2-16　IRB120工业机器人阻尼器的位置

1—轴 1 阻尼器　2—机械停止轴 1（摆动平板）　3—轴 3 阻尼器　4—轴 2 阻尼器

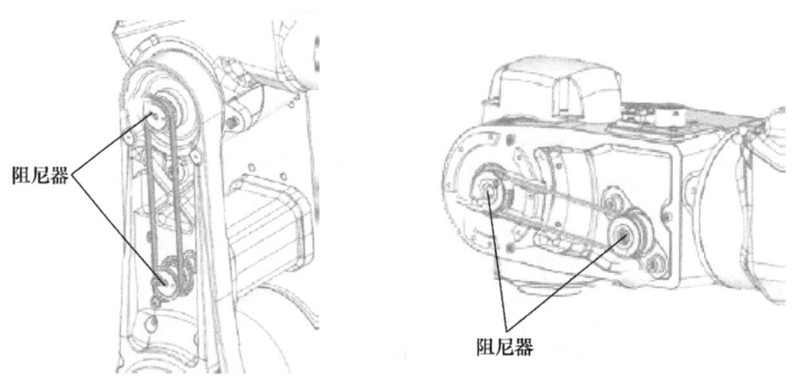

图2-17　IRB120工业机器人同步带的位置

（5）检查机器人齿轮箱润滑油（图 2-18）　更换的润滑油必须符合 ABB 工业机器人的润滑油类型、货号和特定齿轮箱中的润滑油量。

（6）更换电池组（图 2-19）　电池组位于底座内部，卸下连接螺钉，从机器人上卸下底座盖，断开电池电缆与编码器接口电路板的连接；切断电缆带；卸下电池组，用电缆带安装新的电池组，将电池电缆与编码器接口电路板相连，用连接螺钉将底座盖重新安装到机器人上，最后更新转数计数器。

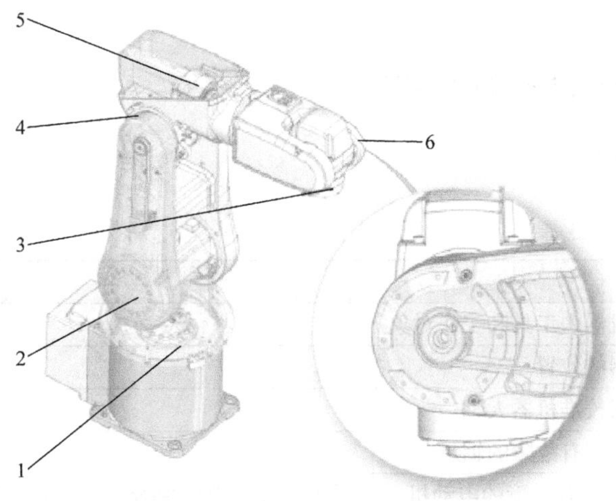

图2-18 IRB120工业机器人齿轮箱的位置

1—轴1齿轮箱（底座内） 2—轴2齿轮箱 3—轴3齿轮箱 4—轴4齿轮箱 5—轴5齿轮箱 6—轴6齿轮箱

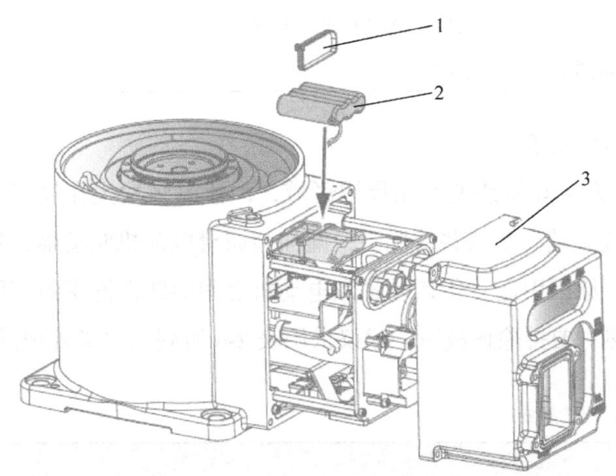

图2-19 IRB120工业机器人电池组的位置

1—电池组 2—电缆带 3—底座盖

2.2.3 故障维修

1. 路径精确度不一致故障

ABB工业机器人TCP的路径不一致，路径经常变化，并且有时会伴有轴承、变速箱或其他位置发出的噪声，导致无法进行生产。该故障可能由以下原因引起，要排除该故障，建议采用表2-5所列的故障处理操作。

1）机器人没有正确校准。

2）未正确定义机器人TCP。

3）平行杆被损坏（仅适用于装有平行杆的机器人）。

4）电动机和齿轮之间的机械接头损坏，这通常会使出现故障的电动机发出噪声。

5）轴承损坏。

6）将错误类型的机器人连接到控制器。

7）制动器未正确松开。

表 2-5　路径精确度不一致故障处理

序号	操　　作
1	确保正确定义机器人工具和工作对象
2	检查旋转计数器的位置
3	如有必要，重新校准机器人轴
4	通过跟踪噪声找到有故障的轴承
5	通过跟踪噪声找到有故障的电动机。分析机器人 TCP 的路径，以确定哪根轴进而确定哪台电动机可能有故障
6	检查平行杆是否正确（仅适用于装有平行杆的机器人）
7	确保根据配置文件中的要求连接正确的机器人类型
8	确保机器人制动器可以正常工作

2. 油污染电动机和齿轮箱

在 ABB 工业机器人电动机或变速箱周围区域，油泄漏多发生在底座、最接近配合面，或者在分解器电动机的最远端。在某些情况下，漏油会润滑电动机制动器，造成关机时操纵器失效。该故障可能由以下原因引起：①齿轮箱和电动机之间的防泄漏密封有问题；②变速箱油面过高；③变速箱油过热。要排除该故障，建议采用表 2-6 所列的故障处理操作。

表 2-6　油污染电动机和齿轮箱故障处理

序号	操　　作
1	在接近可能发热的机器人组件之前，请遵守相应安全信息
2	检查电动机和齿轮箱之间的所有密封和垫圈。不同的操纵器型号，应使用不同类型的密封
3	检查齿轮箱油面高度
4	齿轮箱过热可能由以下原因造成： 1）使用的油的质量不符合要求或油面高度不正确 2）机器人工作周期运行特定轴太困难。研究是否可以在应用程序编程中写入小段的“冷却周期” 3）齿轮箱内出现了过大的压力

3. 机械噪声

故障现象是在操作 ABB 工业机器人期间，电动机、变速箱、轴承等发出机械噪声。出现故障的轴承在失效之前通常会发出短暂的摩擦声或者嘀嗒声。失效的轴承会造成路径精确度不一致，严重时甚至会使接头完全抱死。该故障可能由以下原因引起：①轴承磨损；②污染物进入轴承圈；③轴承没有润滑。如果是从变速箱发出噪声，也可能是由过热原因引起的。要排除该故障，建议采用表 2-7 所列的故障处理操作。

表 2-7 机械噪声故障处理

序号	操 作
1	在接近可能发热的机器人组件之前，请遵守相关安全信息
2	确定发出噪声的轴承
3	确保轴承有充分的润滑
4	如有可能，拆开接头并测量间距
5	电动机内的轴承不能单独更换，只能更换整个电动机
6	确保正确装配轴承
7	齿轮箱过热可能由以下原因造成： 1）使用的油的质量不符合要求或油面高度不正确 2）机器人工作周期运行特定轴太困难。研究是否可以在应用程序编程中写入小段的“冷却周期” 3）齿轮箱内出现了过大的压力

2.3 电气系统的操作与维护

2.3.1 电气系统使用规范

1. 关闭总电源

在进行机器人的安装、维护和保养时切记先要将总电源关闭。带电作业可能会导致致命后果。如果不慎遭高压电击，可能会导致心跳停止、烧伤或其他严重伤害。

2. 与机器人保持足够的安全距离

在调试与运行机器人时，它可能会执行一些意外的或不规范的运动，并且所有的运动都会产生很大的力量，从而有可能严重伤害操作者和/或损坏机器人工作范围内的设备。所以应时刻与机器人保持足够的安全距离。

3. 静电放电危险

静电放电（ESD）是电势不同的两个物体间的静电传导，它可以通过直接接触传导，也可以通过感应电场传导。搬运部件或部件容器时，未接地的人员可能会传导大量的静电荷，这一放电过程可能会损坏敏感的电子设备。所以在有“ESD”标示的情况下，要做好静电放电防护工作。

4. 紧急停止

紧急停止优先于任何其他的机器人控制操作，它会断开机器人电动机的驱动电源，停止所有运转部件，并切断由机器人系统控制且存在潜在危险的功能部件的电源。出现下列情况时，应立即按下紧急停止按钮：

1）机器人运行中，工作区域内有工作人员。

2）机器人伤害了工作人员或损伤了机器设备。

5. 灭火

发生火灾时，应确保全体人员安全撤离后再进行灭火；应首先处理受伤人员；当电气设备（如机器人或控制器）起火时，应使用二氧化碳灭火器，切勿使用水或泡沫灭火器。ABB 工业机器人的安全标识见表 2-8。

表 2-8　ABB 工业机器人的安全标识

标志	名称	含　义
	危险	如果不依照说明操作，就会发生事故，并导致严重或致命的人员伤害和 / 或严重的产品损坏。它适用于接触高压电气装置、爆炸或火灾、有毒气体风险、压轧风险、撞击和从高处跌落等危险所采用的警告
	警告	如果不依照说明操作，可能会发生事故，该事故可造成严重的伤害（可能致命）和 / 或重大的产品损坏。它适用于接触高压电气装置、爆炸或火灾、有毒气体风险、压轧风险 、撞击和从高处跌落等危险所采用的警告
	电击	针对可能会导致严重的人员伤害或死亡的电气危险的警告
	小心	如果不依照说明操作，可能会发生能造成伤害和 / 或产品损坏的事故。它也适用于包括烧伤、眼睛伤害、皮肤伤害、听觉损害、压轧或打滑、跌倒、撞击和从高处跌落等风险的警告。此外，安装和拆卸有损坏产品或导致故障的风险的设备时，它还适用于包括功能需求的警告
	静电放电（ESD）	针对可能会导致产品严重损坏的电气危险的警告
	注意	注意描述重要的事实和条件
	提示	提示描述从何处查找附加信息或者如何以更简单的方式进行操作

6. 工作安全

机器人虽然速度慢，但是由于它很重并且力量很大，运动中的停顿或停止都会产生危险。即使可以预测运动轨迹，但外部信号有可能改变操作，会在没有任何警告的情况下，产生预想不到的运动。因此，当进入保护空间时，务必遵循所有的安全条例。

7. 示教器的安全

示教器是一种高品质的手持式终端，它配备了具有高灵敏度的电子设备。为避免操作不当引起的故障或损害，操作时应注意以下问题：

1）小心操作，不要摔打、抛掷或重击示教器，否则会导致示教器破损或出现故障。在不使用示教器时，应将其挂到专门存放它的支架上。

2）示教器在使用和存放时应避免被人踩踏其电缆。

3）切勿使用锋利的物体（如螺钉旋具或笔尖）操作触摸屏，否则会使触摸屏受损。应用手指或触摸笔（位于带有 USB 端口的示教器的背面）来操作示教器触摸屏。

4）没有连接 USB 设备时务必盖上 USB 端口保护盖。如果端口暴露到灰尘中，则会中断工作或引发故障。

8. 手动模式下的安全

在手动减速模式下，机器人只能减速（速度为 250mm/s 或更慢）操作（移动）。只要是在安全保护空间内工作，就应始终以手动速度进行操作。手动模式下，机器人以程序预设速度移动。手动全速模式应仅用于所有人员都位于安全保护空间之外时，而且操作人员必须经过特殊训练，熟知潜在危险。

9. 自动模式下的安全

自动模式用于在生产中运行机器人程序。在自动模式下操作时，常规模式停止（GS）机制、自动模式停止（AS）机制和上级停止（SS）机制都将处于活动状态。其中 GS 机制在任何操作模式下始终有效；AS 机制仅在系统处于自动模式时有效；SS 机制在任何操作模式下始终有效。

2.3.2 电控系统

1. 工业机器人控制柜的吊装（表2-9）

表 2-9 ABB 工业机器人控制柜的吊装

序号	步骤	图 示
1	按照右图的吊装方式，将控制柜移动到安装位置	60°

（续）

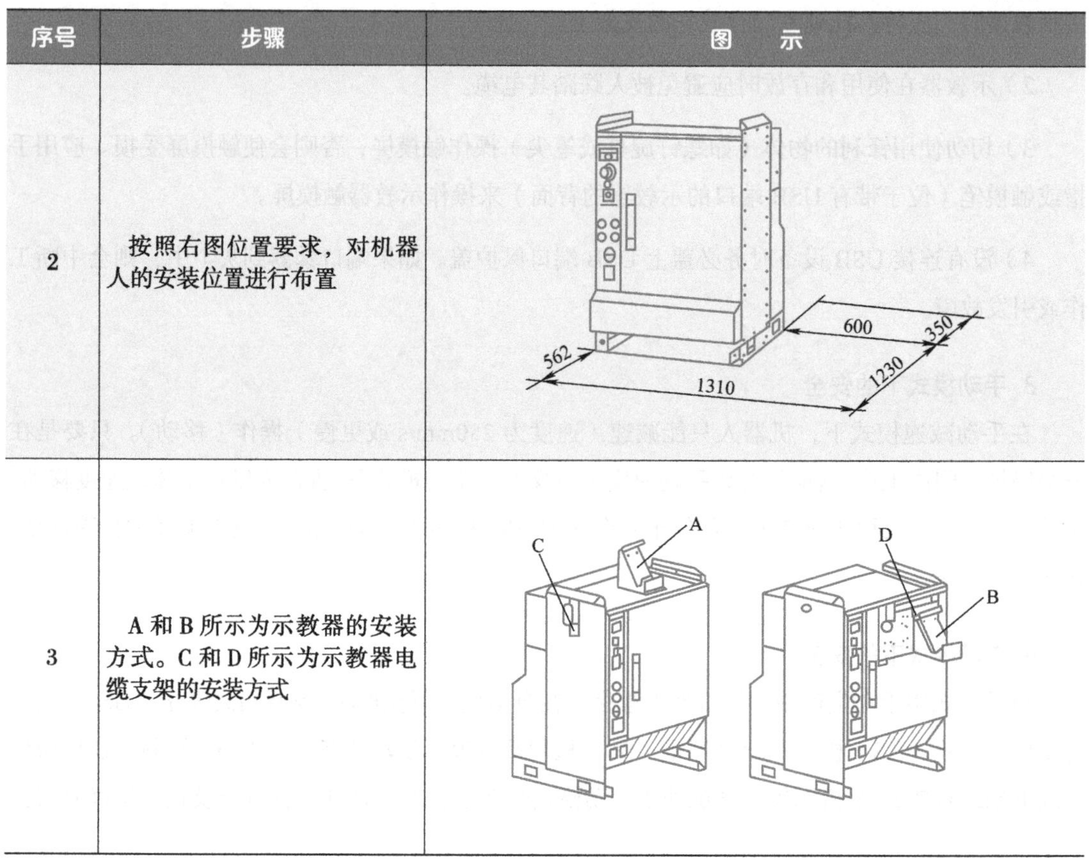

序号	步骤	图　示
2	按照右图位置要求，对机器人的安装位置进行布置	
3	A 和 B 所示为示教器的安装方式。C 和 D 所示为示教器电缆支架的安装方式	

2. ABB工业机器人本体的连接

在将机器人和控制器固定到底座上之后，将其彼此连接。利用机器人专用电缆连接机器人电动机的电源和控制装置，以及编码器接口板的反馈。客户电缆集成在机器人中，而连接器位于上臂壳和底座上。ABB 工业机器人专用电缆及各连接图分别如表 2-10、图 2-20 及图 2-21 所示。

表 2-10　ABB 工业机器人专用电缆

电缆类型	用　途	机柜连接点	机器人连接点
机器人电缆，电源	将驱动电力从控制机柜中的驱动装置传送到机器人电动机	XS1	R1.MP
机器人电缆，信号	将编码器数据从电源传输到编码器接口板	XS2	R1.SMB

3. ABB工业机器人控制器

ABB 工业机器人的控制器主要由主计算机、轴计算机、伺服驱动板等构成，各电控元件的逻辑结构关系如图 2-22 所示。

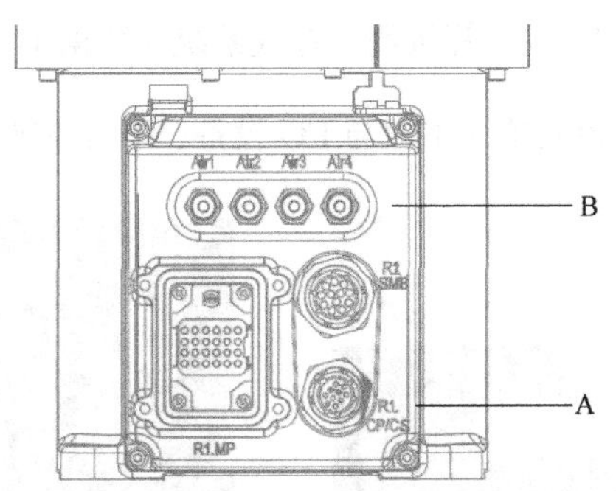

位置	连接	描述	编号	参数值
A	R1.CP/CS	客户电力 / 信号	10	49V，500mA
B	空气	最大 500kPa	4	内壳直径 4mm

图2-20　客户连接电缆在底座上的位置

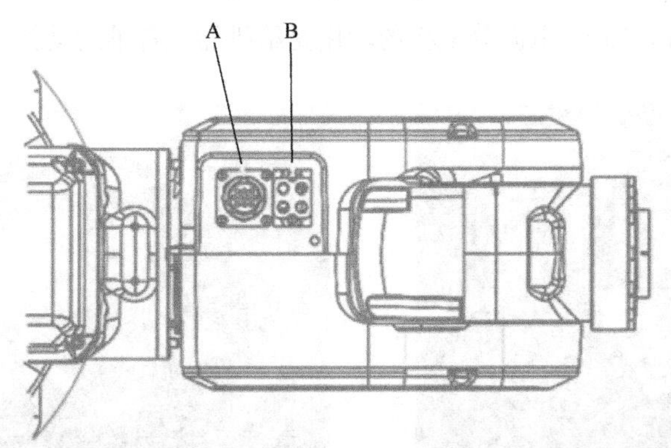

位置	连接	描述	编号	参数值
A	R3.CP/CS	客户电力 / 信号	10	49V，500mA
B	空气	最大 500kPa	4	内壳直径 4mm

图2-21　客户连接电缆在上臂壳上的位置

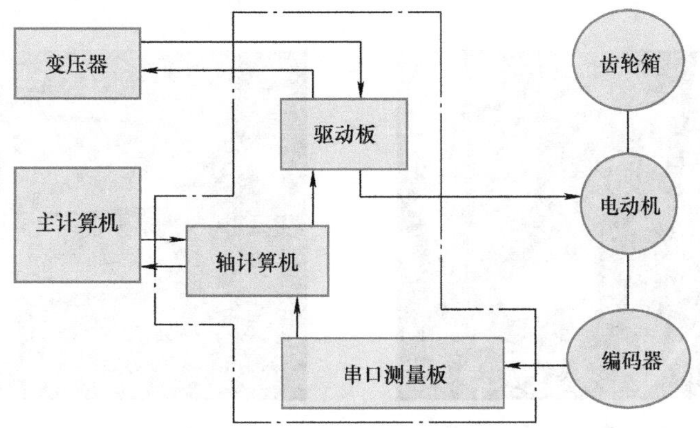

图2-22　各电控元件的逻辑结构关系

（1）主计算机（图 2-23） 主计算机用于存放系统和数据串口测量板。

（2）I/O 板（图 2-24） 控制单元主板与 I/O 设备、串行主轴、伺服轴、显示单元的连接板。

图2-23 ABB工业机器人的主计算机

图2-24 ABB工业机器人的I/O板

（3）I/O 电源板（图 2-25） I/O 电源板给 I/O 板提供电源。

（4）电源分配板（图 2-26） 电源分配板的功用是给机器人各轴运动提供电源。

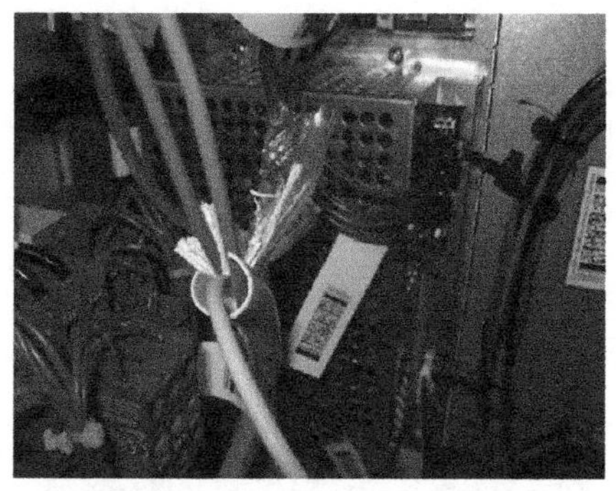

图2-25 ABB工业机器人的I/O电源板

图2-26 ABB工业机器人的电源分配板

（5）轴计算机（图 2-27） 轴计算机的功用是计算每个机器人轴的转速。

（6）安全面板（图 2-28） 控制柜正常工作时，安全面板上的所有指示灯点亮，急停按钮从这里接入。

图2-27 ABB工业机器人的轴计算机

图2-28 ABB工业机器人的安全面板

（7）电容器（图 2-29） 充电和放电是电容器的基本功能。此电容器用于在工业机器人关闭电源时，保存数据后再断电，起延时断电的功能。

（8）机器人六轴驱动器（图 2-30） 驱动器用于驱动机器人各轴的电动机。

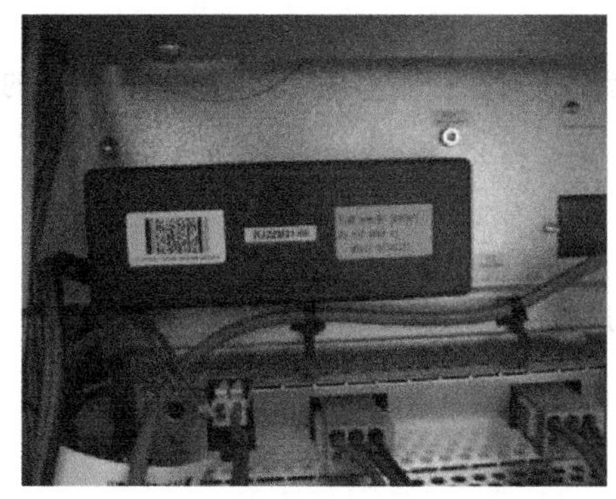

图2-29 ABB工业机器人的电容器

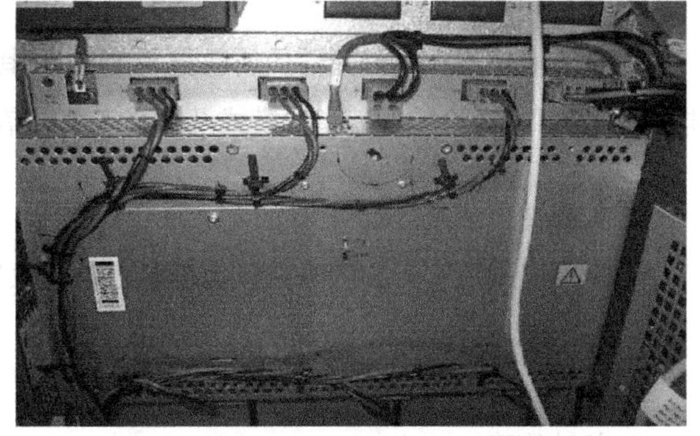

图2-30 ABB工业机器人的六轴驱动器

（9）机器人和控制柜上的动力线（图 2-31）

（10）外部轴上的电池和 TRACK SMB 板（图 2-32） 在控制柜断电的情况下，可以保持相关数据，即具有断电保持功能。

图2-31 ABB工业机器人和控制柜上的动力线

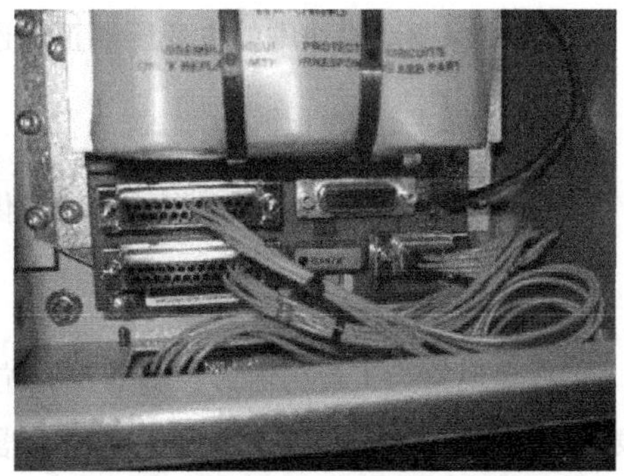

图2-32 外部轴上的电池和TRACK SMB 板

2.3.3 错误诊断

ABB 工业机器人示教器具有错误事件日志，它包含与系统检测出的任何故障有关的大量信息。如果故障是由电气单元（控制器或其他部件中的电路板）引起的，则该单元前面的 LED 会有所提示。通常工业机器人错误诊断有以下方式。

1. 按故障症状进行错误排除诊断

每个故障或错误在第一次检测为错误症状时，可能创建错误事件日志消息，例如，轴 6 上的变速箱变热或者控制器不能起动的消息。

2. 按设备进行故障排除

当示教器控制模块和驱动模块的数据通信、现场总线和 I/O 单元、电源等发生故障或错误诊断时，采取相应的处理措施。

3.描述和背景信息指示

根据工业机器人电控元件的所有指示 LED 和其他指示（可在控制模块、驱动模块和单独的电路板上找到），诊断与其指示模式及含义有关的信息。

4. 按事件日志进行故障排除

根据列出的所有可用的事件日志信息，在示教器上进行故障排除。

2.3.4　故障处理

1. 起动故障

起动故障的现象主要体现在任何单元上的 LED 均未亮起、接地故障保护跳闸、无法加载系统软件、示教器没有响应，或者示教器能够起动，但对任何输入均无响应，以及包含系统软件的磁盘未正确起动等。如果出现了起动故障，建议采取下列措施：

1）确保系统的主电源通电，并且在指定的极限值之内。

2）确保驱动模块中的主变压器正确连接现有电源电压。

3）确保主开关打开。

4）确保控制模块和驱动模块的电源供应没有超出指定极限值。

2. 控制器没有响应

故障现象为工业机器人控制器没有响应，导致无法使用示教器操作系统。造成该故障的主要原因有控制器未连接主电源、主变压器出现故障或者连接不正确、主熔丝断开、控制模块和驱动模块之间没有连接等。

3. 控制器性能不佳

故障现象为工业机器人控制器性能不佳，导致机器人无法正常工作。造成计算机系统负荷过高的原因有程序仅包含程度过高的逻辑指令，造成程序循环过快，使处理器过载；I/O 更新时间间隔设置得过短，造成频繁更新和 I/O 负载过高；内部系统交叉连接和逻辑功能使用太频繁；外部 PLC 或者其他监控计算机对系统寻址太频繁，造成系统过载等。出现控制器性能不佳故障时，建议采取下列措施：

1）检查程序中是否包含逻辑指令（或其他“不花时间”执行的指令），因为此类程序在未满足条件时会造成执行循环。要避免此类循环，可通过添加一个或多个 WAIT 指令并进行测试。

2）确保每个 I/O 板的 I/O 更新时间间隔设置得合理。

3）检查 PLC 和机器人系统之间是否有大量的交叉连接或 I/O 通信。

4）尝试以事件驱动指令而不是使用循环指令来编辑 PLC 程序。

4. 控制器上的所有LED都熄灭

故障现象是控制模块或驱动模块上没有相应的 LED 亮起。该故障可能是由未向系统提供电源、主变压器没有连接正确的主电压、电路中的断路器有故障或者由于其他原因开路、接触器故障或者由于其他原因断开等原因造成的。

5. 示教器故障

示教器通过配电板与控制模块主计算机进行通信。它通过具有 24V 电源和两个使动设备链的电缆物理连接至配电板和紧急停止装置。

（1）示教器完全或间歇性“死机” 该故障主要是由系统未开启、示教器没有与控制器连接、到控制器的电缆损坏、电缆连接器损坏、示教器控制器的电源出现故障等原因造成的。此时，应采取以下措施：

1）确保系统已经打开，并且示教器连接到了控制器。

2）检查示教器电缆是否存在损坏迹象。

3）通过连接不同的示教器进行测试来排除导致故障的示教器和电缆。

4）用不同的控制器进行测试，以排除控制器不是错误源。

（2）示教器能起动，但屏幕上不显示图像 该故障可能是由以太网故障、主计算机故障等原因造成的，主要应采取以下措施：

1）检查电源到主计算机的全部电缆，确保它们连接正确。

2）确保示教器与控制器连接正确。

3）检查控制器中所有单元的各个 LED 指示灯。

4）检查主计算机上的全部状态信号。

（3）示教器上显示的事件消息是不确定的，并且无法与机器人的实际故障相对应，所显示的信息不正确 该故障是由内部操纵器接线不正确导致连接器连接欠佳、电缆扣环太紧导致电缆在操纵器移动时被拉紧、因为摩擦使信号与地面短路造成电缆绝缘擦破或损坏等原由造成的。主要应采取以下措施：

1）检查所有内部操纵器接线，尤其是所有断开的电缆、在最近维修工作期间连接的重新布线或捆绑的电缆。

2）检查所有电缆连接器，确保它们连接正确并且被拉紧。

3）检查所有电缆绝缘是否损坏。

2.3.5 系统检修

应对 ABB 工业机器人控制器进行定期维护，这样才能确保其功能正常。ABB 工业机器人的维护活动及其时间间隔见表 2-11。

表 2-11 ABB 工业机器人的维护活动

设备	维护活动	时间间隔
控制器	检查	12 个月
控制柜（风扇）	检查	6 个月
示教器	清洁	6 个月

1. 检查控制器

在对 ABB 工业机器人控制器进行任何作业之前，都应确保主电源已经关闭，这是由于该装置易受 ESD 的影响。检查连接器和布线，以确保其得以安全固定，并且布线没有损坏；检查系统风扇和机柜表面的通风孔，以确保其干净清洁；暂时打开控制器电源，检查风扇是否能够正常工作，然后关闭电源。

2. 清洁控制柜

使用有 ESD 保护的真空吸尘器清洁控制柜内部，按照规定使用清洁设备，使用其他清洁设备可能会减少所涂油漆、防锈剂、标记或标签的使用寿命。清洁前，应检查所有保护盖是否都已安装到控制器上。清洁控制器外部时，拆下所有保护盖或其他保护装置，使用压缩空气或高压清洁器进行清洁。

3. 清洁示教器

对于示教器，应使用软布和温水（或温和的清洁剂）对其触摸屏和按键进行清洁。清洁屏幕前，先轻触 ABB 菜单上的“Lock Screen”，按下窗口中的“Lock”按钮，当下一个窗口出现时，便可以安全地清洁屏幕。

2.4 编程

2.4.1 急停及开关机

IRB120 工业机器人急停及开关机操作流程见表 2-12。

表 2-12 IRB120 工业机器人急停及开关机操作流程

序号	步 骤	图 示
1	开机：在确认输入电压正常后，打开电源开关	
2	关机：在示教器的“重新启动”菜单中选择“关机”；关闭电源开关 注意：关机后再次开启电源需要间隔至少 2min	
3	急停：在紧急情况下，按下红色急停按钮	

示教器外形及其按钮的用途如图 2-33 和表 2-13 所示。

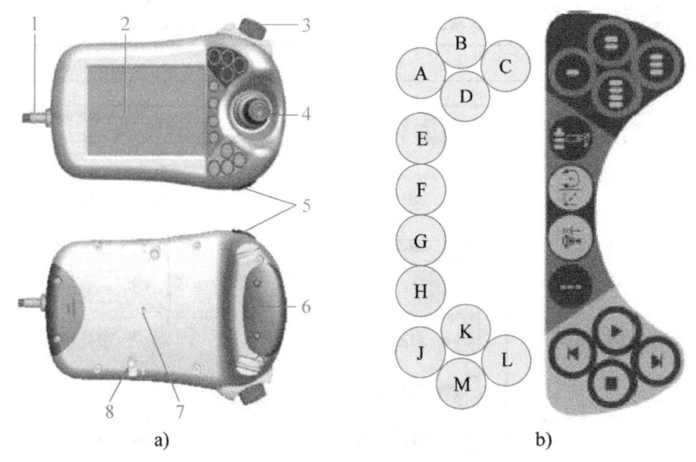

图2-33 示教器的外形及按钮

1—连接电缆 2—触摸屏 3—急停开关 4—控制杆 5—USB 接口 6—使动装置 7—重置按钮 8—触摸笔

表 2-13 示教器按钮的用途

标号	说 明
A~D	预设按键，1~4
E	选择机械单元
F	切换运动模式，重定向或线性
G	切换运动模式，轴 1~3 或轴 4~6
H	切换增量
J	步退按钮。按下此按钮，可使程序后退至上一条指令
K	起动按钮，按下此按钮，开始执行程序
L	步进按钮。按下此按钮，可使程序前进至下一条指令
M	停止按钮。按下此按钮，停止程序执行

2.4.2 手动操作

IRB120 工业机器人单轴运动、线性运动及重定位运动的操作流程分别见表 2-14~ 表 2-16。

表 2-14　工业机器人单轴运动操作流程

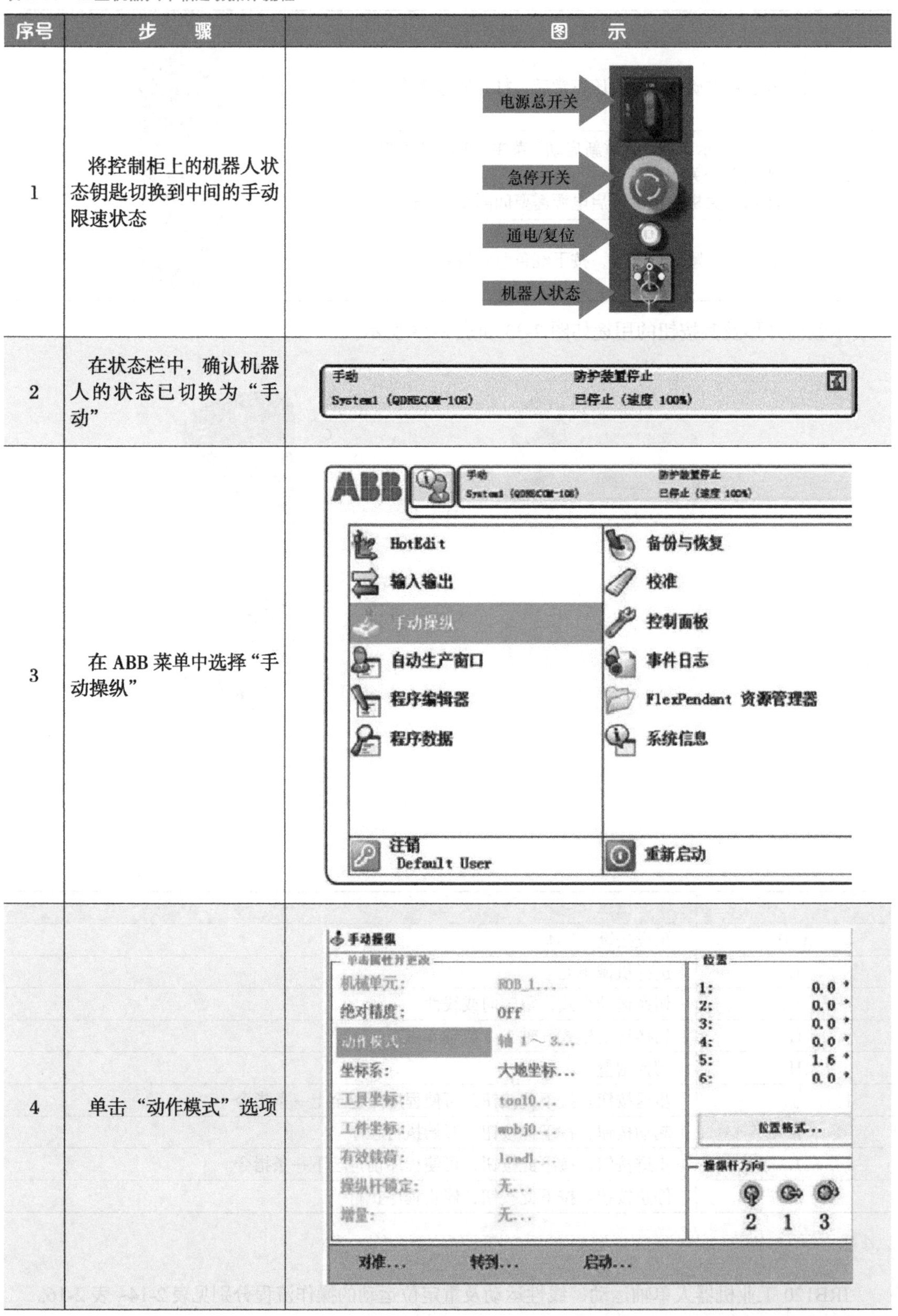

序号	步　骤	图　示
1	将控制柜上的机器人状态钥匙切换到中间的手动限速状态	
2	在状态栏中，确认机器人的状态已切换为“手动”	
3	在 ABB 菜单中选择“手动操纵”	
4	单击“动作模式”选项	

（续）

序号	步　骤	图　示
5	选中“轴 1~3”，然后单击“确定”按钮（如果选中“轴 4~6”，则可以操纵轴 4~6）	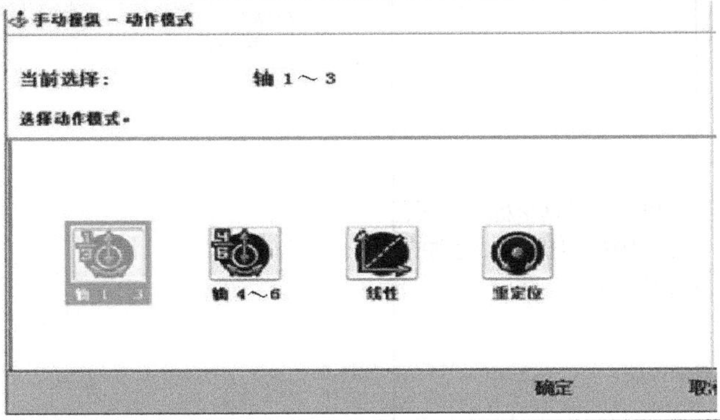
6	用左手按下使能按钮，进入“电动机开启”状态，在状态栏中，确认处于“电动机开启”状态	
7	此处显“轴 1~3”的操纵杆方向，黄色箭头代表正方向	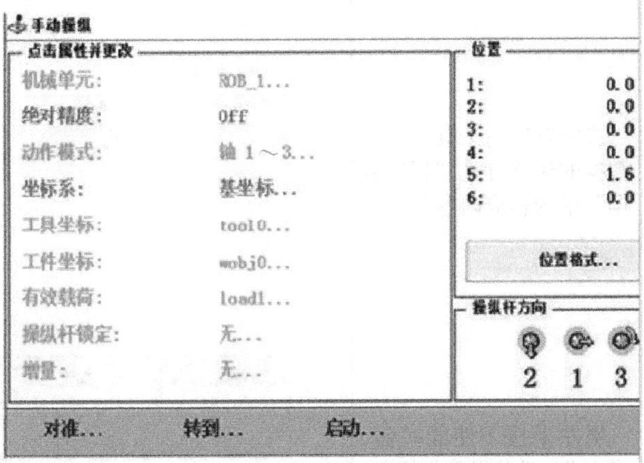

表 2-15　工业机器人线性运动操作流程

序号	步骤	图　示
1	在“手动操纵”→“动作模式”界面中选择“线性”，然后单击“确定”按钮	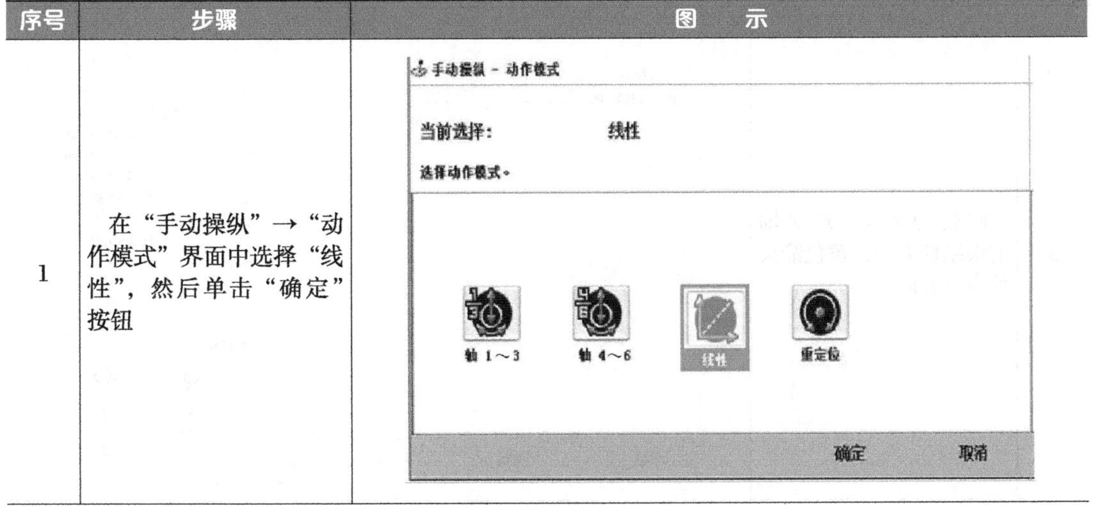

（续）

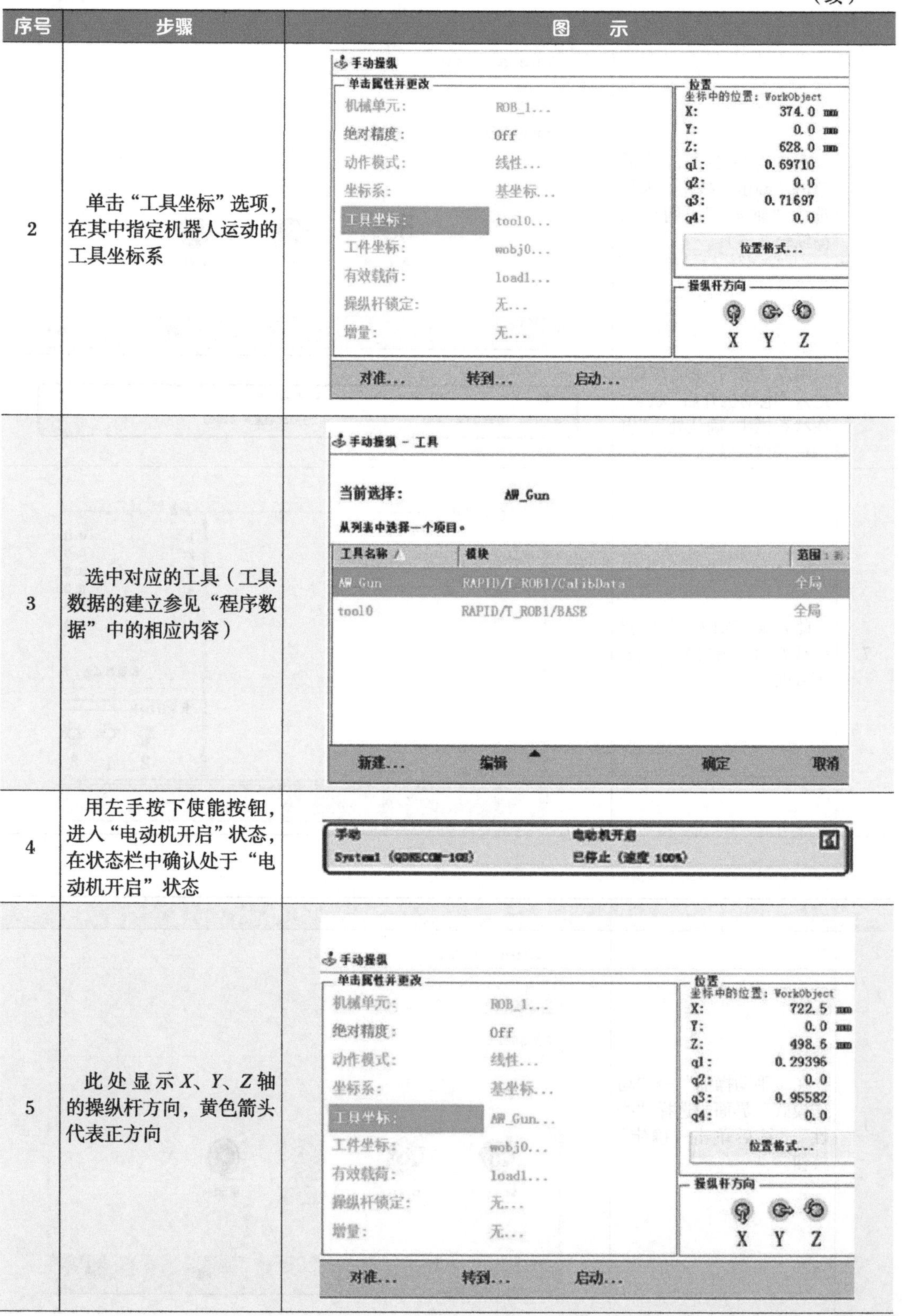

序号	步骤	图　示
2	单击“工具坐标”选项，在其中指定机器人运动的工具坐标系	
3	选中对应的工具（工具数据的建立参见“程序数据”中的相应内容）	
4	用左手按下使能按钮，进入“电动机开启”状态，在状态栏中确认处于“电动机开启”状态	
5	此处显示 X、Y、Z 轴的操纵杆方向，黄色箭头代表正方向	

（续）

序号	步骤	图　示
6	操作示教器上的操纵杆，机器人TCP在空间中做线性运动	

表 2-16　工业机器人重定位运动操作流程

序号	步骤	图　示
1	在“手动操纵”→“动作模式”界面中,选中“重定位”，然后单击“确定”按钮	
2	单击“坐标系”选项	
3	选中“工具”，然后单击“确定”按钮	

（续）

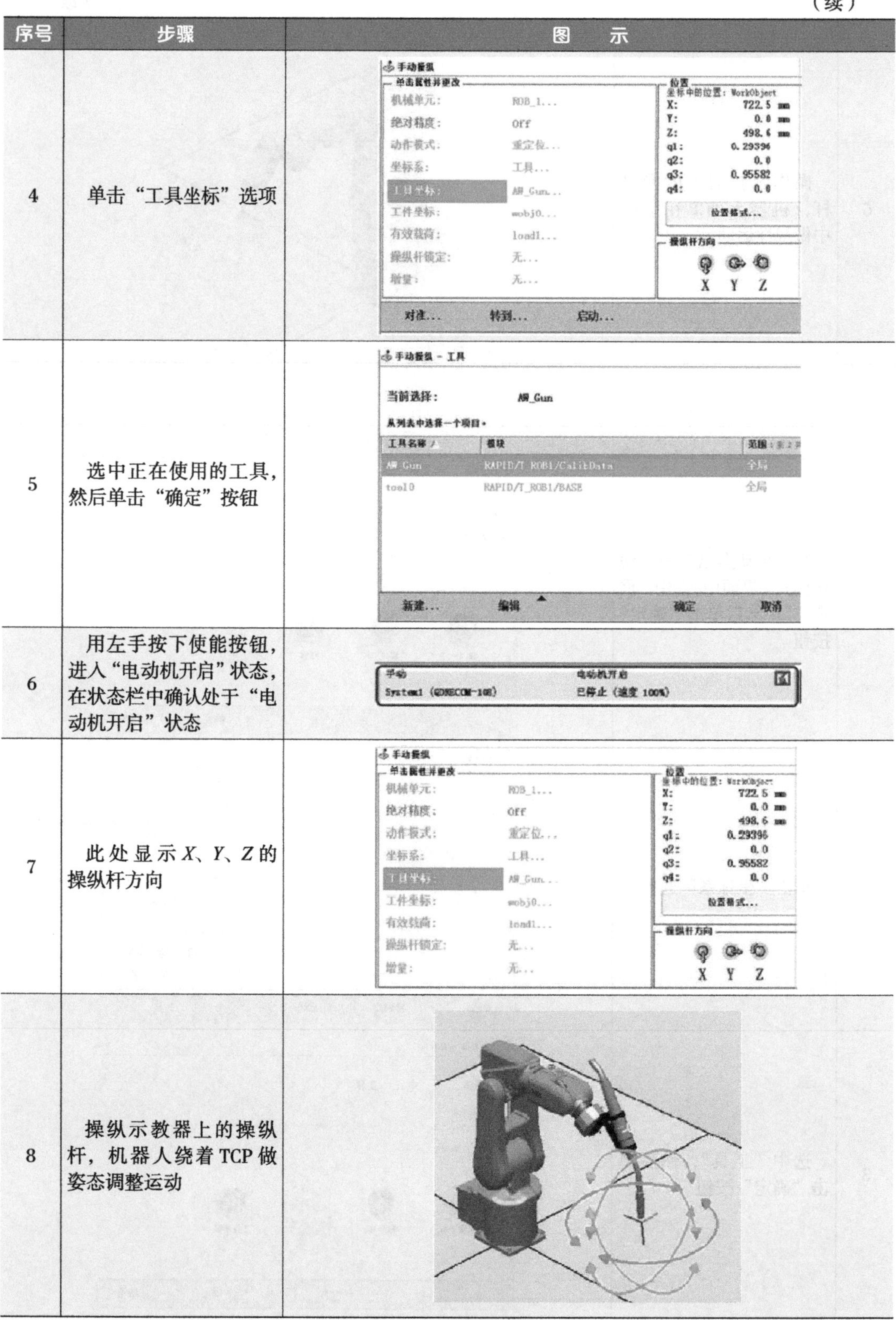

序号	步骤	图示
4	单击“工具坐标”选项	
5	选中正在使用的工具，然后单击“确定”按钮	
6	用左手按下使能按钮，进入“电动机开启”状态，在状态栏中确认处于“电动机开启”状态	
7	此处显示 X、Y、Z 的操纵杆方向	
8	操纵示教器上的操纵杆，机器人绕着 TCP 做姿态调整运动	

2.4.3 示教编程及运行

IRB120 工业机器人示教编程及运行的操作流程见表 2-17。

表 2-17 IRB120 工业机器人示教编程与运行操作流程

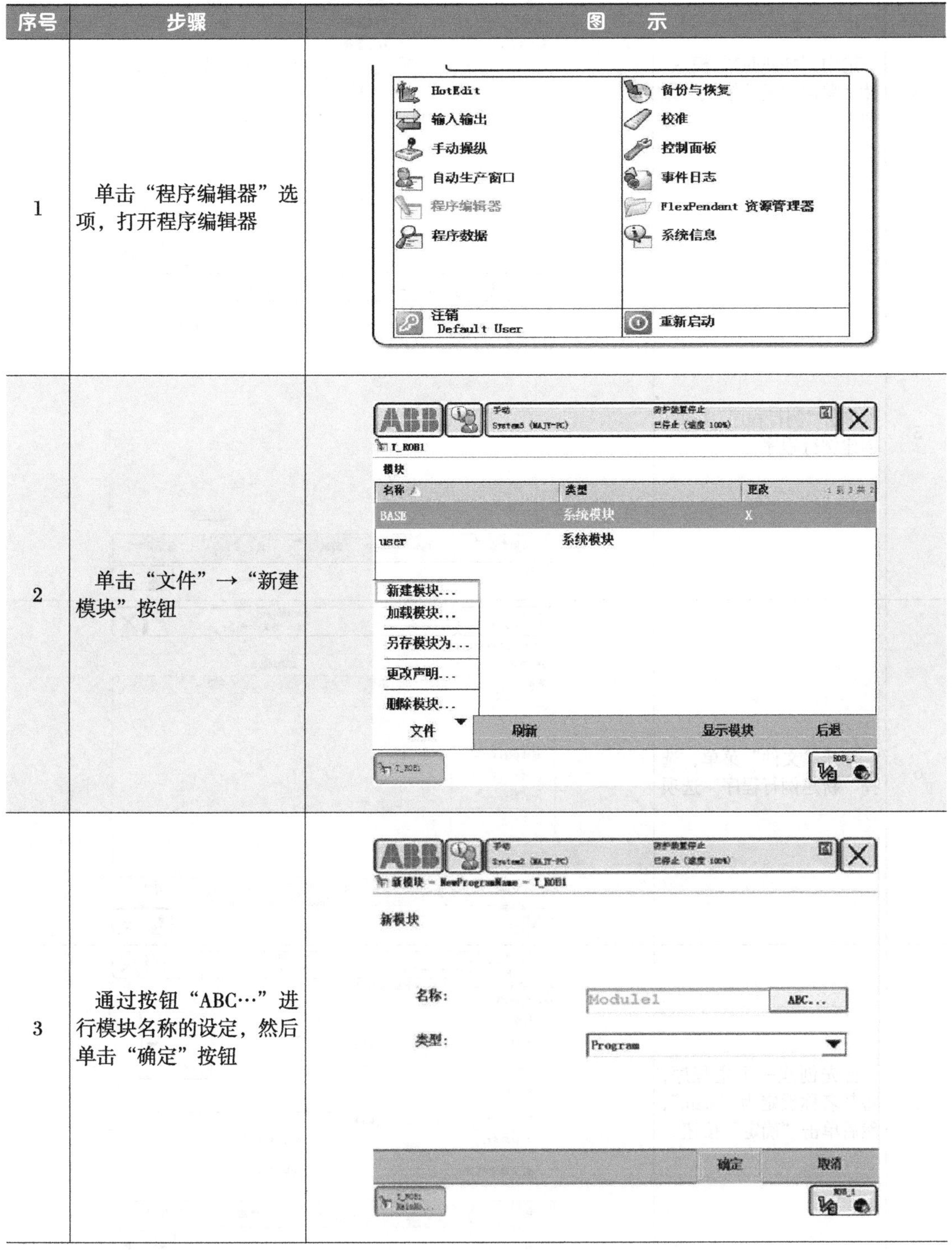

序号	步骤	图 示
1	单击“程序编辑器”选项，打开程序编辑器	
2	单击“文件”→“新建模块”按钮	
3	通过按钮“ABC…”进行模块名称的设定，然后单击“确定”按钮	

（续）

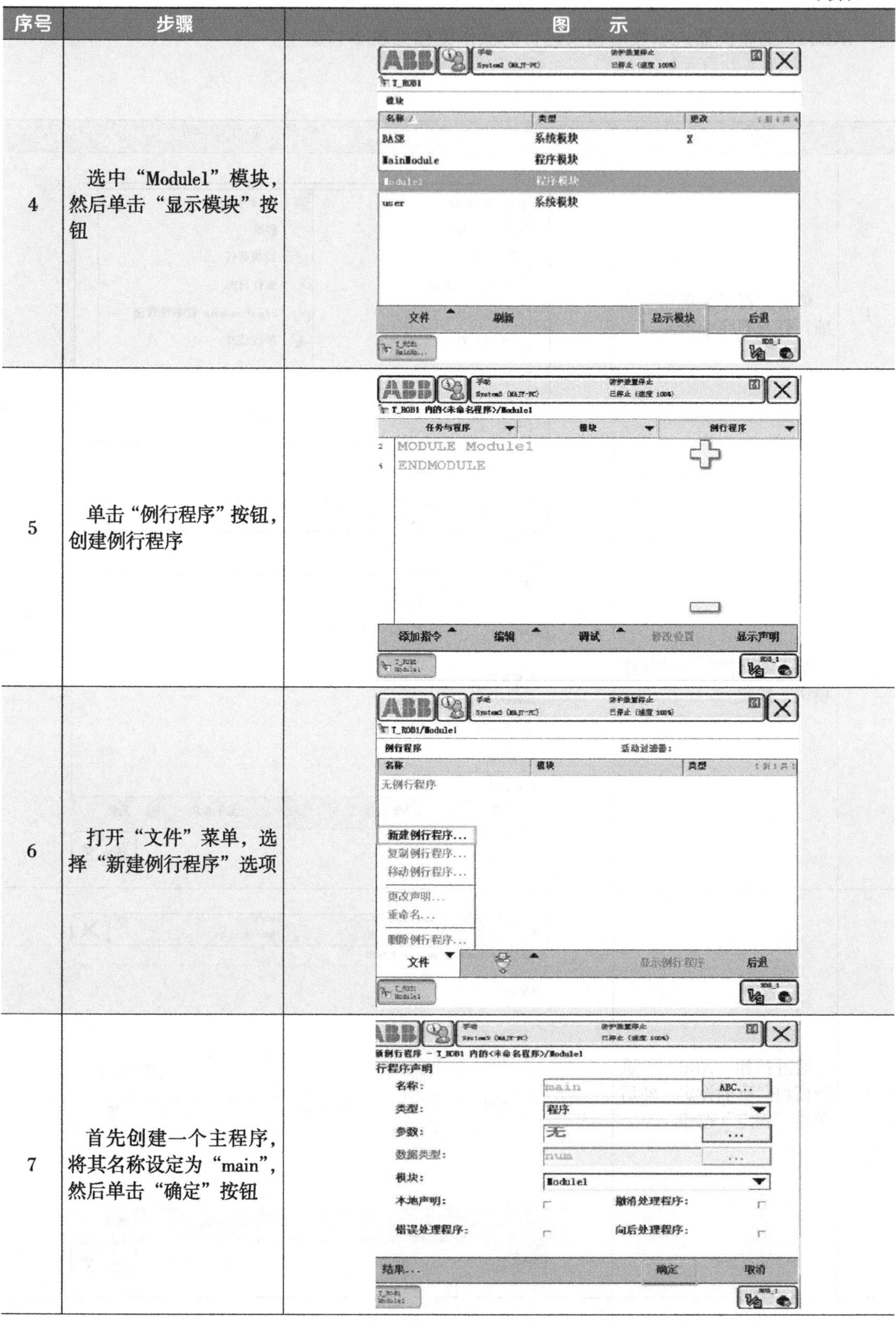

序号	步骤	图　示
4	选中“Module1”模块，然后单击“显示模块”按钮	
5	单击“例行程序”按钮，创建例行程序	
6	打开“文件”菜单，选择“新建例行程序”选项	
7	首先创建一个主程序，将其名称设定为“main”，然后单击“确定”按钮	

（续）

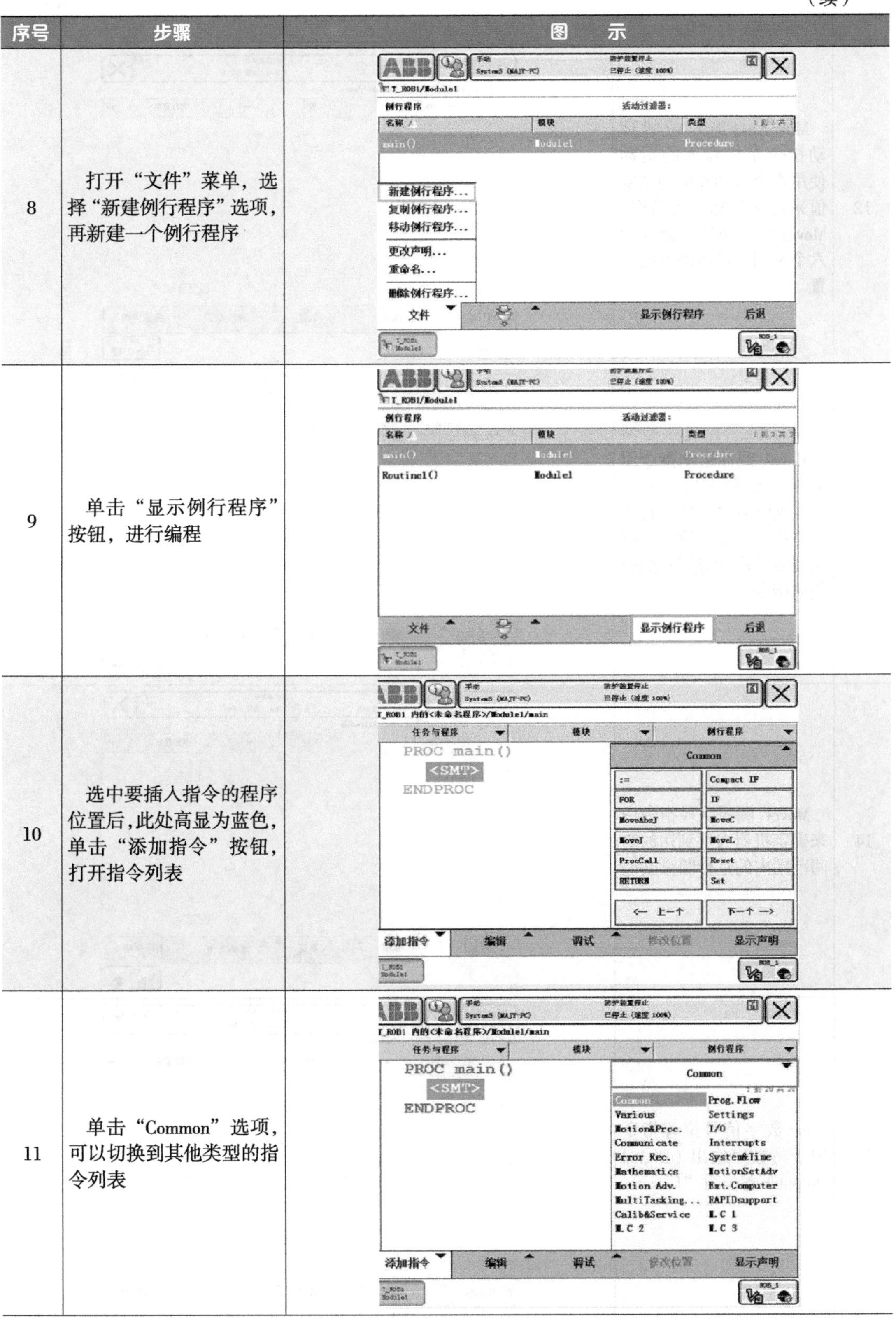

序号	步骤	图示
8	打开“文件”菜单，选择“新建例行程序”选项，再新建一个例行程序	
9	单击“显示例行程序”按钮，进行编程	
10	选中要插入指令的程序位置后，此处高显为蓝色，单击“添加指令”按钮，打开指令列表	
11	单击“Common”选项，可以切换到其他类型的指令列表	

（续）

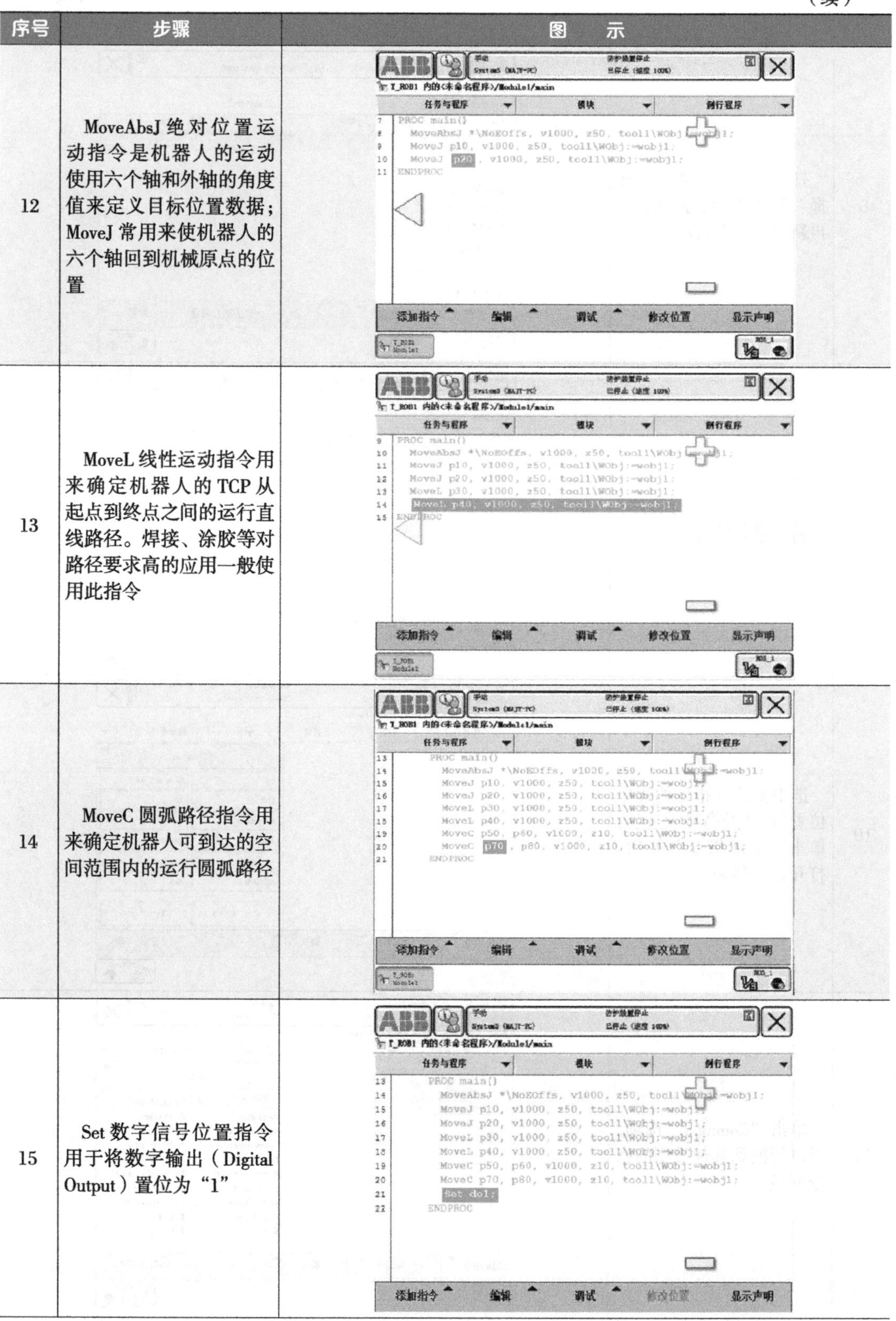

序号	步骤	图示
12	MoveAbsJ 绝对位置运动指令是机器人的运动使用六个轴和外轴的角度值来定义目标位置数据；MoveJ 常用来使机器人的六个轴回到机械原点的位置	
13	MoveL 线性运动指令用来确定机器人的 TCP 从起点到终点之间的运行直线路径。焊接、涂胶等对路径要求高的应用一般使用此指令	
14	MoveC 圆弧路径指令用来确定机器人可到达的空间范围内的运行圆弧路径	
15	Set 数字信号位置指令用于将数字输出（Digital Output）置位为“1”	

（续）

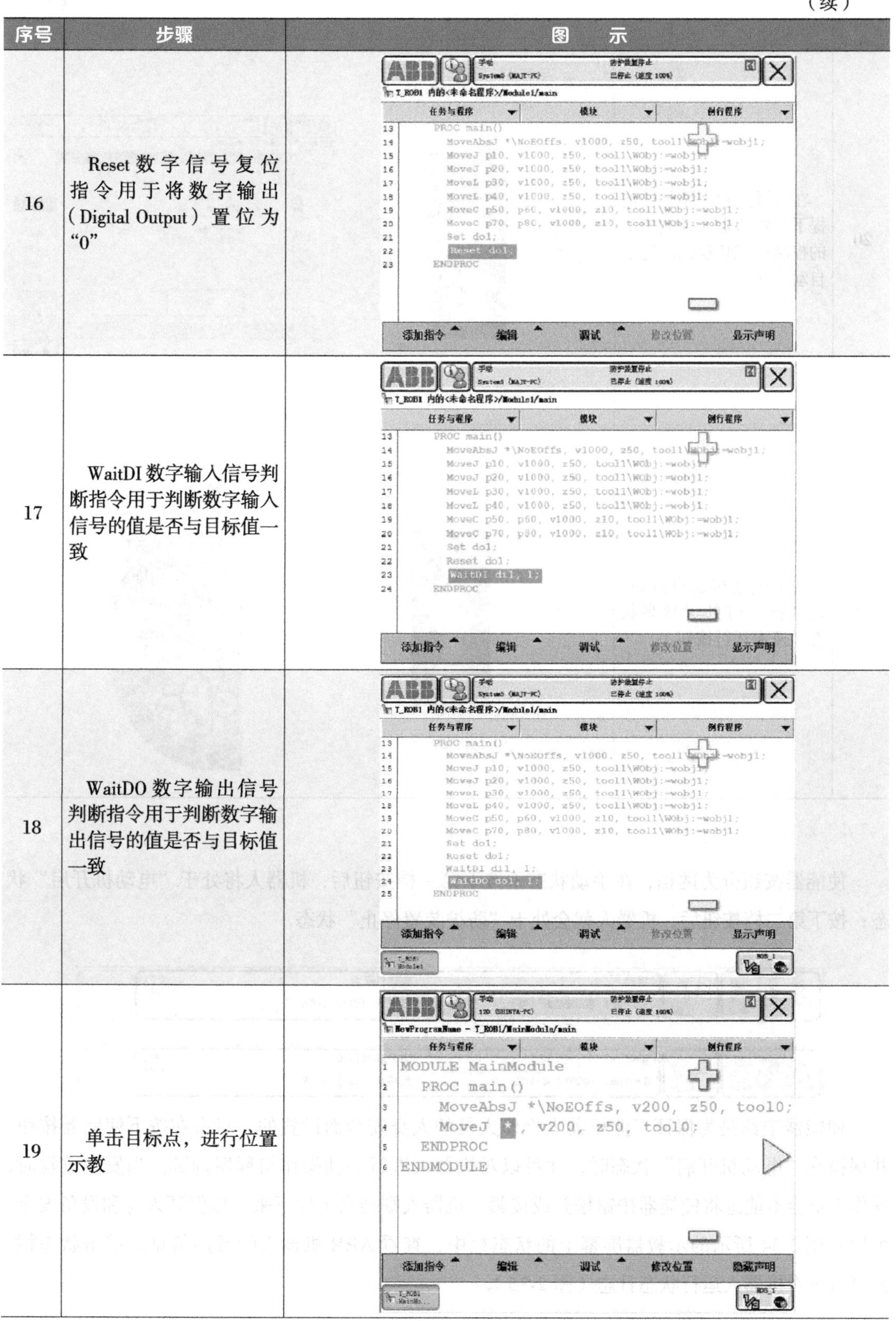

序号	步骤	图示
16	Reset数字信号复位指令用于将数字输出(Digital Output)置位为“0”	
17	WaitDI数字输入信号判断指令用于判断数字输入信号的值是否与目标值一致	
18	WaitDO数字输出信号判断指令用于判断数字输出信号的值是否与目标值一致	
19	单击目标点，进行位置示教	

（续）

序号	步骤	图　示
20	在机器人程序调好的前提下，将机器人控制柜上的控制模式切换钥匙置于自动模式	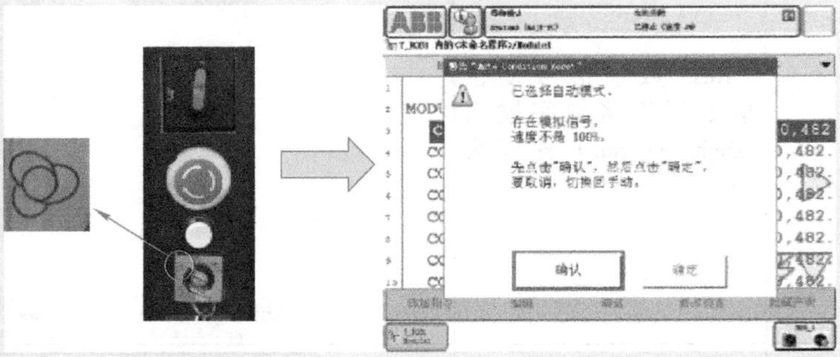
21	按下电动机通电按钮，使其指示灯处于常亮状态；按下运行按钮	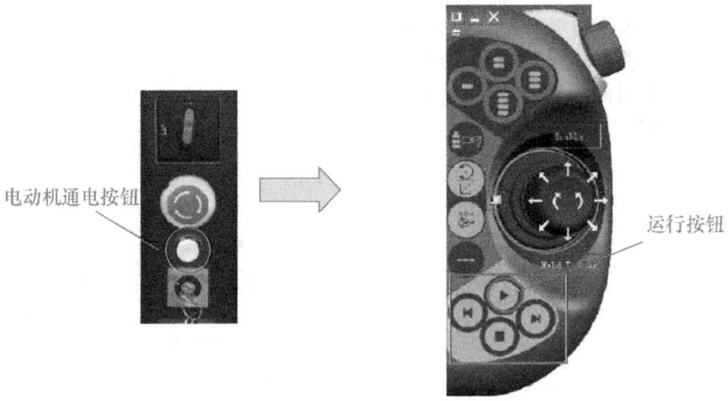 电动机通电按钮　运行按钮

2.4.4　状态显示

使能器按钮分为两档，在手动状态下按下第一档按钮后，机器人将处于“电动机开启”状态；按下第二档按钮后，机器人就会处于“防护装置停止”状态。

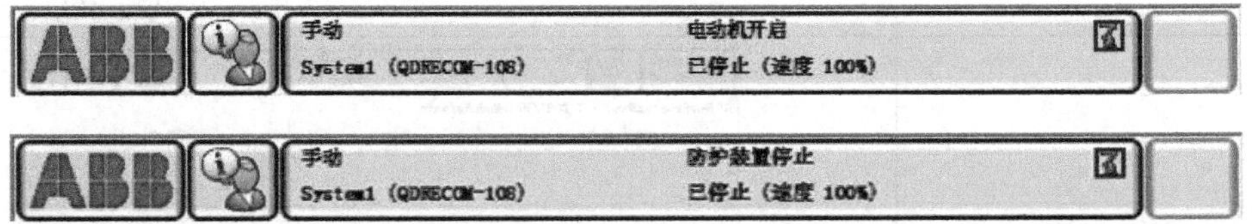

使能器按钮是为保证工业机器人操作人员的人身安全而设置的。只有在按下使能器按钮，并保持在“电动机开启”状态时，才可以对机器人进行手动操作与程序调试。当发生危险时，操作人员会本能地将使能器按钮松开或按紧，机器人则会马上停下来，以保证人身和设备安全。可以在图 2-34 所示的示教器屏幕上的状态栏中，查看 ABB 机器人的常用信息。单击状态栏，就可以查看机器人运行状态日志（图 2-35）。

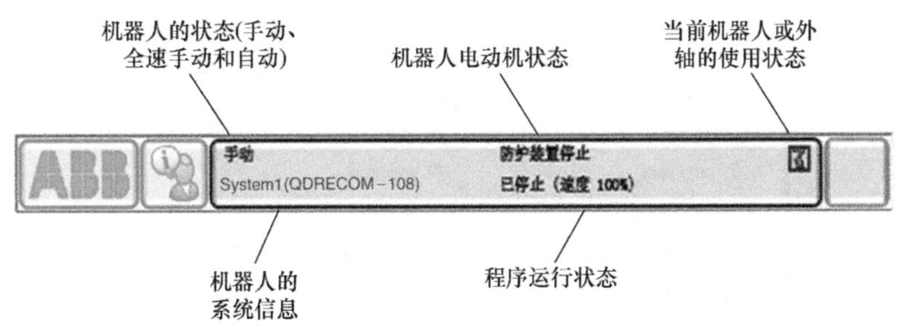

图2-34　工业机器人运行状态栏

手动　System1 (QDRECOM-108)　防护装置停止　已停止 (速度 100%)

事件日志 - 公用

点击一个消息便可打开。

代码	标题	日期和时间　1 到 9 共 38
10012	安全防护停止状态	2013-09-06 07:22:44
10011	电动机上电(ON) 状态	2013-09-06 07:22:07
10010	电动机下电 (OFF) 状态	2013-09-06 07:22:06
10015	已选择手动模式	2013-09-06 07:21:43
10012	安全防护停止状态	2013-09-06 07:21:43
10011	电动机上电(ON) 状态	2013-09-06 07:01:26
10017	已确认自动模式	2013-09-06 07:01:25
10016	已请求自动模式	2013-09-06 07:01:25
10129	程序已停止	2013-09-06 07:00:43

另存所有日志为...　删除　更新　视图

图2-35　工业机器人运行状态日志

2.4.5　文件管理

ABB 机器人的数据备份与恢复功能完成系统文件的管理，并定期对 ABB 机器人的数据进行备份，是保证 ABB 机器人正常工作的实用功能。ABB 机器人数据备份的对象是所有正在系统内存中运行的 RAPID 程序和系统参数。当机器人系统出现错乱或者重新安装新系统以后，可以通过备份快速地把机器人恢复到备份时的状态。

1.备份

如图 2-36 所示，单击“备份与恢复”选项进行备份操作，等待备份完成。

2.备份文件夹中的文件

在示教器上完成机器人备份后，会生成一个文件夹，该文件夹是按时间命名的。在熟悉系统设定的代码语法后，可以直接对这些备份文件的代码进行修改。工业机器人的管理文件类型见表 2-18。

图2-36　工业机器人文件备份

表 2-18　工业机器人的管理文件类型

文件 / 文件夹	功　能
sytem.xml	系统设定（密码、选项等）
BACKINFO	机器人版本文件、安装序列号等
HOME	在机器人硬盘中也有 HOME 目录，在备份时机器人将硬盘中的 HOME 备份到此处
RAPID	保存 RAPID 程序
SYSPAR	系统参数文件夹（I/O 板、信号等）

3.恢复

在进行恢复时应注意，备份数据具有唯一性，不能将一台机器人的备份恢复到另一台机器人中去，否则，会造成系统故障。但是，经常会将程序和 I/O 的定义做成通用的，以方便批量生产时使用。这时可以通过分别单独导入程序和 I/O 文件来满足实际需要。

ABB 工业机器人文件备份和恢复操作流程见表 2-19。

表 2-19　ABB 工业机器人文件备份和恢复操作流程

序号	步骤	图　示
1	单击“恢复系统…”按钮	

（续）

序号	步骤	图　　示
2	单击“…”按钮，选择备份存放的目录；单击“恢复”按钮	系统恢复时会进行热启动。对系统参数和模块进行的所有未保存的更改将会丢失。 浏览至要使用的备份文件夹。然后按“恢复”。 备份文件夹： D:/System1_Backup_20130906/ … 恢复 取消
3	单击“是”按钮	恢复 对系统参数和模块所作的全部未保存更改都将丢失。 注意！知道重新启动机器人控制器后才能删除 USB 内存条。 确定要继续？ 是 否

2.4.6 码垛实例

1.任务描述

如图 2-37 所示，将搬运起始平台上编号为 1、2、3、4 的四个圆片分别放置到搬运放置平台上编号为 1、2、3、4 的四个位置处，完成平面矩阵码垛的运动过程。

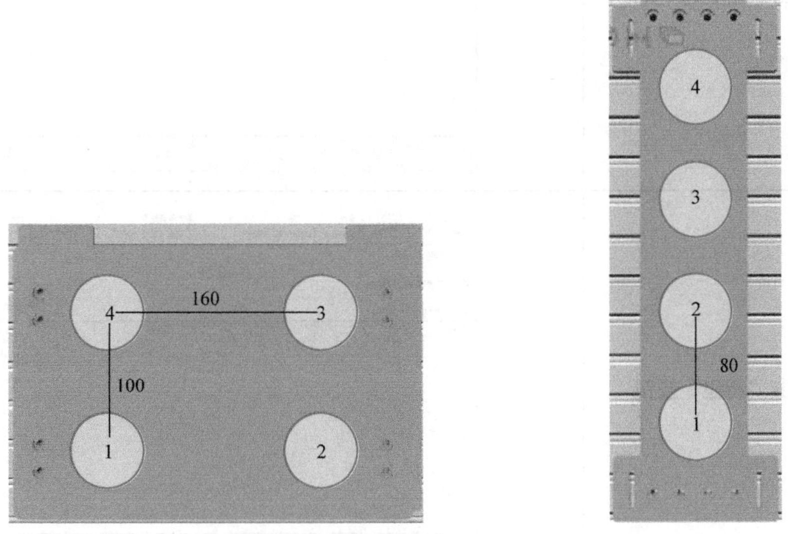

图2-37 搬运起始平台与搬运放置平台

2.任务实施

分别定义搬运起始平台和搬运放置平台上各圆片位置偏移量的二维数组。

1）搬运起始位置：以 1 号圆片位置为示教基准点，其余圆片位置相对 1 号圆片进行偏移。

2）搬运放置平台：以 1 号放置位置为示教基准点，其余圆片位置相对 1 号位置进行偏移。

3）建立数组，见表 2-20。

表 2-20 数组的建立过程

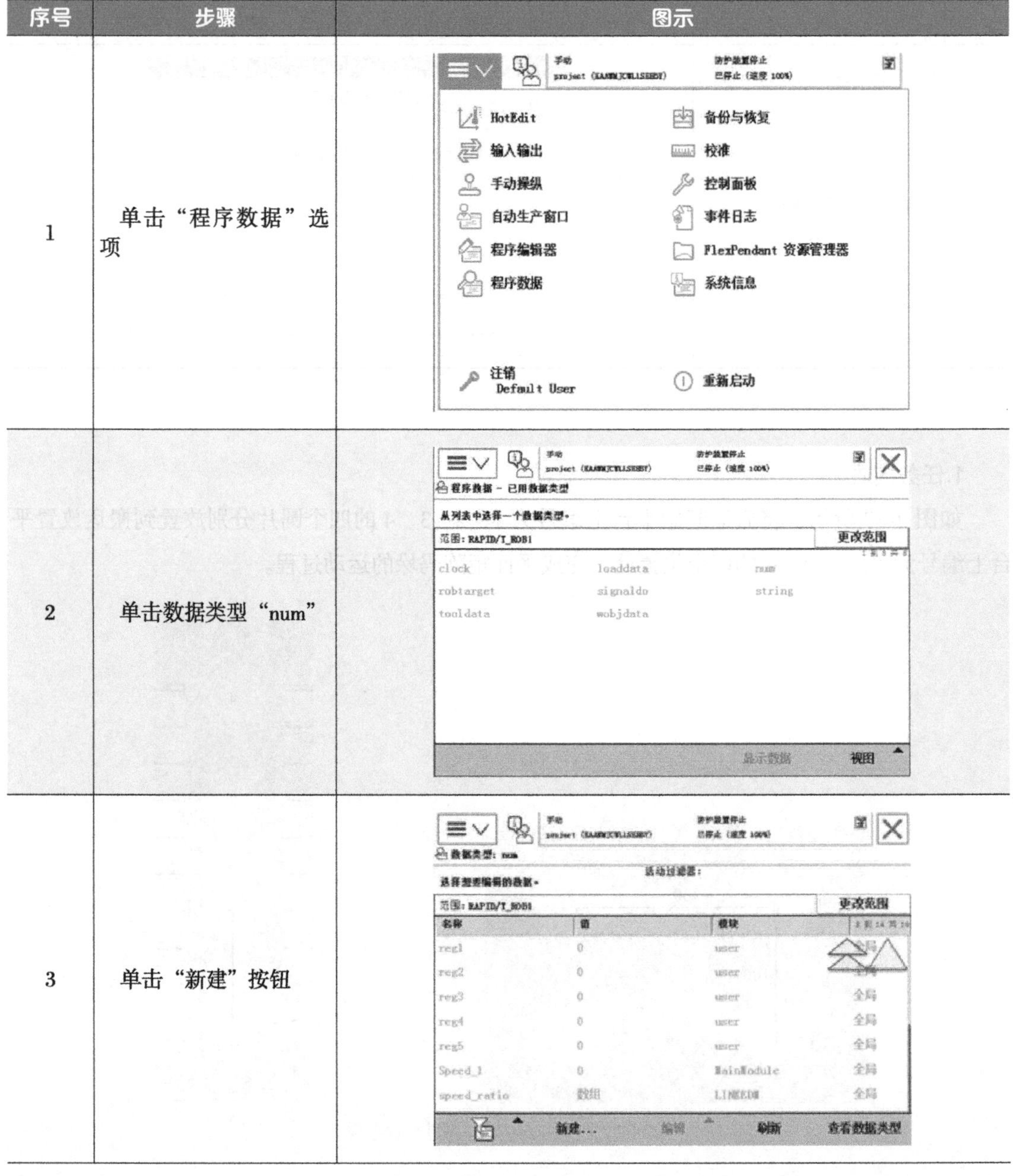

序号	步骤	图示
1	单击“程序数据”选项	
2	单击数据类型“num”	
3	单击“新建”按钮	

（续）

序号	步骤	图示
4	定义数组大小	手动 project 防护装置停止 已停止（速度 100%） 新数据声明 数据类型：num 当前任务：T_ROB1 名称：reg6 范围：全局 存储类型：变量 任务：T_ROB1 模块：MainModule 例行程序：<无> 维数 <无> 初始值 确定 取消
5	更改维数	点击需要更改的维数 维数 大小 第一： 4 第二： 3 第三： 确定 取消
6	对搬运起始平台上各圆片相对于1号圆片的各坐标轴的偏移量进行定义，更改数组名称为“pick_off”	{1,1} 0 {1,2} 0 {1,3} 0 {2,1} 0 {2,2} 160 {2,3} 0 {3,1} -100 {3,2} 0 {3,3} 0 {4,1} -100 {4,2} 160 {4,3} 0
7	对搬运放置平台上各圆片的位置相对于1号放置位置各坐标轴的偏移量进行定义，更改数组名称为“place_off”	组件 值 {1,1} 0 {1,2} 0 {1,3} 0 {2,1} -80 {2,2} 0 {2,3} 0

3. 程序编写

将搬运起始平台上 1 号圆片的位置定义为“pickbase”点，使用示教器示教定位搬运放置平台的 1 号位置为“placebase”点。

搬运过程中需要进行四次搬运，对第二、第三、第四次搬运的起始点与放置点相对于第一次搬运的起始和放置点进行各坐标轴位置偏移。搬运起始平台的程序如下：

```
PROC Routine3()
  P_pick := Offs(Pickbase,Pick_off{nCount,1},Pick_off{nCount,2},Pick_off{nCount,3});
  MoveJ Offs(P_pick,0,0,100), v150, fine, Xipan\WObj:=wobj4;
  Set D652_10_DO1;
  MoveL P_pick, v80, fine, Xipan\WObj:=wobj4;
  WaitTime 0.3;
  MoveL Offs(P_pick,0,0,180), v80, fine, Xipan\WObj:=wobj4;
ENDPROC
```

定义“P_pick”点为 1、2、3、4 号圆片各搬运位置目标点变量。这些位置点都是相对于“pickbase”点进行位置偏移计算得到的。定义“nCount”变量进行搬运计数，机器人从待机位置运行至搬运起始点上方 100mm 处，同时将真空信号置“1”后，再运行到搬运位置，搬运完成后，返回至起始点上方 180mm 处，此搬运过程完成。

放置过程的程序如下：

```
PROC Routine4()
  P_place := Offs(Placebase,Place_off{nCount,1},Place_off{nCount,2},Place_off{nCount,3});
  MoveJ Offs(P_place,0,0,180), v150, fine, Xipan\WObj:=wobj3;
  MoveL P_place, v80, fine, Xipan\WObj:=wobj3;
  Reset D652_10_DO1;
  WaitTime 0.3;
  MoveL Offs(P_place,0,0,100), v80, fine, Xipan\WObj:=wobj3;
  WaitTime 0.3;
  nCount := nCount + 1;
```

此后，由搬运起始点运行至放置位置上方 180mm 处，直线运行到放置位置后，释放真空，真空释放完成后返回至放置位置上方 100mm 处，搬运计数器加 1，对搬运数量进行计数。在主程序中对起始位置和放置位置的程序进行调用，调用程序如下：

```
IF nCount <= 4  and  count_maduo > 13 THEN
  reg1 := nCount;
  WHILE reg1 = 1 DO
    Change_clamp;
    reg1 := reg1 + 1;
  ENDWHILE
  Routine3;
  Routine4;
ENDIF
```

4. 程序调试

如图 2-38 所示，单击“调试”按钮、“PP 移至 Main”按钮，指针移至主程序。单击“单步程序调试”按钮，程序单步运行成功后，单击“连续运行”按钮，对程序进行试运行。

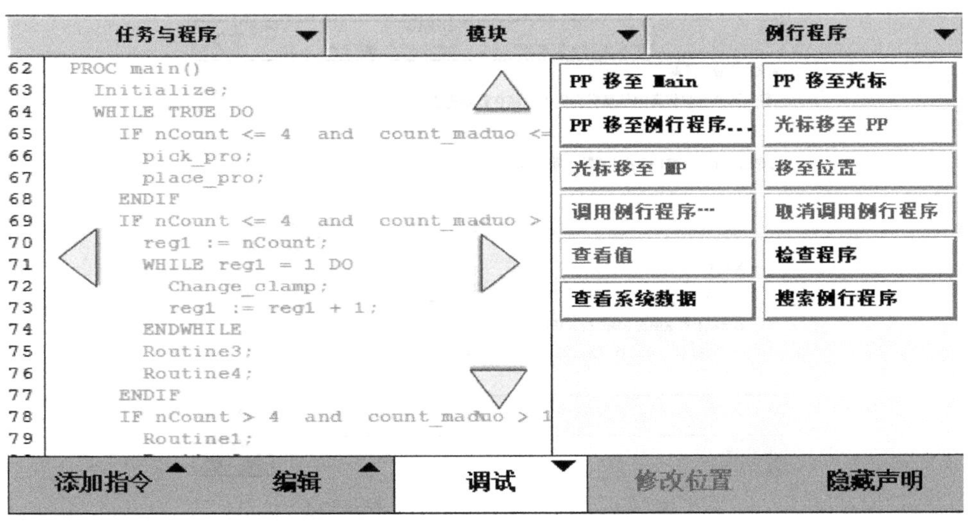

图2-38 工业机器人程序调试

2.5 控制系统的故障诊断与维修

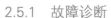

2.5.1 故障诊断

ABB 工业机器人控制系统中带有诊断软件，以简化故障排除流程并缩短停机时间，而诊断系统检测到的错误会显示在示教器上，并包含代码编号。所有系统消息和错误消息都保存在公共日志文件中。此文件只能保存最近 150 条消息，可以通过示教器的状态栏访问日志文件。当排除 ABB 工业机器人故障时，诊断文件非常有用，其中包含系统的设置信息和一些测试结果。

当 ABB 工业机器人出现故障，而示教器上没有错误消息时，诊断系统将无法检测这些故障，需要用其他方法进行处理。故障类型在很大程度上取决于观察故障现象的方式。

创建诊断文件流程：如图 2-39 所示，在 ABB 菜单上中单击“控制面板”→“诊断”→文件名旁边的…，更改诊断文件的名称，然后单击文件夹旁边的…，单击“确定”按钮，在当前系统中创建诊断文件，或单击“取消”按钮返回至“控制面板”。

为了正确排除故障，必须遵循以下基本原则：

1）阅读示教器上显示的故障消息并依照指示操作。

2）如果示教器上提供的信息足以排除故障，则排除故障并恢复操作。

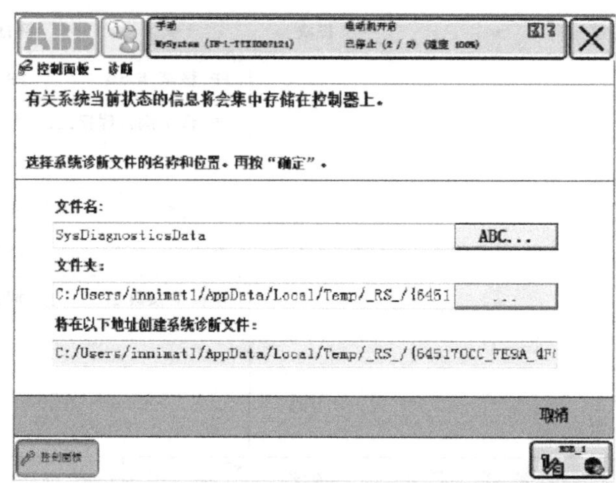

图2-39　ABB工业机器人诊断文件的创建

3）如果故障与LED有关，则检查单元上的LED。

4）如果故障与缆线有关，则借助电路图检查缆线。

5）如果需要，可参阅修理说明，替换、调整或修复上述部件。

2.5.2　故障维修

服务信息系统（Service Information System，SIS）的服务例行程序可以简化ABB工业机器人系统的维修流程，它对机器人的操作时间和模式进行监控，定期对维修活动进行提示。SIS服务例行程序通过设置SIS Parameters类型的系统参数来制订工业机器人系统维修计划，主要通过监控日历时间计数器、操作时间计数器、齿轮箱操作时间计数器来实现检修报警功能，系统检修执行后计数器重置。

SIS服务例行程序只能在手动减速或手动全速模式下启动。程序必须停止且必须有程序指针，在同步模式下无法调用例行程序。参照图2-40，调用SIS服务例行程序的主要过程如下：

1）在ABB菜单中，单击程序编辑器。

2）在“调试”菜单中，单击“调用服务例行程序”选项。

3）弹出“调用服务例行程序”对话框，其中列出了所有预定义服务例行程序。而该对话框也可用于执行任务范围内的任何例行程序。选择“查看”菜单中的“全部例行程序”选项，可以查看所有可用的例行程序。

4）单击SIS服务例行程序，然后单击“转到”按钮，显示程序编辑器，将程序指针移至选定例行程序的开头。按下示教器上的起动按钮并依照示教器上的说明进行操作。

5）执行该例行程序之后，任务停止，程序指针返回到服务例行程序开始执行之前的位置。

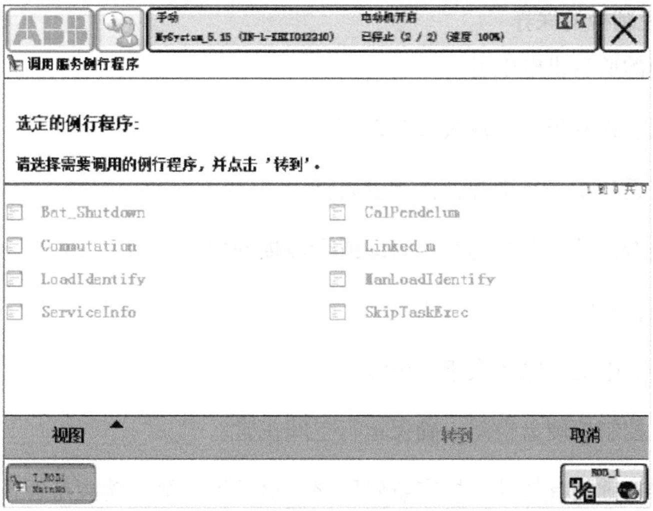

图2-40　ABB工业机器人SIS例行程序调用

2.6　系统日常保养

应对工业机器人定期进行维护、点检工作，必须保证工作中及点检后机器人的安全。因此，必须由非常了解机器人及其系统的安全保护装置和紧急处理方法的工作人员完成保养工作。ABB 工业机器人运行 6000h 须进行一次系统保养，检查机器人本体和控制柜是否异常，发现异常应及时处理，避免因小故障扩大化而影响机器人正常运作。

1. ABB机器人本体的保养

1）检查各轴电缆、动力电缆与通信电缆。

2）检查各轴运动状况。

3）检查本体齿轮箱、手腕等处是否有漏油、渗油现象。

4）检查机器人零位。

5）检查机器人电池（电压大于 7.2V）。

6）检查机器人各轴电动机与制动器。

7）检查各轴润滑情况。

8）检查各轴限位挡块。

2. ABB机器人控制柜的保养

1）断开控制柜的所有供电电源。

2）检查主机板、存储板、计算板和驱动板。

3）检查柜中有无杂物、灰尘等，检查密封性。

4）检查接头是否松动，电缆是否有松动或者破损现象。

5）检查风扇是否正常。

6）检查程序存储电池（电压大于3.6V）。

7）优化机器人控制柜硬盘空间，确保运行空间正常。

8）检测示教器按键的有效性，检查急停回路、显示屏、触摸功能是否正常。

9）检测机器人是否可以正常完成程序备份和重新导入功能。

10）检查变压器和熔丝。

3.其他保养内容

1）清洁机器人。

2）机器人软件备份。

3）检查机器人工作位置。

思考练习题

1. IRB 系列工业机器人型号数字的意义是什么？

2. IRB120 工业机器人的性能特点有哪些？

3. ABB 工业机器人的结构组成要素有哪些？

4. 简述 ABB 工业机器人示教器的作用及结构组成。

5. 简述 ABB 工业机器人控制器的作用及结构组成。

6. 简述 ABB 工业机器人防护等级数字的意义。

7. 简述 ABB 工业机器人的安装流程。

8. ABB 工业机器人控制柜中电控元件的作用是什么？

9. ABB 工业机器人系统的典型故障处理方法有哪些？

10. 简述 ABB 工业机器人系统的故障诊断与维修方法？

第3章 CHAPTER 3

KUKA工业机器人装调与维护

KUKA（库卡）机器人有限公司于1995年建立于德国，是世界领先的工业机器人制造商之一。该公司在全球拥有20多个子公司，其生产的机器人多用于物料搬运、加工、堆垛、点焊和弧焊等，涉及金属加工、食品和塑料等行业。

3.1 了解KUKA工业机器人

3.1.1 系统组成

本章介绍KUKA KR AGILUS sixx系列工业机器人的装调与维护方法。该系列机器人包含KR 6 R700 sixx、KR 6 R900 sixx、KR 10 R900 sixx、KR 10 R1100 sixx等产品。由于以上几款机器人的结构和操作相似，这里只选取KR 10 R900 sixx型工业机器人进行介绍。KUKA KR AGILUS sixx系列工业机器人的系统组成如图3-1所示。

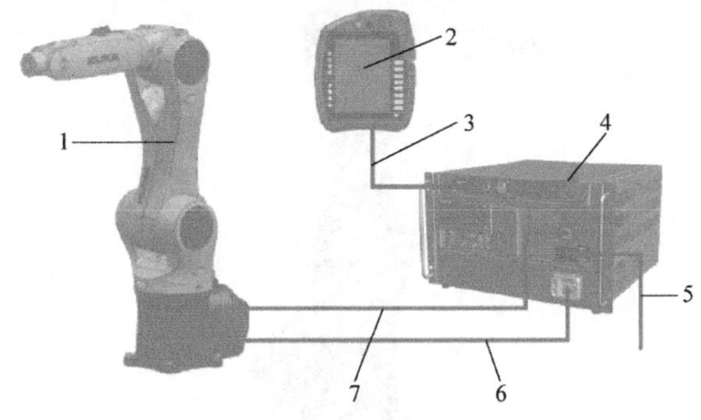

图3-1 KUKA工业机器人的系统组成

1—机械手 2—手持式编程器（smartPAD） 3—编程器连接线缆 4—机器人控制系统（KRC4 Compact） 5—连接线缆/数据线 6—连接线缆/电动机导线 7—网络接口K1

3.1.2 基础数据

KR 10 R900 sixx 型工业机器人的基础数据见表 3-1。

表 3-1 KR 10 R900 sixx 型工业机器人的基础数据

型号	KR 10 R900 sixx	位置重复精度 /mm	± 0.03
轴数	6	工作空间参考点	轴 4 和轴 5 的交点
可控制轴数	6	质量 /kg	约 52
工作空间体积 /m^3	2.85	主动态负载	—
占地面积 [(长 /mm) × (宽 /mm)]	320 × 320	控制系统	KR C4 compact
额定负载 /kg	5	最大负载 /kg	10
负载重心到末端法兰中心线的距离 L_{xy}/mm	100	负载重心到末端法兰面的距离 L_z/mm	80

3.2 机械手的使用与维护

3.2.1 机械手的结构与参数

1. 机械手的结构

KR 10 R900 sixx 型工业机器人的机械手是一种采用轻金属压铸而成的铰接臂机械手。它的六根轴如图 3-2 所示，每根轴都配有一个制动器。所有的驱动单元和带电导线都布置在盖板内部，以防污、防潮。图 3-2 所示机械手各部件的功能见表 3-2。

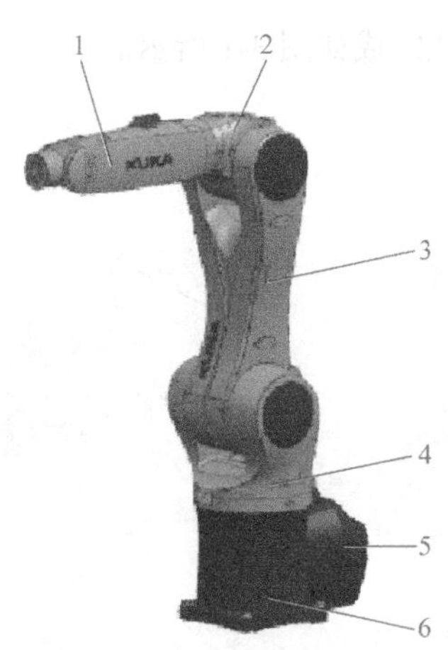

图3-2 机械手

1—腕部 2—小臂 3—大臂 4—转盘 5—电气设备 6—底座

表 3-2 机械手各部件的功能

序号	名称	功能描述
1	腕部（A4、A5、A6）	机器人腕部由轴 4、5、6 组成，其设有三个二位五通电磁阀和一根数据线 CAT5，它们可用于控制工具。在机器人腕部还有手动 I/O 电缆用的 10 针圆插头和拖链系统接口 A4
2	小臂（A3）	小臂是机器人腕部和大臂之间的连杆，它由轴 3 电动机驱动
3	大臂（A2）	大臂是位于转盘和小臂之间的组件，它固定轴 2 电动机和传动装置。 在大臂上，敷设有轴 2~ 轴 6 的拖链系统和电缆组件的导线
4	转盘（A1）	转盘固定轴 1 和轴 2 的电动机，它执行轴 1 的旋转运动。转盘通过轴 1 的传动装置与底座通过螺栓固定住，并由转盘上的电动机驱动
5	电气设备	电气设备包括用于轴 1~ 轴 6 电动机的所有电动机电缆和控制电缆。所有接口均设计为插头连接器结构。电气设备还包括集成于机器人中的 RDC 箱。电动机电缆和数据线的插头安装在机器人底座上。通过插头连接来自机器人控制系统的连接电缆。电气设备也包含接地保护系统
6	底座	底座是机器人的基座。底座背面设有接口 A1，在该接口处，有连接机器人机械系统和控制系统与拖链系统的连接电缆

2. 轴参数

KR 10 R900 sixx 型工业机器人的轴参数见表 3-3，各轴的旋转方向如图 3-3 所示。

表 3-3 KR 10 R900 sixx 型工业机器人的轴参数

轴	轴运动范围（受软件限制）	额定负载时的速度 /（°/s）
1	± 170°	300
2	-190°~45°	225
3	-120°~156°	225
4	± 185°	381
5	± 120°	311
6	± 350°	492

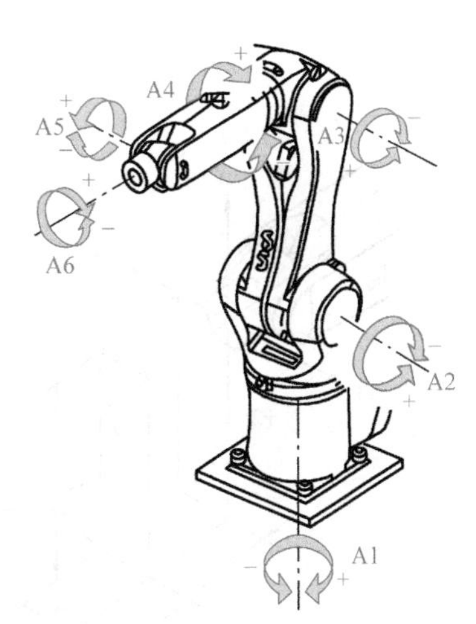

图3-3 各轴的旋转方向

3. 工作区域

KR 10 R900 sixx 型工业机器人的工作区域如图 3-4 所示。

4. 负载图

负载重心与轴 6 法兰面之间的距离有关。额定距离如图 3-5 所示，负载图设计点（L_x，L_y，L_z）上允许的转动惯量为 0.045kg · m²。

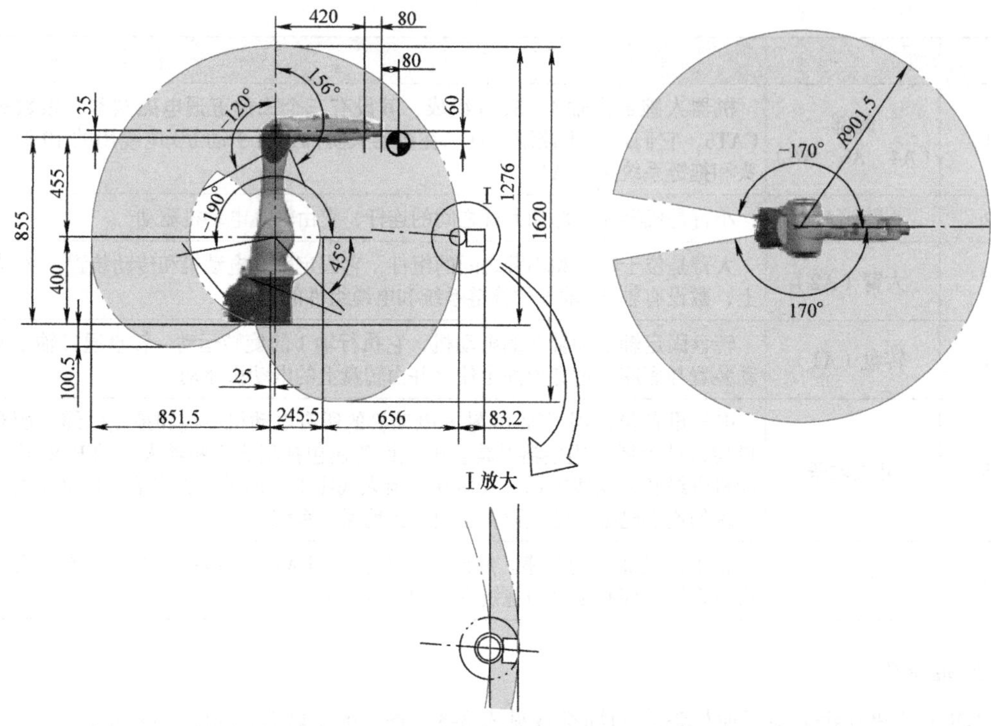

图3-4　KR10 R900 sixx型工业机器人的工作区域

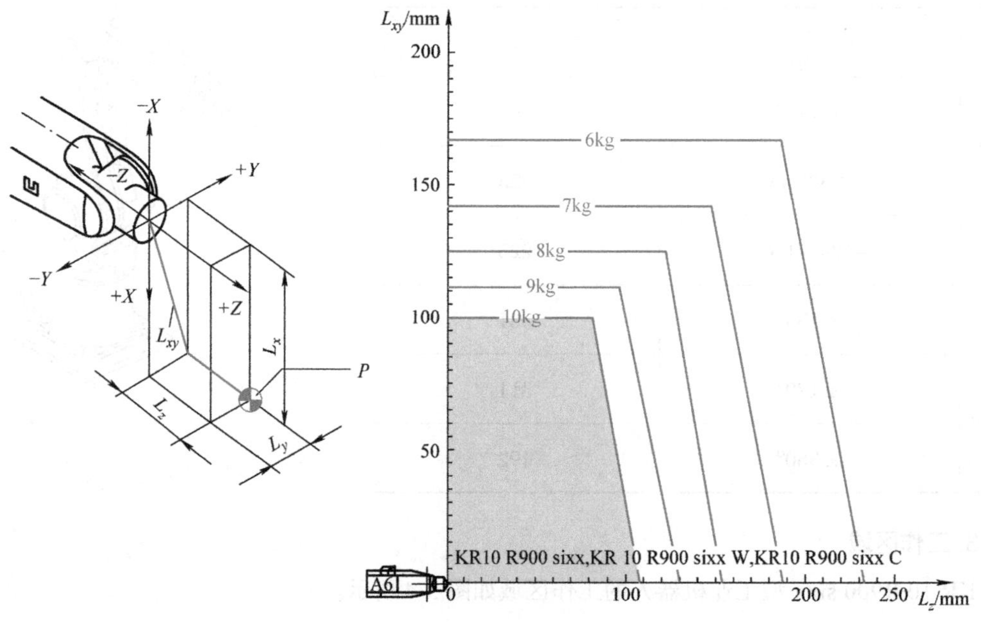

图3-5　机器人负载图

使用负载图时应注意以下问题：

1）该负载曲线对应于最外面的负载能力。

2）每次都必须检查两个值（负载能力和转动惯量）。

3）在负载图中得出的数值对制订机器人的使用计划非常必要。按照 KUKA 系统软件的操作及编程指南，将机器人投入运行时需要额外的输入数据。

4）必须用“KUKA Load”检查转动惯量，务必将负载数据输入机器人控制系统中。

5. 连接法兰

KR10 R900 sixx 型工业机器人

末端的连接法兰如图 3-6 所示。

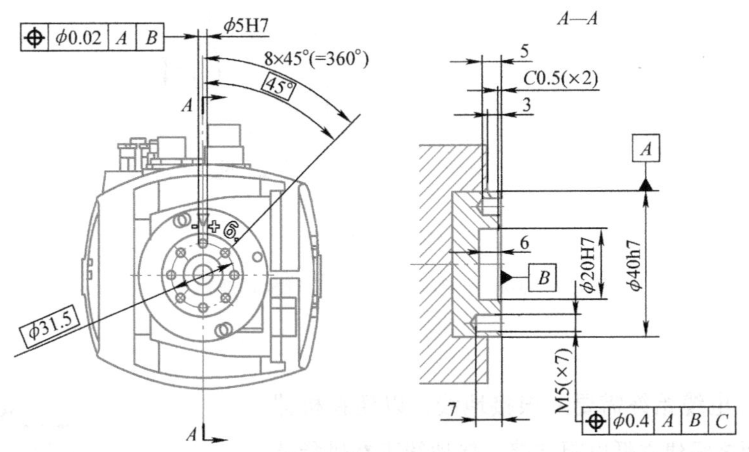

图3-6　法兰

6. 附加负载能力

工业机器人的小臂、腕部、大臂和转盘可以承受附加负载。紧固孔用于固定盖板或外部拖链系统。施加附加负载时，应注意不超过允许的最大总负载。加载方案如图 3-7 和图 3-8 所示。

3.2.2　机械手电气接口

1. 连接电缆

连接电缆包括所有用于在机器人、机器人控制系统之间输电和传输信号的电缆。用插头将其连接到机器人侧的接线箱上。连接电缆套件包括电动机电缆、数据线、数据线 CAT5（选用）、附加轴 A7 和 A8 的连接电缆（选用）以及接地线（选用）。

视机器人的装备不同，所用连接电缆的长度也不同。标准电缆长度为 4m，也可以选用 1m、7m、15m 和 25m 的电缆长度。连接电缆的最大长度不得超过 25m。因此，如果要通过一条具有独立电缆拖链的线性滑轨运行机器人，应注意该电缆的长度。

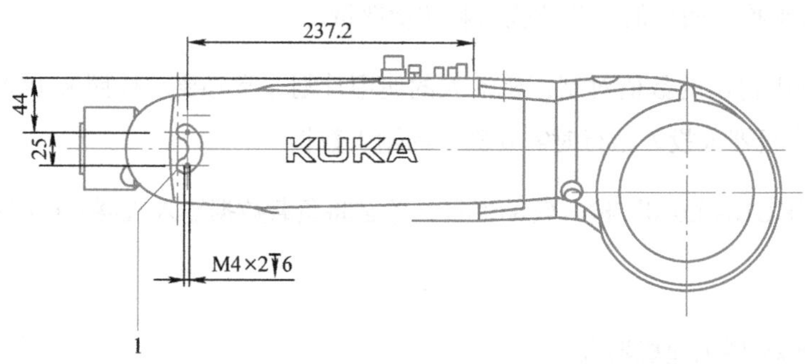

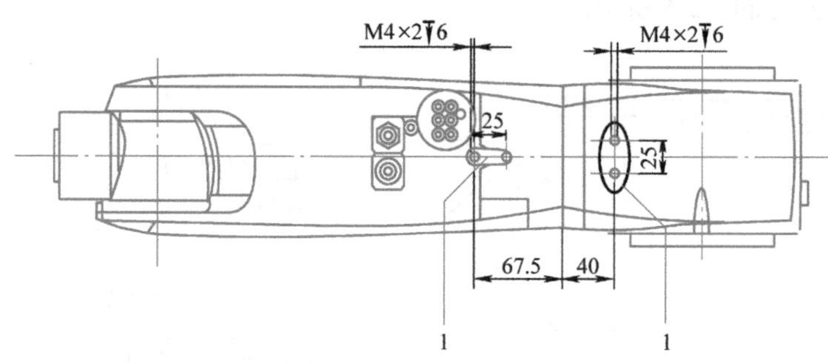

图3-7 小臂和机器人腕部的附加负载

1—可承受附加负载的支座位置

另外，连接电缆始终需要一根接地线，以便在机器人系统和控制柜之间建立低电阻连接。接地线不在供货范围内，需自行选购。用于连接接地线的螺孔在机器人的底座上。

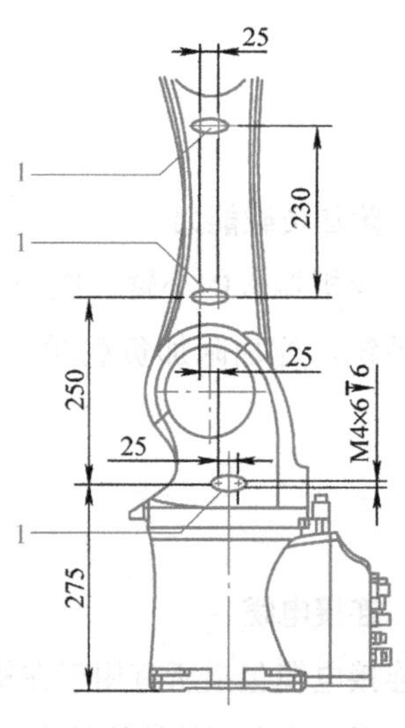

图3-8 大臂和转盘的附加负载

1—可承受附加负载的支座位置

使用电缆时应注意以下事项：

1）固定电缆敷设时，电动机电缆的弯曲半径不得小于 50 mm，而数据线的弯曲半径不得小于 30mm。

2）应保护电缆免受机械冲击。

3）敷设电缆时，应使其不承受负荷，对插头没有拉力。

4）使用温度范围（固定敷设）为 -10~70℃。

5）电动机电缆和控制电缆应分开敷设在电缆槽中，必要时采取电磁兼容性措施。

2. 接口A1

接口 A1 位于底座背面，电动机电缆接口 X30 和数据线接口 X31 如图 3-9 所示。

3. 客户接口

（1）轴 1 接口　KR 10 R900 sixx 型工业机器人轴 1 的客户接口定义如图 3-9 所示。

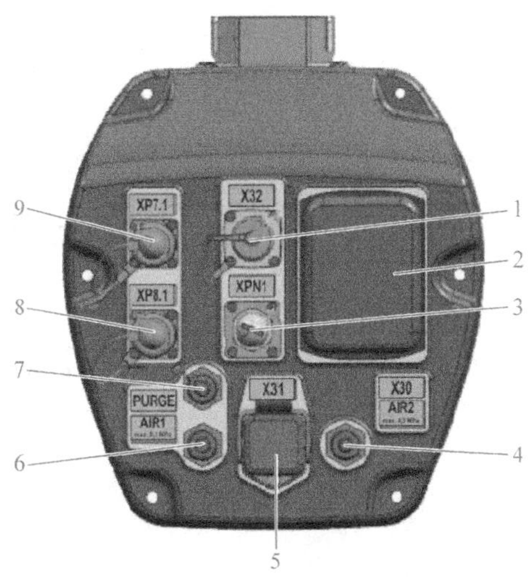

图3-9　A1接口和轴1接口

1—EMD 接口　2—电动机导线接口　3—数据线 CAT5 接口　4—气动管路接口（ϕ6mm）　5—数据线接口　6—气动管路接口（ϕ6mm）　7—通风装置接口（最高压力为 30kPa）　8—附加轴 A8 接口　9—附加轴 A7 接口

（2）轴 4 接口　轴 4 接口位于机器人腕部的上部，其具体接口定义如图 3-10 所示。

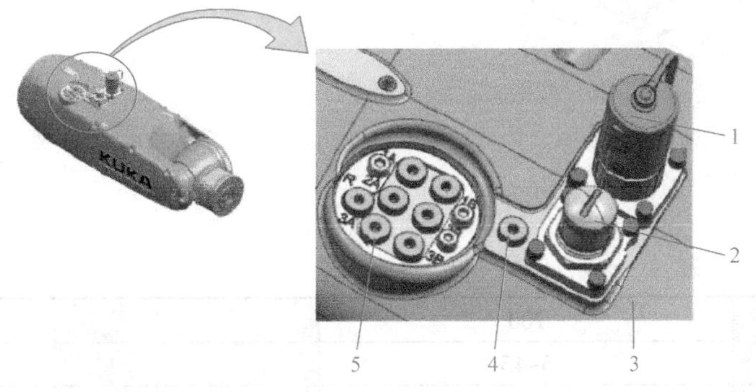

图3-10　轴4接口

1—接口 X41　2—接口 XPN41　3—机器人腕部　4—空气管路 AIR2　5—气动接口

（3）气动插头附件　为了使用气动接口，需要提供插头附件（选用），它包含一个消声器和多个快插式螺纹管接头。气动插头附件如图 3-11 所示。

（4）阀门控制系统　机器人腕部集成有三个双稳态二位五通电磁阀，如图 3-12 所示，其参数见表 3-4。阀门单元由内部供电系统控制，控制系统参数见表 3-5。

（5）接口 X41　接口 X41 的针脚分配如图 3-13 所示。

（6）接口 XPN41　接口 XPN41 的针脚分配如图 3-14 所示。

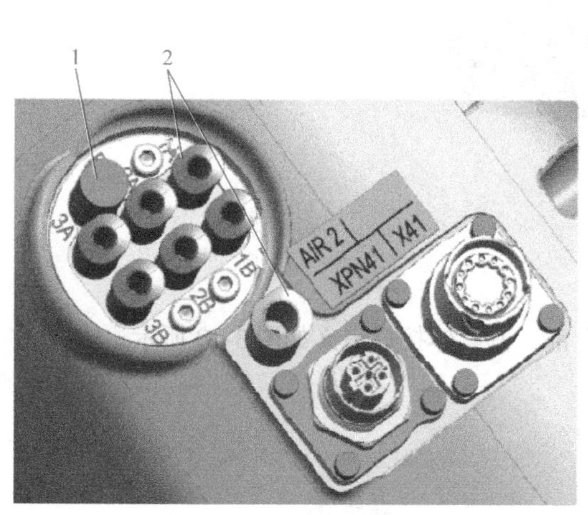

图3-11　气动插头附件

1—消声器　2—快插式螺纹管接头

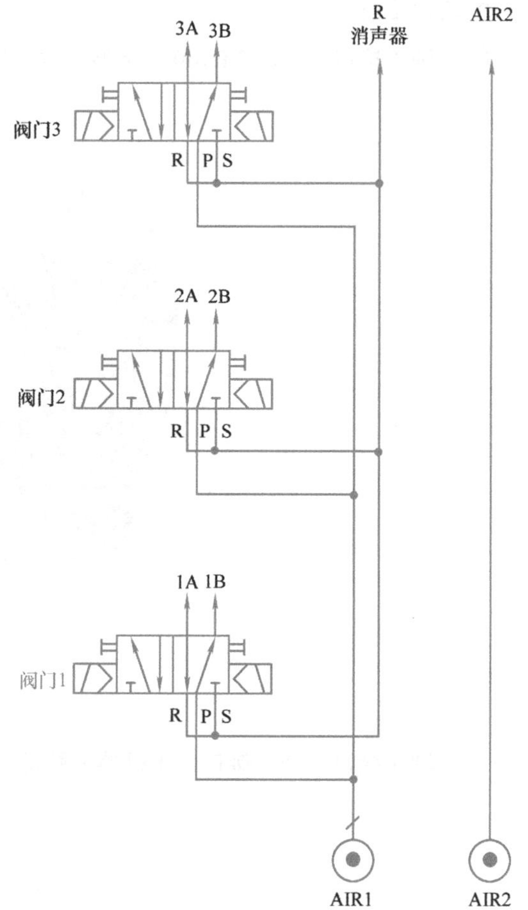

图3-12　二位五通电磁阀

表 3-4　二位五通电磁阀的参数

最高压力 /kPa	700	开关频率 /Hz	10
工作温度 /℃	5~45	接头螺纹	M5
媒介	空气（无油、干燥、经过过滤）	工作电压 /V	DC 24
电流 /mA	25		

表 3-5　阀门控制系统参数

名称	数值
数字输出端（用于阀门控制系统）	6（DO7~DO12）：阀门 1，DO7/DO10；阀门 2，DO8/DO11；阀门 3：DO9/DO12。非短路保护
额定电压 /V	DC 24（–15%~20%）
输出电流 /mA	≤ 25

注：输入和输出端未进行预配置，必须通过 WorkVisual 进行配置。关于输入和输出端接线的更多信息，可参考 WorkVisual 软件说明书。

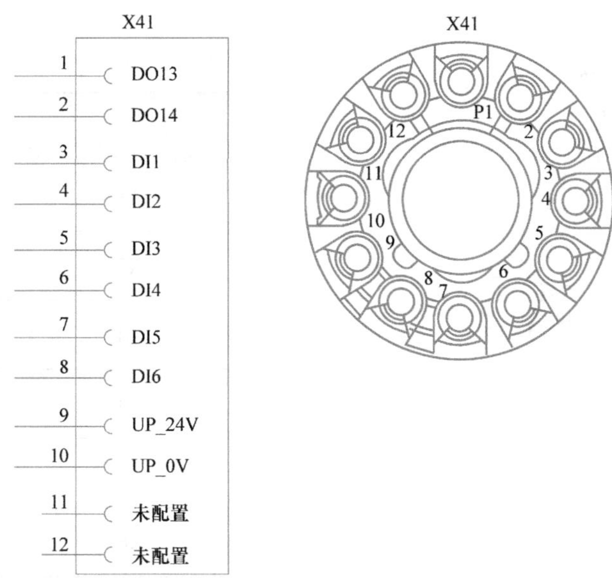

图3-13　接口X41针脚分配

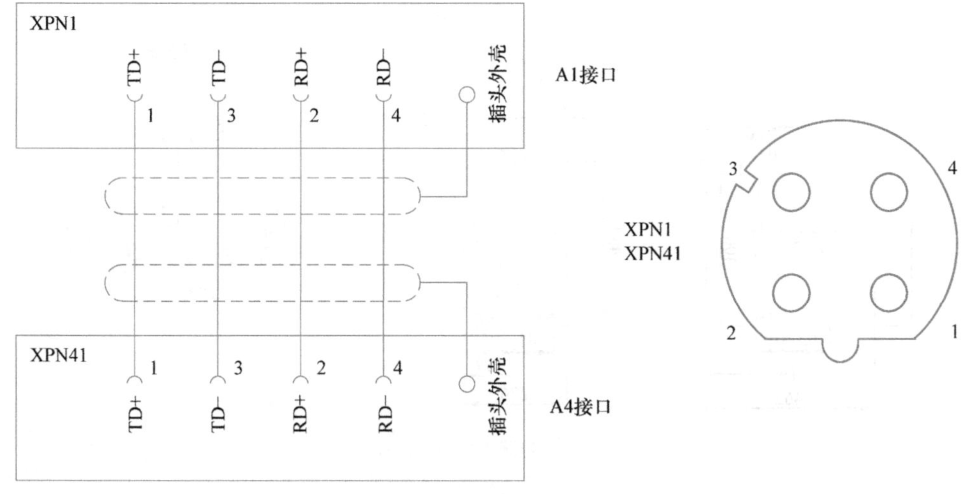

图3-14　接口XPN41针脚分配

3.2.3　机械手的运输与安装

1. 运输

（1）运输位置　每次运输前，将机器人置于运输位置（图 3-15）。运输时，应注意机器人是否放置稳固，只要机器人没有固定在地基或机架上，就必须将其保持在运输位置。机器人处于运输位置时各轴的角度见表 3-6。

（2）运输尺寸　机器人的运输尺寸如图 3-16 所示。

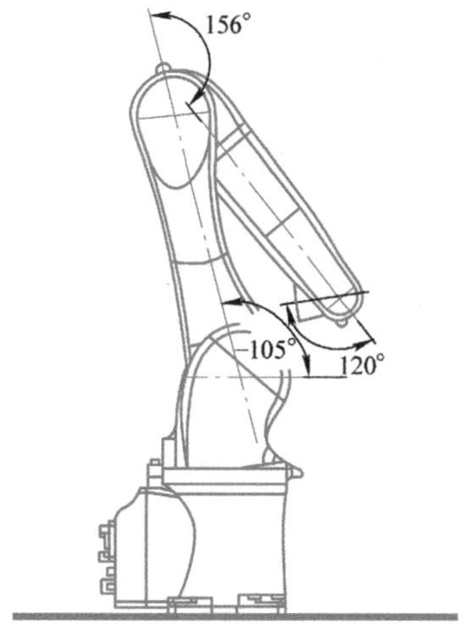

图3-15　运输位置

表 3-6　机器人处于运输位置时各轴的角度

轴	角度
A1	0°
A2	-105°
A3	156°
A4	0°
A5	120°
A6	0°

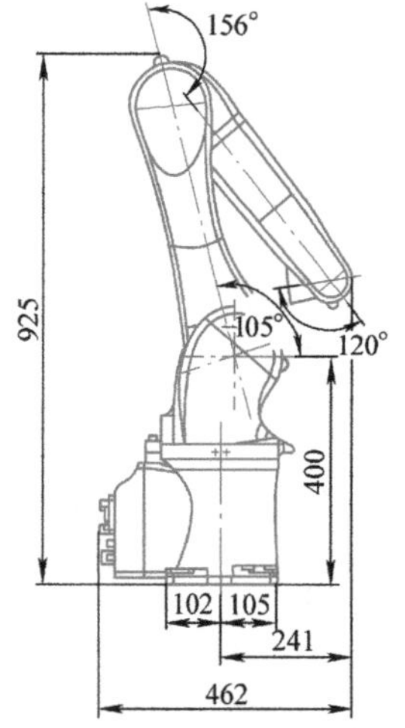

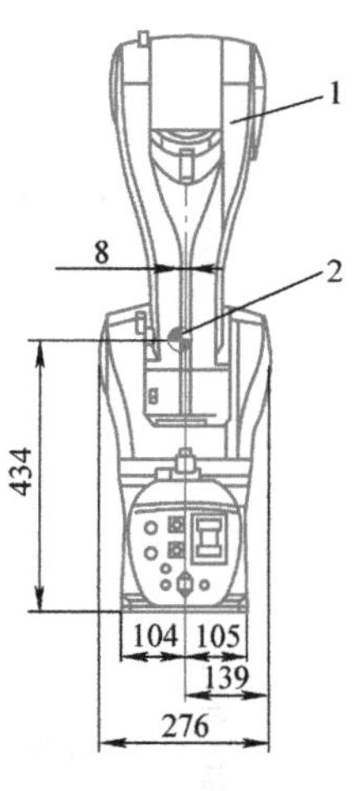

俯视图

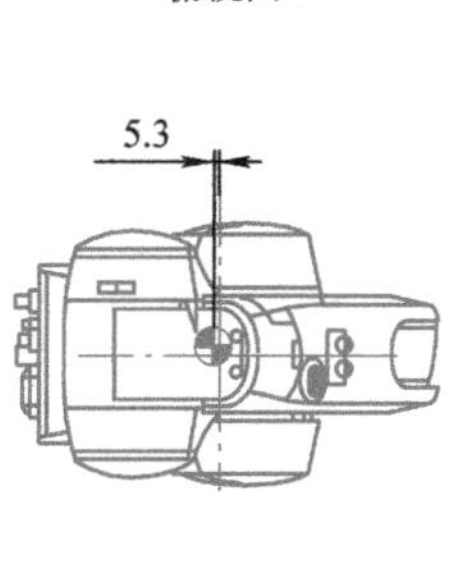

图3-16　机器人的运输尺寸

1—机器人　2—重心

（3）吊装　为保证在运输过程中不损坏机器人或导致人员受伤，应使用规定的运输工具进行运输。建议使用图 3-17 所示的运输吊具运输机器人。同时，运输时机器人必须处于运输位置，并将运输吊具套索绕在转盘的大臂上，所用绳索的长度和穿引方式必须保证机器人不受损伤。

注意：加装的工具和配备的部件可能会使机器人的重心产生位移，从而导致不利的情况出现。

2. 安装

（1）本体地面式安装

1）地基固定装置。安装时，如果机器人固定在地面上，即直接固定在混凝土地基上，则应使用带定中装置的地基固定装置。采用这种固定方式的前提是混凝土地基有足够的承载能力，并且表面平整、光滑。

地基固定装置示意图、尺寸图和地基横截面图分别如图 3-18~ 图 3-20 所示。

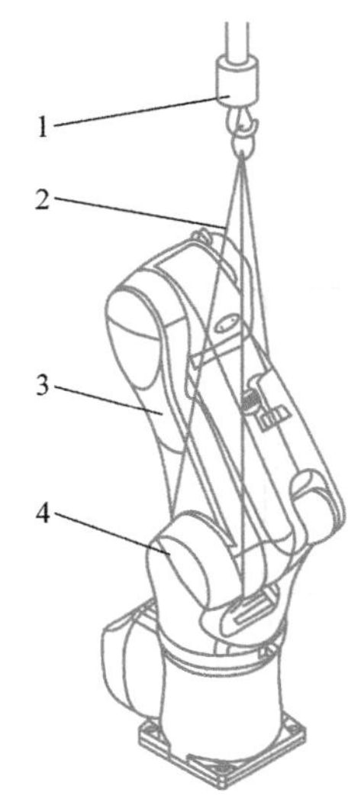

图3-17 机器人运输吊具

1—起重机 2—运输吊具 3—大臂 4—转盘

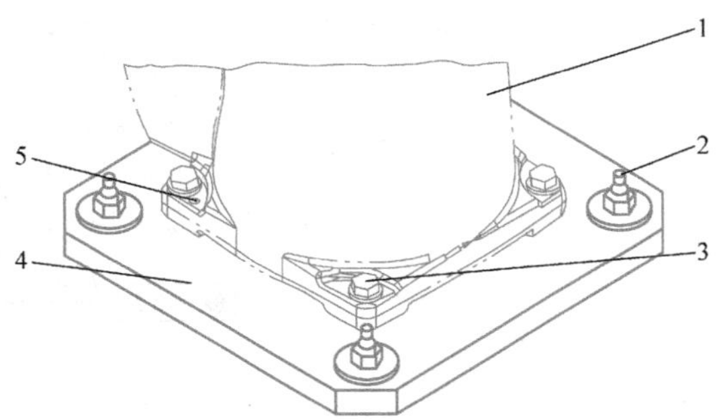

图3-18 地基固定装置示意图

1—机器人底座 2—锚栓（化学锚栓） 3—六角头螺栓 4—底板 5—阶梯螺栓

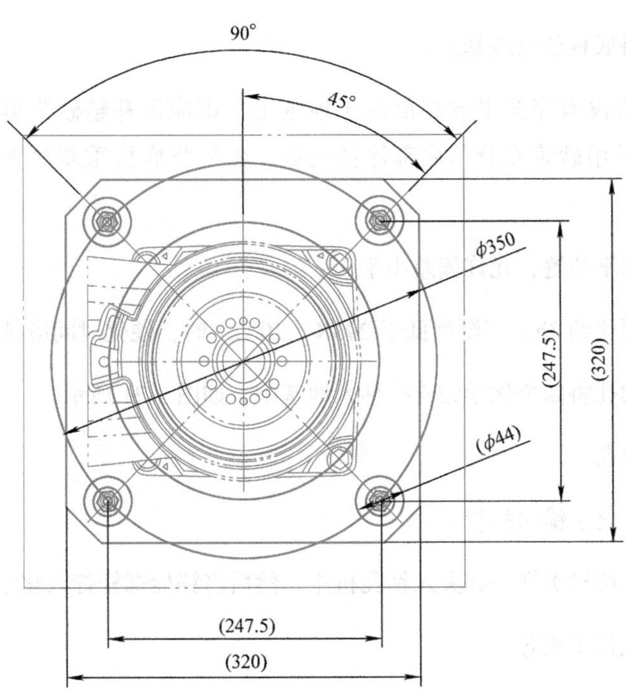

图3-19 地基固定装置的尺寸

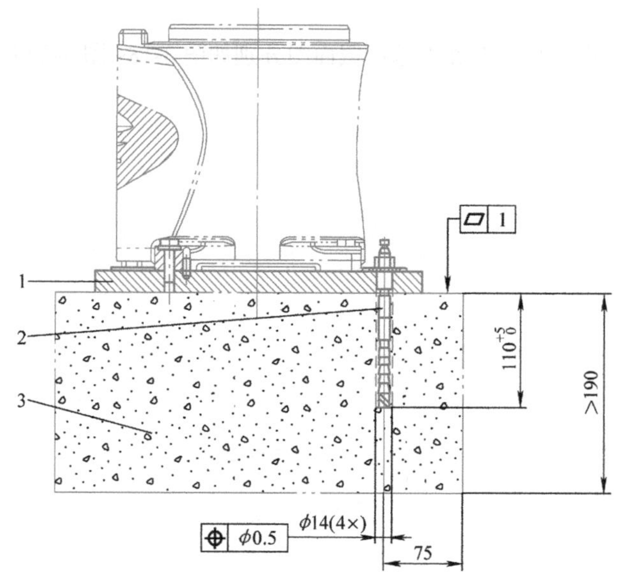

图3-20 地基横截面

1—底板 2—锚栓（化学锚栓，带动态套件） 3—混凝土地基

地基固定装置的安装步骤如下：

① 确定底板相对于地基上工作范围的位置。

② 在安装位置将底板放到地基上。

注意：如果底板没有完全平放在混凝土地基上，则应用补整砂浆填住缝隙。为此，将底板再次提升，然后用砂浆充分从底部涂抹底板。然后将底板重新放下和校准，清除多余砂浆。

③ 检查底板的水平位置，允许偏差小于 3°。

④ 让补整砂浆硬化约 3h。当温度低于 293K（20℃）时，硬化时间应延长。

⑤ 通过底板上的孔将四个化学锚栓孔钻入地基中，如图 3-21 所示。

⑥ 清洁化学锚栓孔。

⑦ 依次装入四个化学锚固剂管。

⑧ 将装配工具与锚栓螺杆一起夹入钻孔机中，然后将锚栓螺杆拧入化学锚栓孔中。

⑨ 为每个锚栓执行步骤⑧。

⑩ 等待化学锚固剂硬化。

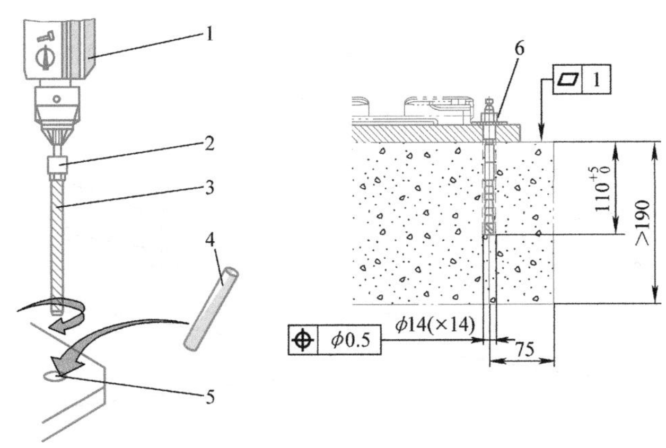

图3-21 化学锚栓的安装

1—钻孔机 2—装配工具 3—锚栓螺杆 4—化学锚固剂管 5—化学锚栓孔 6—六角头螺母及垫圈

⑪ 依次装上四个止动垫圈和四个六角头螺母。用指示式扭矩扳手交叉拧紧六角头螺母，分几次将拧紧力矩增加至 80N · m。

⑫ 在工作 100h 后再次拧紧六角头螺母。

这时，地基已经准备好，可用于安装机器人。

2）本体的安装。地面安装机器人示意图如图 3-22 所示，具体操作步骤如下：

① 检查销钉是否损坏以及是否牢固。

② 用起重机将机器人吊运至安装地点。

③ 将机器人垂直地放到固定面上。为了避免损坏销钉，应注意位置要正好垂直。

④ 装上四个六角头螺栓 M10×35 及碟形垫圈。

⑤ 用指示式扭矩扳手对角交错拧紧四个六角头螺栓，分几次将拧紧力矩增加至 45N · m。

⑥ 拆下运输吊具。

⑦ 连接电缆 X30 和 X31。

⑧ 将接地线（控制系统—机器人）连接在接地安全引线上。

⑨ 将接地线（系统部件—机器人）连接在接地安全引线上。

⑩ 按照 VDE 0100 和 EN 60204—1 检查电位均衡导线。

⑪ 如果有工具，则安装工具。

⑫ 运行 100h 后，用扳手将四个六角头螺栓再次拧紧。

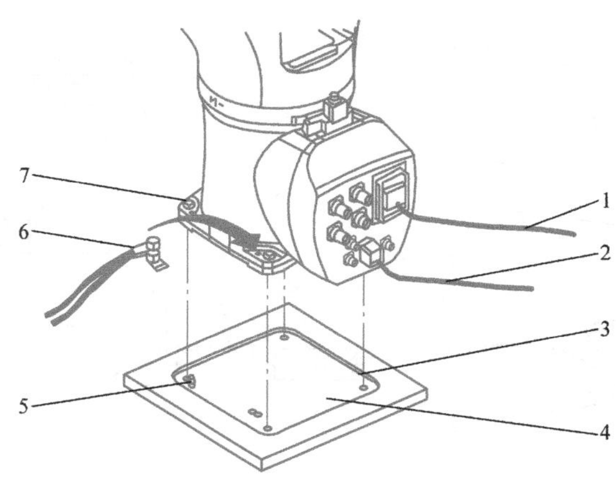

图3-22　地面安装机器人示意图

1—电动机电缆　2—数据线　3—扁平销钉　4—固定面　5—圆柱形销钉　6—接地线　7—六角头螺栓

（2）本体机架式安装　如果将机器人固定在钢结构、安装架或线性滑轨上，则应使用固定装置。

如果将机器人安装在墙壁或天花板上，同样也需要使用固定装置，而且其底部结构必须能够可靠地承受所产生的作用力（地基负载），在安装过程中，可采用叉车或专用吊具进行助力。机架式固定装置示意图及尺寸图分别如图 3-23 和图 3-24 所示。

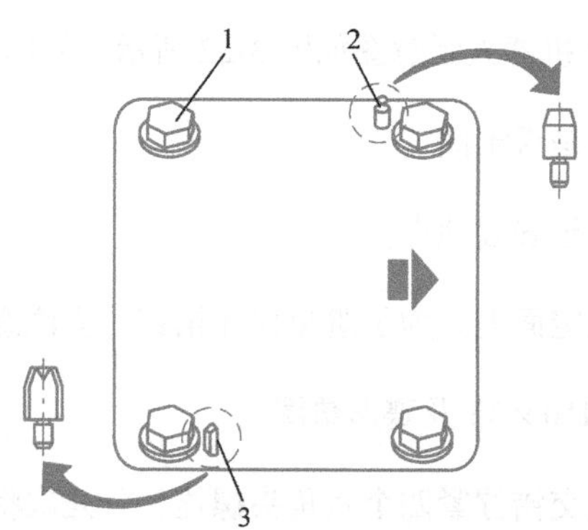

图3-23　机架式固定装置示意图

1—六角头螺栓　2—圆柱形阶梯螺栓　3—扁平阶梯螺栓

机架式固定装置的安装示意图如图 3-25 所示，安装步骤如下：

① 清洁机器人的支承面。

② 检查布孔图。

③ 将两个阶梯螺栓装入布孔图。

④ 准备四个六角头螺栓 M10 × 35 及碟形垫圈。

这时，机架已经准备好，可用于安装机器人了。

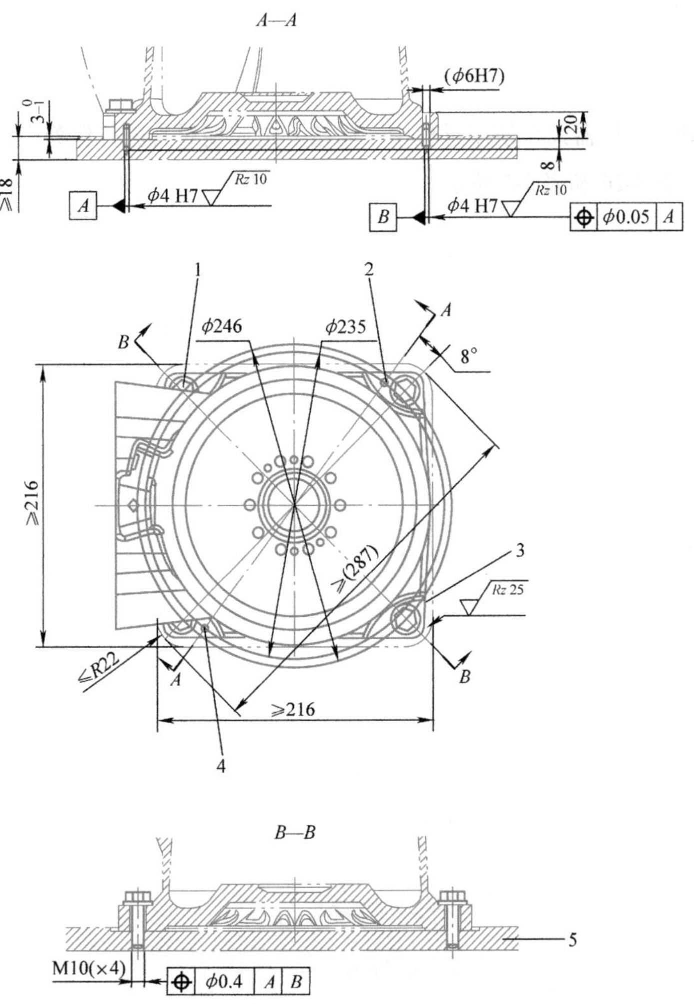

图3-24 机架式固定装置尺寸图

1—六角头螺栓 2—圆柱形阶梯螺栓 3—支承面 4—扁平阶梯螺栓 5—钢结构

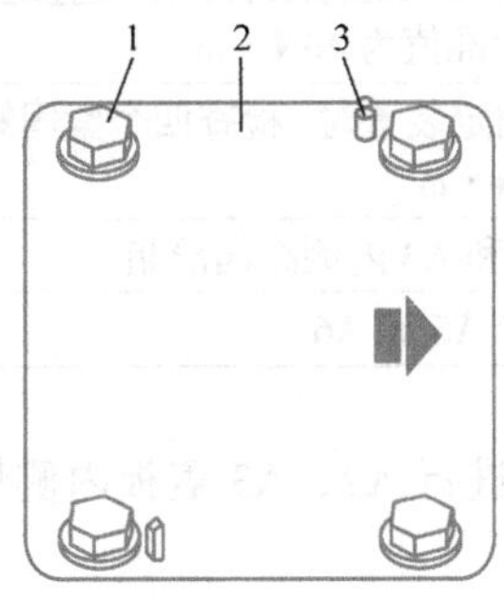

图3-25 机架式固定装置安装示意图

1—六角头螺栓 2—支承面 3—阶梯螺栓

3.2.4 机械手的保养与维护

1.保养

（1）保养计划表　机器人在使用过程中，需按一定周期对其进行保养。机器人保养部位和保养计划表分别如图 3-26 和表 3-7 所示。

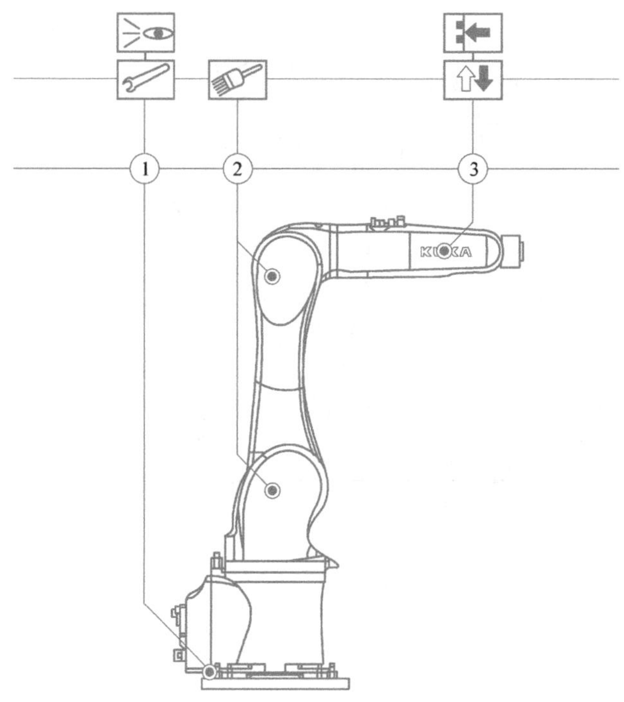

图3-26　机器人保养部位

表 3-7　机器人保养计划表

周期	序号	任务	润滑剂
100h	1	首次或重新投入运行之后，须检查地基上紧固螺栓的拧紧力矩，标准值为 45N · m	—
1 年	1	使用地基固定装置时，检查四个紧固螺栓的拧紧力矩，标准值为 45N · m	
5000h	2	在盖板 A2 和 A3 内侧涂润滑脂	Obeen FS2，10g
5000h	3	更换同步带 A5 和 A6	

（2）A2、A3 盖板内侧保养　在进行 A2、A3 盖板内侧保养时，需按图 3-27 进行拆卸，具体保养步骤如下：

1）将半圆头螺栓从盖板上拧出，然后将盖板 A2 取下。

2）将七个半圆头螺栓 M3 从盖板 A3 上拧出，然后将盖板 A3 取下。

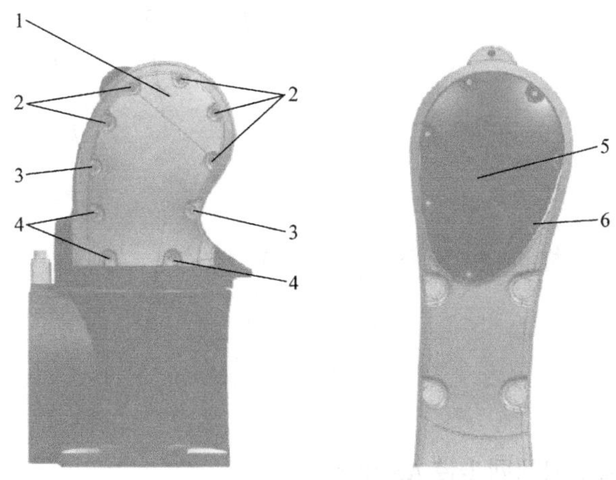

图3-27 A2、A3盖板的拆卸

1—A2 盖板 2~4、6—螺栓 5—A3 盖板

3）在两个盖板内侧涂上 Obeen FS2 润滑脂。

4）装上盖板 A2，用螺栓将其紧固。

5）装上盖板 A3，用七根半圆头螺栓 M3 将其紧固。

（3）同步带 A5、A6 的更换 为保障安全，在机器人运行 5000h 后，应对同步带 A5、A6 进行更换。更换步骤如下：

1）如图 3-28 所示，将七个半圆头法兰螺栓 M3 从盖板上拧出，并取下盖板。

2）如图 3-29 所示，松开 A5 和 A6 上的半圆头法兰螺栓。

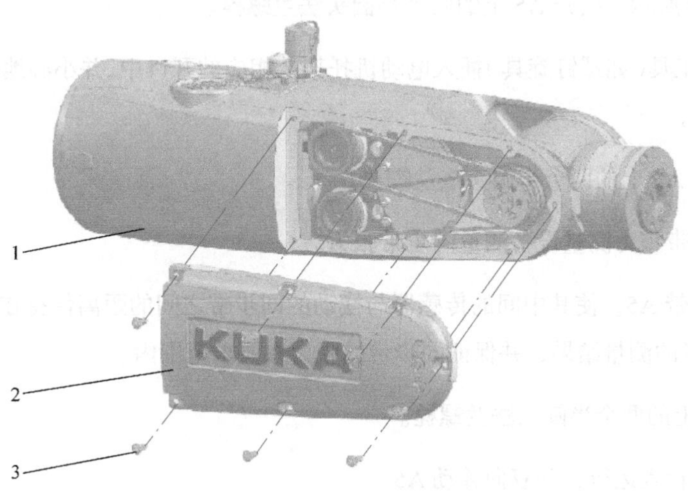

图3-28 A5、A6盖板的拆卸

1—机器人腕部 2—盖板 3—半圆头法兰螺栓

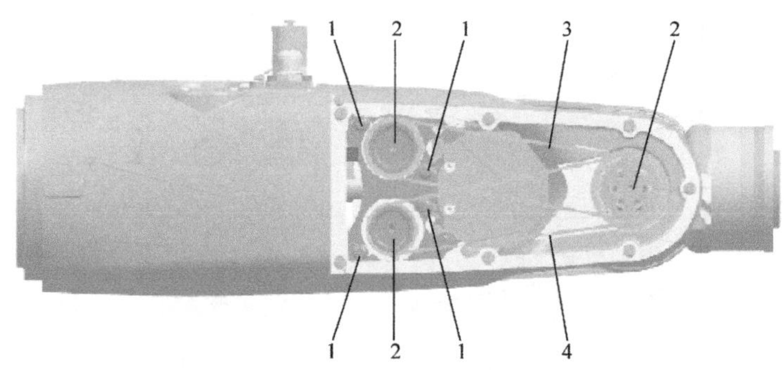

图3-29　同步带的拆卸

1—半圆头法兰螺栓　2—同步带轮　3—同步带 A5　4—同步带 A6

3）从同步带轮上取下旧的同步带 A5 和 A6。

4）将新的同步带 A5 和 A6 放入机器人腕部。注意：同步带与齿轮应正确啮合。

5）测量和调整同步带的张力。

6）装上盖板，然后用七个新的半圆头法兰螺栓将其固定，保证拧紧力矩为 7.5N・m。

7）校准轴 5 和轴 6 的零点。

2. 维护

更换同步带后，需要测量和调整机器人腕部同步带 A5、A6 的张力。测量时，轴 5 应处于水平位置，并保证轴 6 上没有安装工具。测量和调整步骤如下：

1）如图 3-28 所示，将七个半圆头法兰螺栓从盖板上拧出，并取下盖板。

2）如图 3-29 所示，松开 A5 上的两个半圆头法兰螺栓。

3）将合适的工具（如螺钉旋具）插入电动机托架上相应的开口中，并小心地向左按压电动机，以张紧同步带 A5。

4）略微拧紧 A5 上的两个半圆头法兰螺栓。

5）使用同步带张力测量设备测量同步带张力。

6）拉紧同步带 A5，使其中间的传感器与摆动的同步带之间的距离保持在 2~3mm。读取同步带张力测量设备的测量结果，并保证同步带的张力在要求范围内。

7）拧紧 A5 上的两个半圆头法兰螺栓。

8）将机器人投入运行，并双向移动 A5。

9）按下紧急停止按钮，锁闭机器人。

10）重新测量同步带张力，如果测得的数值与要求的数值不一致，则重复步骤 2）~9）。

11）针对同步带 A6，执行步骤 2）~10）。

12）装上盖板，然后用七个新的半圆头法兰螺栓将其固定。

3.3 电控系统的组成与安装

3.3.1 电控系统的组成

KUKA KR AGILUS sixx 系列工业机器人的各项运动功能主要由 KR C4 compact 电控系统实现。KR C4 compact 电控系统由控制器、手持式编程器（smartPAD）、安全逻辑系统和接线电缆等组成，其基本数据见表 3-8。其控制器由控制箱和驱动装置箱组成，如图 3-30 所示。

表 3-8 KR C4 compact 控制器的基本数据

控制柜型号	19in 外壳	额定输入电压 /V	AC 200~230，单相 / 两相
标色	RAL 7016	额定输入端功率 /kVA	2
轴数	最多 6 根	电源频率 /Hz	50 ± 1 或者 60 ± 1
质量 /kg	33	控制部分电源电压 /V	DC 27.1 ± 0.1
防护等级	IP20	smartPAD 电源电压 /V	DC 20、…、27.1

注：1in=2.54cm。

1. KR C4 compact控制器

（1）控制箱 控制箱的组成如图 3-31 所示，其各部件的功能如下：

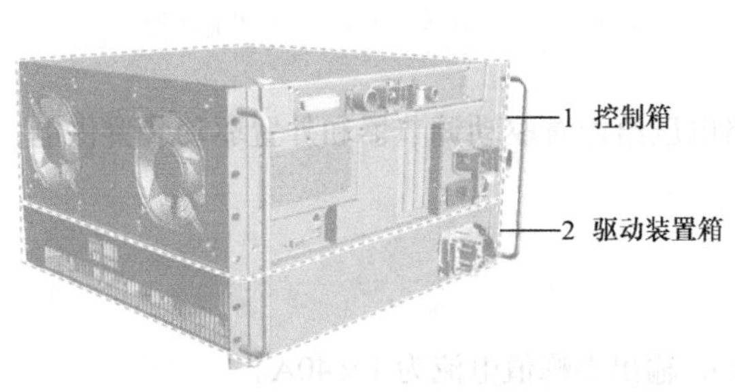

图3-30 KR C4 compact控制器

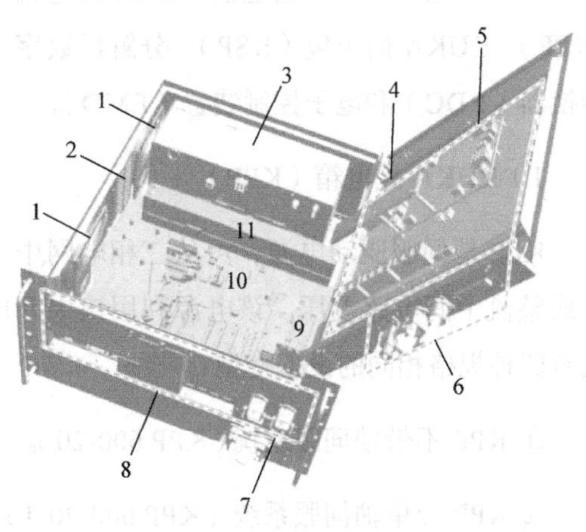

图3-31 控制箱

1—风扇 2—硬盘 3—低压电源件 4—电子数据存储卡（EDS）
5—小型机器人控制柜 6—接口（在盖中） 7—主开关
8—接口 9—选项 10—主板 11—蓄电池

1）由主板、硬盘等组成的控制 PC（KPC）。它负责实现机器人控制系统的以下功能：操作界面；程序的生成、修改、存档及维护；流程控制；轨道规划；驱动电路的控制；监控；安全技术；与外围设备进行通信等。

2）小型机器人控制柜（CCU_SR）。CCU_SR 是机器人控制系统所有部件的配电装置和通信接口，它由小型机器人控制柜接口板（CIB_SR）和小型机器人电源管理板（PMB_SR）组成。所有数据通过内部通信传输给控制系统，并在那里继续进行处理。当电源断电时，控制系统部件接受蓄电池供电，直至位置数据备份完成后控制系统关闭。通过负载测试检查蓄电池的充电状态和质量。

另外，CCU_SR 也具有采集、控制和开关功能。输出信号用作电位隔离式输出信号。

3）低压电源部件。它为机器人控制系统的部件供电。其中，由一个绿色 LED 显示低压电源部件的运行状态。

4）蓄电池。机器人控制器会在电源故障或断电时，借助蓄电池在受监控的状态下关闭。蓄电池通过 CCU_SR 充电，充电状态会被检查并示出。

5）电源滤波器。电源滤波器（去干扰滤波器）可抑制电源线上的干扰电压。

（2）驱动装置箱　驱动装置箱具有产生中间电路电压、控制电动机、控制制动器和检查制动器运行中的中间电路电压等功能，其组成如图 3-32 所示。

为便于说明，这里一并对 KUKA 控制总线（KCB）进行介绍，它包括 KUKA 配电箱（KPP）、KUKA 伺服包（KSP）、分解器数字转换器（RDC）和电子控制装置（EMD）。

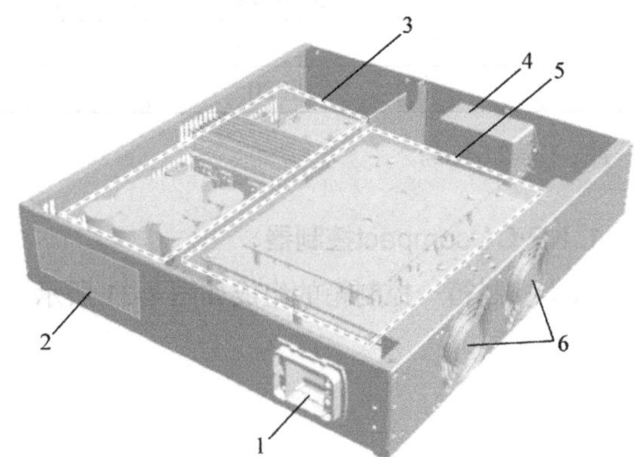

图3-32　驱动装置箱的组成

1—电动机插头　2—制动电阻　3—小型机器人配电箱　4—电源滤波器　5—小型机器人伺服包　6—风扇

1）KUKA 配电箱（KPP）。

KPP 是伺服驱动电源，可从三相电网中生成整流中间电路电压。该电源利用该中间电路电压给内置驱动调节器和外置驱动装置供电，它有四种规格相同的设备变型：

① KPP 不带轴伺服系统（KPP 600-20）。

② KPP 带单轴伺服系统（KPP 600-20-1 × 40），输出端峰值电流为 1 × 40A。

③ KPP 带单轴伺服系统（KPP 600-20-1 × 64），输出端峰值电流为 1 × 64A。

④ KPP 带双轴伺服系统（KPP 600-20-1 × 40），输出端峰值电流为 2 × 40A。

KPP 的各接口如图 3-33 所示。

2）KUKA 伺服包（KSP）。KSP 属于机械手驱动轴的传动调节器，有两种规格相同的设备变型：

① 3 轴 KSP（KSP600-3 × 40）：输出峰值电流为 3 × 40A，适用于额定电流为 8~40A 的电动机。

② 3 轴 KSP（KSP600-3 × 64）：输出峰值电流为 3 × 64A，适用于额定电流为 16~64A 的电动机。

注意：关于 KPP、KSP、RDC 及 EMD 的详细资料可参阅相关书籍。

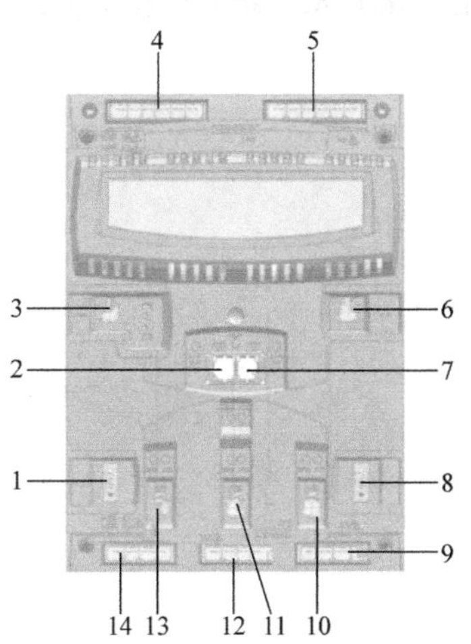

图3-33 KPP接口

1—X30（制动供电 OUT） 2—X20（驱动总线 OUT）
3—X10（控制电子系统供电 OUT）
4—X7（镇流电阻） 5—X6（直流中间电路 OUT）
6—X11（控制电子系统供电 IN）
7—X21（驱动总线 IN） 8—X34（制动供电 IN）
9—X3（轴 8 电动机接口 3） 10—X33（轴 8 制动接口 3）
11—X32（轴 7 制动接口 2）
12—X2（轴 7 电动机接口 2） 13—未使用
14—X4（AC 和 PE 电源接口）

（3）接口　机器人控制系统接线面板的标准配置包括可用于以下线缆的各种接口：设备连接线缆、电动机导线、数据线、smartPAD 线缆和外围导线。

视选项及客户类型不同，可对接线面板进行不同配置。另外，可在机器人控制系统中配置下列安全接口：安全接口 X11、以太网安全接口 X66PROFI（safe KLI 或 CIP Safety KLI）。

视具体选项和客户需求而定，接线面板可附设不同的零部件。KR C4 compact 的各接口如图 3-34 所示。

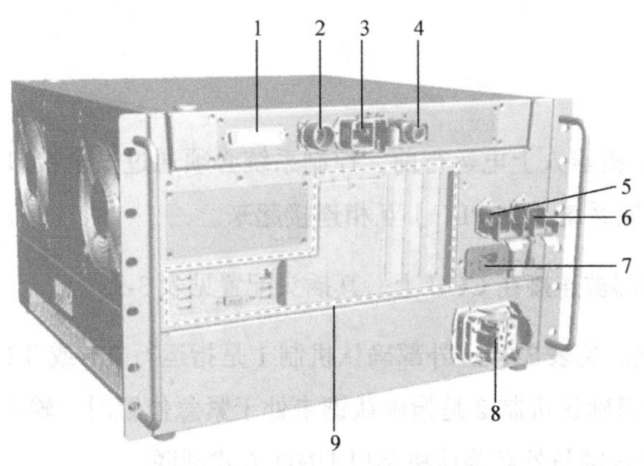

图3-34 KR C4 compact的各接口

1—安全接口 X11 2—smartPAD 接口 X19 3—扩展接口 X65 4—服务接口 X69 5—机械手接口 X21
6—以太网接口 X66 7—网络接口 K1 8—电动机插头 X20 9—控制系统 PC 接口

1）控制系统计算机接口。KR C4 compact 控制系统的 PC 上可安装如下主板类型：D3076-K 和 D3236-K。

D3076-K 型主板的计算机接口如图 3-35 和图 3-36 所示。

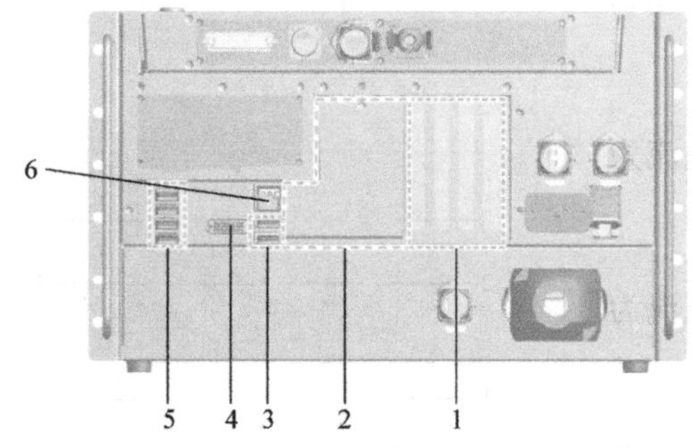

图3-35 D3076-K型主板的计算机接口（一）

1—现场总线卡插座 1~4 2—现场总线卡挡板 3—2USB 2.0 端口 4—DVI-I 5—4USB 2.0 端口 6—板载 LAN

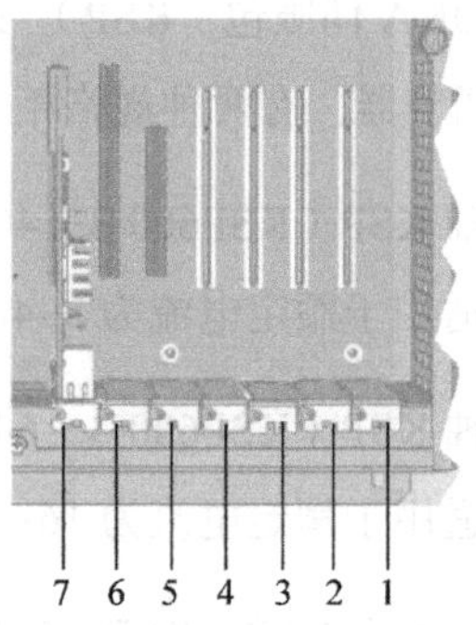

图3-36 D3076-K型主板的计算机接口（二）

1~4—PCI 现场总线 5、6—PCIE(不可用) 7—LAN 双 NIC 网卡

D3236-K 型主板的计算机接口如图 3-37 和图 3-38 所示。

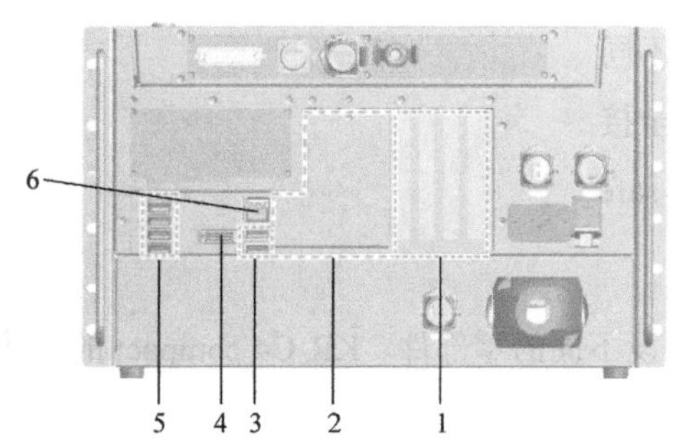

图3-37 D3236-K型主板的计算机接口（一）

1—现场总线卡插座 1~4 2—现场总线卡挡板 3—2USB 2.0 端口 4—DVI-I 5—4USB 2.0 端口 6—板载 LAN

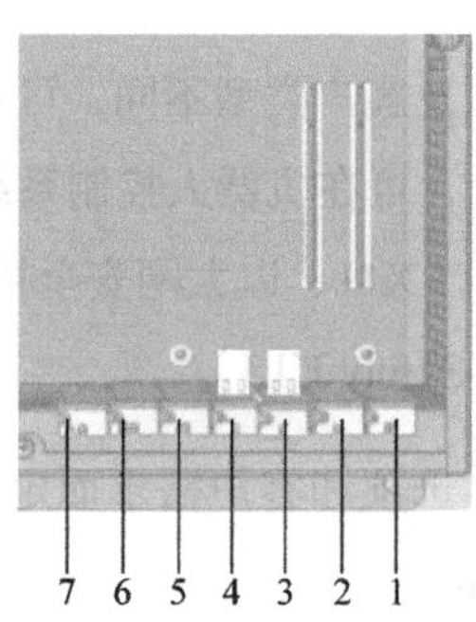

图3-38 D3236-K型主板的计算机接口（二）

1、2—PCI 现场总线 3~7—不可用

2）安全接口 X11。机器人上电运行前，控制系统必须通过安全接口 X11 连接好紧急停止装置，或者通过上级控制系统（如 PLC）互相连接起来。

安全接口 X11 从内部被连接在 CCU 上，其插头配置见表 3-9。

① 确认开关的功能。见表 3-10。外部确认机制 1 是指运行 T1 或 T2 模式时必须操作确认开关，输入端闭合；外部确认机制 2 是指确认键未处于紧急位置时，输入端闭合；如果已连接一个 smartPAD，则其确认键与外部确认机制以 UND 方式耦联。

② Peri enabled 信号说明。当同时满足下列条件时，Peri enabled 信号置 1（激活）：驱动装置已接通、安全控制系统运行开通、不允许存在信息提示“操作人员防护装置处于开启状态”。

表 3-9　X11 安全接口的插头配置

针脚	说明	功　能
1、3、5、7、18、20、22	测试输出端 A（测试信号 A）	向通道 A 的每个接口输入端供应脉冲电压
10、12、14、16、28、30、32	测试输出端 B（测试信号 B）	向通道 B 的每个接口输入端供应脉冲电压
2	外部紧急停止通道 A（安全输入端 1）	紧急停止，双通道输入端，最大电压为 24V。在机器人控制系统中触发紧急停止功能
11	外部紧急停止通道 B（安全输入端 1）	
4	操作人员防护装置通道 A（安全输入端 2）	用于防护门闭锁装置的双通道连接，最大电压为 24V。只要该信号处于接通状态，就可以接通驱动装置。仅在自动运行方式下有效
13	操作人员防护装置通道 B（安全输入端 2）	
6	确认操作人员防护装置通道 A（安全输入端 3）	用于连接带无电势触点的确认操作人员防护装置的双通道输入端。可通过 KUKA 系统软件配置确认操作人员防护装置输入端的行为 在关闭防护门（操作人员防护装置）后，可在自动运行方式下在防护栅外面用确认键接通机械手的运行。该功能在交货状态下不生效
15	确认操作人员防护装置通道 B（安全输入端 3）	
8	安全运行停止通道 A（安全输入端 4）	激活停机监控，超出停机监控范围时导入停机
17	安全运行停止通道 B（安全输入端 4）	
19	安全停止 2 通道 A（安全输入端 5）	各轴停机时触发安全停止 2 并激活停机监控。超出停机监控范围时导入停机 0
29	安全停止 2 通道 B（安全输入端 5）	
21	外部 1 通道 A 确认（安全输入端 6）	用于连接外部带无电势触点的双通道确认开关 1。如果未连接外部确认开关 1，则必须桥接通道 A（Pin 20/21）和通道 B（P30/31）。该功能仅在测试运行方式下有效
31	外部 1 通道 B 确认（安全输入端 6）	
23	外部 2 通道 A 确认（安全输入端 7）	用于连接外部带无电势触点的双通道确认开关 2。如果未连接外部确认开关 2，则必须桥接通道 A（Pin 22/23）和通道 B（P32/33）。该功能仅在测试运行方式下有效
33	外部 2 通道 B 确认（安全输入端 7）	
34、35	局部紧急停止通道 A	输出端，内部紧急停止的无电势触点 满足下列条件时触点闭合：SmartPad 上的紧急停止未操作；控制系统已接通并准备就绪。如有条件未满足，则触点断开
45、46	局部紧急停止通道 B	
36、37	确认操作人员防护装置通道 A	输出端，接口 1 和 2 确认操作人员防护装置无电势触点 将确认操作人员防护装置的输入信号转接至在同一防护栅上的其他机器人控制系统中
47、48	确认操作人员防护装置通道 B	
38、39	通道 A 的 Peri enabled	输出端，无电势触点
49、50	通道 B 的 Peri enabled	

表 3-10　确认开关的功能

置位（仅针对 T1 和 T2 模式被激活的情况）	外部确认机制 1	外部确认机制 2	开关位置
安全停止 1（在轴静止时，驱动装置被关断）	输入端断开	输入端断开	非运行状态
安全停止 2（安全运行停止，驱动装置已接通）	输入端断开	输入端闭合	未操作
安全停止 1（在轴静止时，驱动装置被关断）	输入端闭合	输入端断开	紧急情况位置
轴接通（轴可移动）	输入端闭合	输入端闭合	中间位置

在运行方式 T1 和 T2 下，该信息提示不存在。

a. Peri enabled 信号从属于安全运行停止信号。在运行过程中激活安全运行停止信号时，设备以 Stop 0 的方式制动，信号 Peri enabled 被取消。

若在机械手停止运行时激活安全运行停止信号，则制动器开启，驱动装置处于控制状态下且监控重新起动，信号 Peri enabled 保持激活状态。

b. Peri enabled 信号从属于安全停止 Stop 2 信号。激活安全停止 Stop 2 信号时，机械手的 Stop 2、驱动装置开通信号保持激活状态，制动器保持打开状态，机械手保持被控制状态，监控重新起动激活，运行开通信号关闭、Peri enabled 信号关闭。

③ 示例。

a. 紧急停止电路示例。在机器人控制系统中，X11 上连接一个紧急停止装置的电路示例如图 3-39 所示。

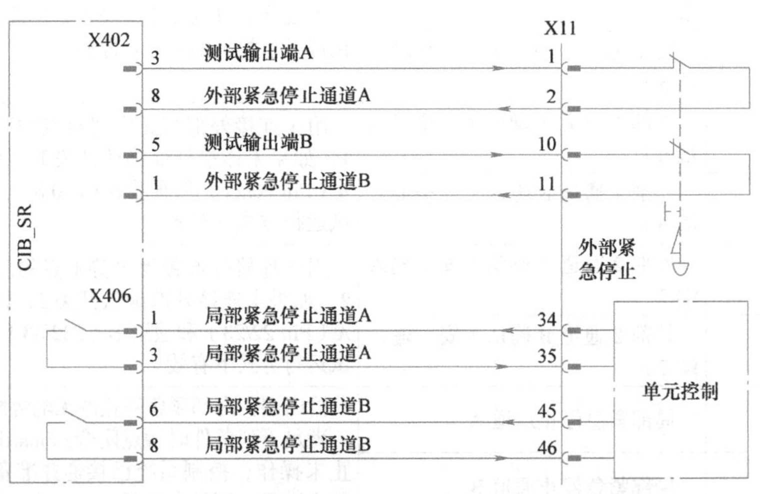

图3-39　紧急停止电路示例

b. 防护门电路示例。如果机器人需要防护门，则可在隔离性防护装置外安装一个双通道确认键。系统集成商必须确保因意外关闭防护门时，不会立即设定操作人员防护装置信号。在关闭防护门后，只允许通过只能在危险区域之外访问的附加装置（如确认键）来设定操作人员防护装置信号。在工业机器人可重新起动自动运行模式之前，必须用确认键确认防护门已关闭。

在机器人控制系统中，X11 上连接一个带防护门的电路示例如图 3-40 所示。

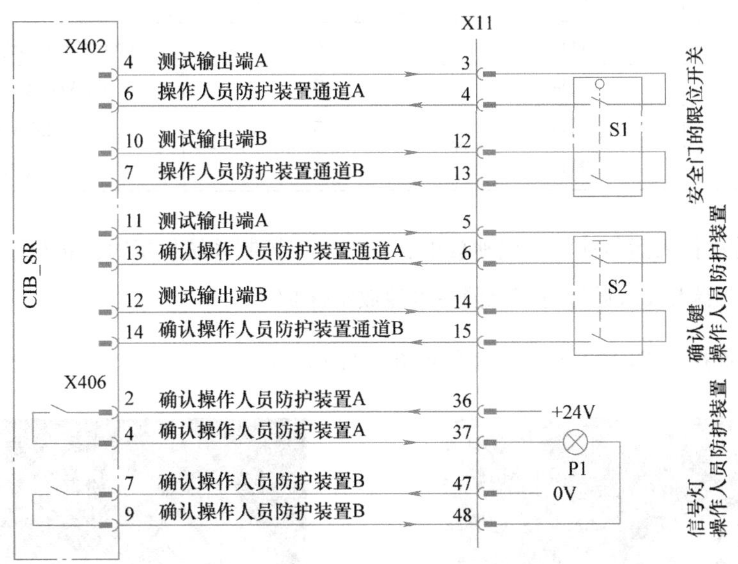

图3-40 防护门电路

2.投入运行和重新投入运行

机械手投入运行和重新投入运行的总步骤见表 3-11。

表 3-11 机械手运行步骤

序号	步骤
1	对机械手进行目视检查
2	安装机械手固定件
3	安装机械手
4	对机器人控制系统进行目视检查
5	确定在机器人控制系统中未形成冷凝水
6	安装机器人控制系统
7	接上连接线缆
8	插入 KUKA smartPAD
9	在机械手与机器人控制系统之间连接电位均衡导线
10	将机器人控制系统连接到电源上
11	取消蓄电池的放电保护
12	配置并连接安全接口 X11
13	接通机器人控制系统
14	检查安全装置
15	配置机器人控制系统与外围设备之间的输入 / 输出端

KUKA smartPAD 插头 X19 的引脚分布及含义见表 3-12。

表 3-12　插头 X19 的引脚分布及含义

引脚	说明	引脚	说明
11	TD+	8	smartPAD 已插入（A）0 V
12	TD–	9	smartPAD 已插入（B）24 V
2	RD+	5	24 V PS2
3	RD–	6	GND

为避免在首次投入运行前将蓄电池放电，在机器人控制系统供货时已拔出了 CCU_SR 上的插头 X305，故机器人投入运行时需取消蓄电池放电保护。

将插头 X305 插到 CCU_SR 上的示意如图 3-41 所示。

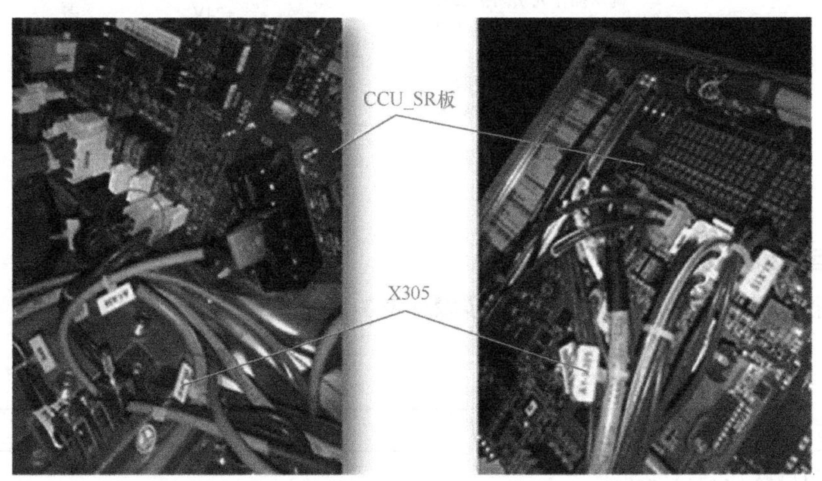

图3-41　蓄电池放电保护

3.3.2　电缆安装

机器人的电气安装主要涉及机器人与控制系统之间的电缆连接，以使它们之间能够传输功率和信号。连接电缆包括电动机电缆、数据线、数据线 CAT5（选项）、附加轴 A7 和 A8 的连接电缆（选项）以及接地线（选项）。

用于机器人控制系统和机器人之间电缆连接的插头和接口见表 3-13。

表 3-13　机器人插头和接口

电缆名称	插头名称	机器人接口
电动机电缆	X20–X30	Han Yellock 30
数据线	X21–X31	Han Q12
数据线 CAT5	X65/X66–XPN1	插接头 M12
附加轴 A7 和 A8 的连接电缆	XP7–XP7.1；XP8–XP8.1	插接头 M17
接地线 / 电位均衡导线		环形端子 M4

机器人及其控制系统之间的电缆连接示意图如图 3-42 所示，所涉及的电动机电缆及各数据线接口定义分别如图 3-43~ 图 3-47 所示。

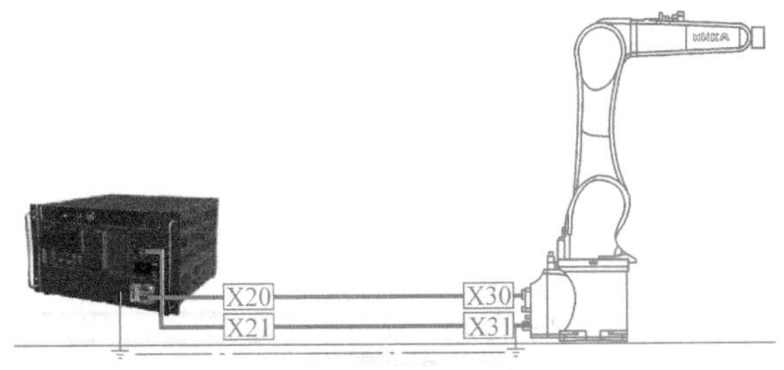

图3-42　电缆连接示意图

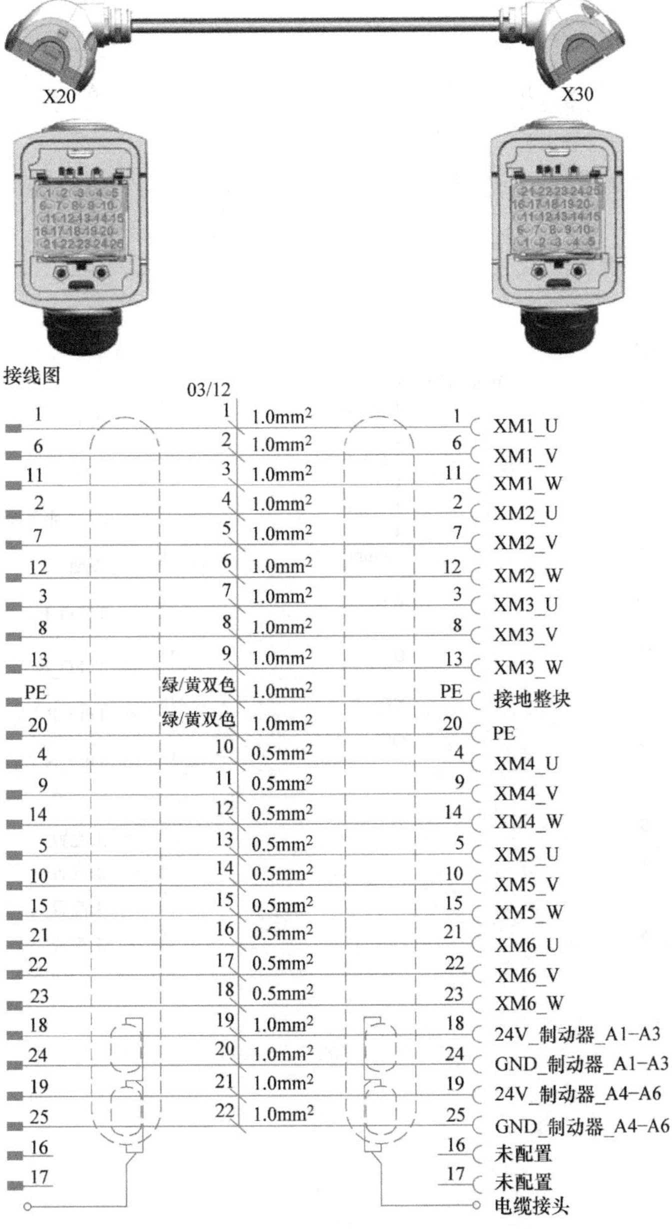

图3-43　电动机电缆X20-X30

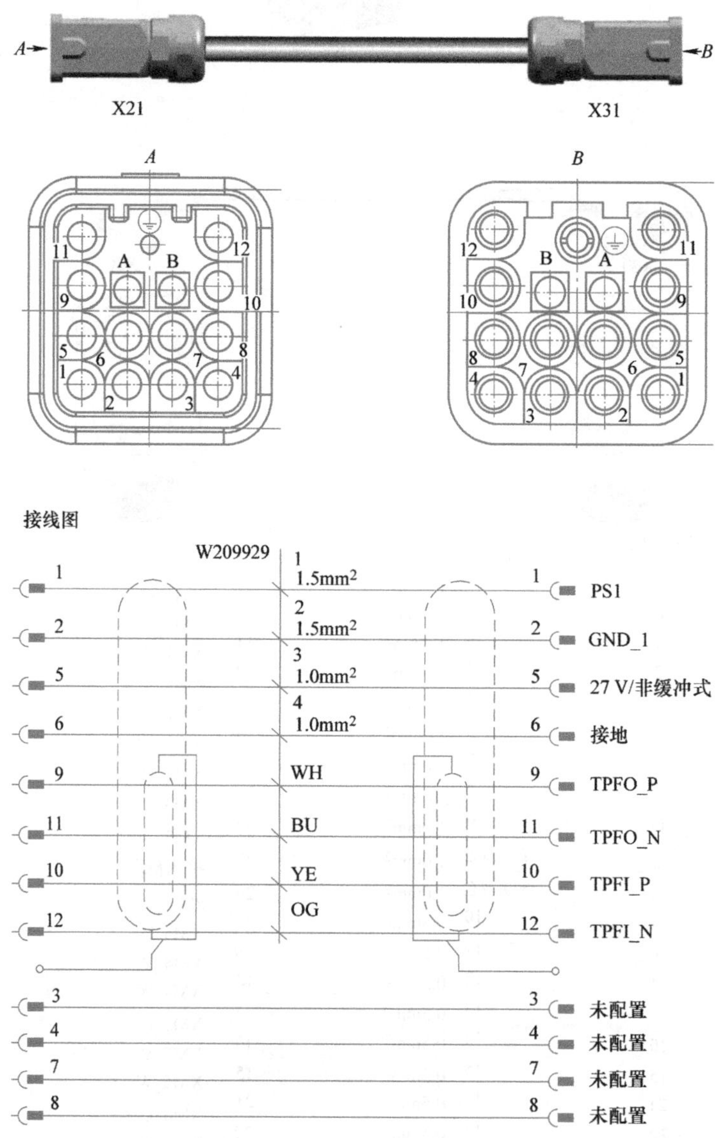

图3-44 数据线X21-X31

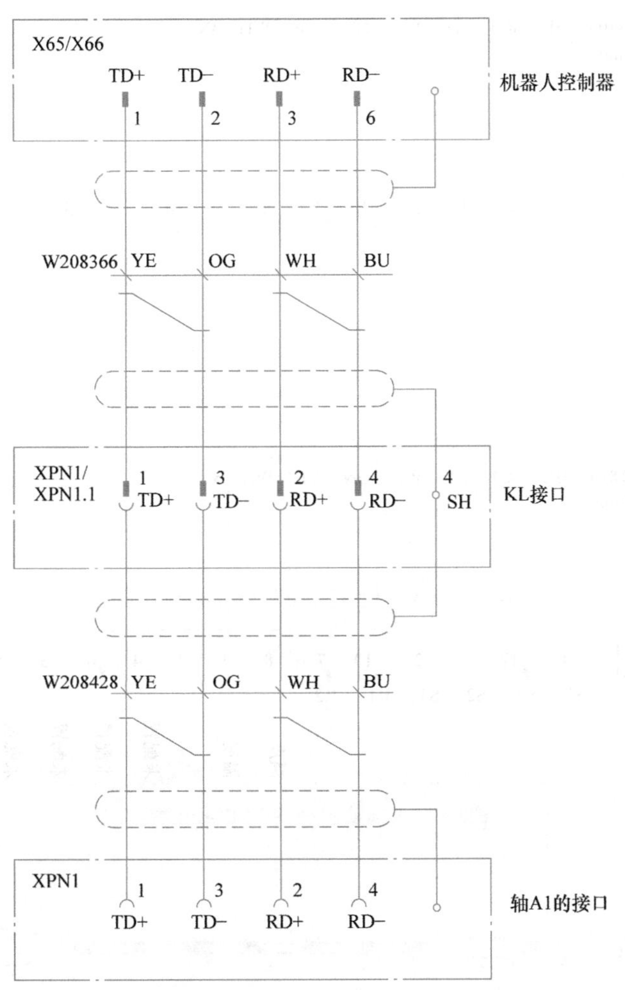

图3-45 数据线CAT5 X65/X66-XPN1

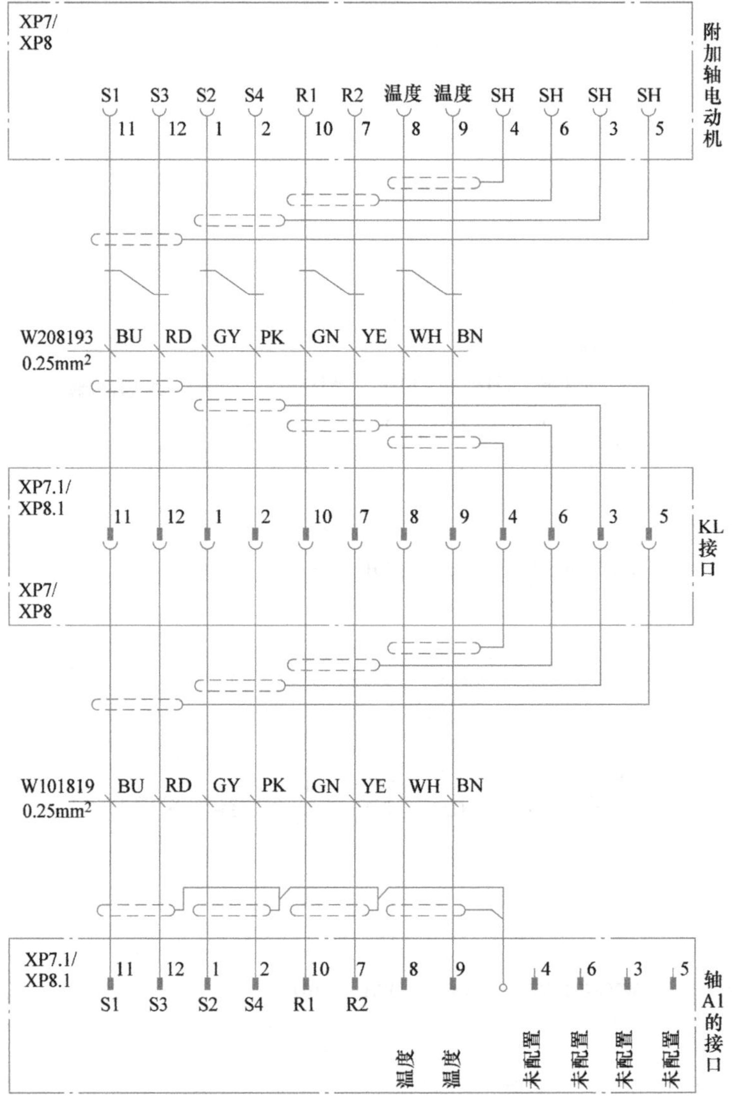

图3-46 附加轴 A7 和 A8 的连接电缆

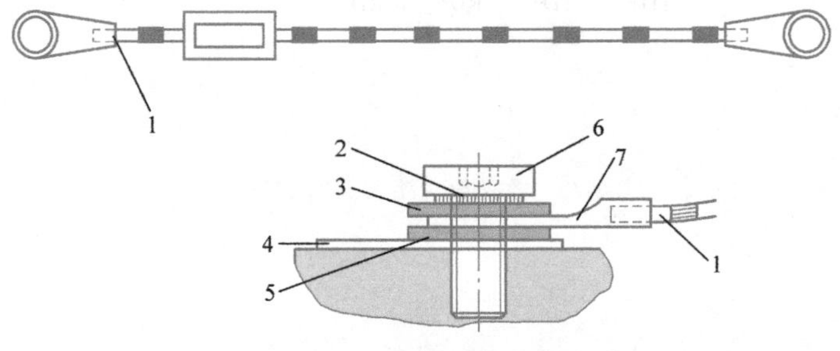

图3-47 接地线的连接电缆

1—接地线 2—止动垫圈 3—碟形垫圈 4—接地导板 5—垫圈
6—内六角圆柱头螺栓 M4 × 12 7—接地安全引线、环形端子 M4

3.4 示教编程

3.4.1 手持式示教器

手持式示教器（smartPAD）如图 3-48 所示，其各元件的功能见表 3-14。

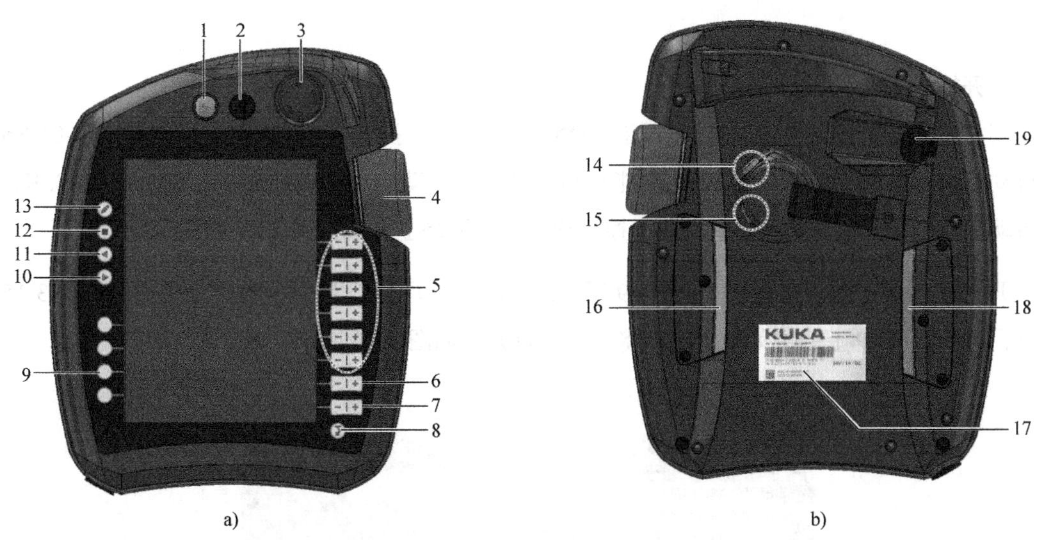

图3-48 smartPAD外形图

表 3-14 smartPAD 上各元件的功能

序号	名称	功能
1	拔下按钮	用于拔下 smartPAD
2	钥匙开关	用于调出连接管理器的钥匙开关。只有插入钥匙后，开关才可以被转换。可以通过连接管理器切换运行模式
3	紧急停止按键	用于在紧急情况下使机器人停机。 紧急停止按键在按下时，机器人将自行闭锁
4	空间鼠标	用于手动移动机器人
5	运行键	用于手动移动机器人
6	—	用于设定程序调节量的按键
7	—	用于设定手动调节量的按键
8	主菜单按键	用来在 smartHMI 上将菜单项显示出来
9	技术密钥	主要用于设定技术包中的参数，其确切的功能取决于所安装的技术包
10、15	启动键	通过启动键可启动一个程序
11	启动逆向运行按键	通过启动逆向运行按键，可启动一个程序的逆向运行，程序将逐步运行
12	停机键	用停机键可暂停运行中的程序
13	键盘按键	用来显示键盘。通常不必特地将键盘显示出来，smartHMI 可以识别需要通过键盘输入的情况并自动显示键盘

（续）

序号	名称	功　能
14、16、18	确认开关	确认开关有三个位置：未按下、中间位置和完全按下。在运行模式T1或T2下，确认开关必须保持在中间位置，方可起动机器人；在采用自动运行模式和外部自动运行模式时，确认开关不起作用
17	型号铭牌	—
19	USB接口	用于存档/还原等方面，仅适用于FAT32格式的USB

3.4.2　开机和关机

1. 开机

将机器人控制系统上的主开关置于“ON”（开）后，操作系统和KUKA系统软件（KSS）将自动启动。若由于某种原因KSS未能自动启动，如自动启动功能被禁止，则从路径C:\KRC中启动程序StartKRC.exe。如果机器人控制器需要在网络上登录，则启动过程会较长。

开机后，smartPAD会显示如图3-49所示的KCP操作界面，界面中各部分的功能见表3-15。这时，可单击KCP上的主菜单按键，将主菜单打开，如图3-50所示。

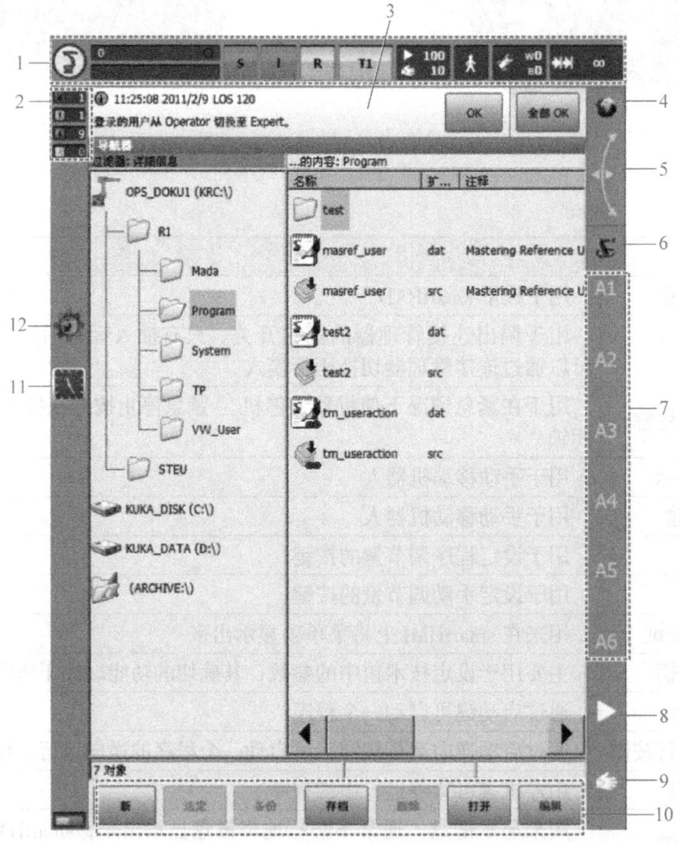

图3-49　KCP操作界面

表 3-15 KCP 操作界面各部分功能说明

序号	说　明
1	状态栏
2	信息提示计数器：显示每种信息类型各有多少信息提示等待处理，触摸信息提示计数器可放大显示
3	信息窗口：根据默认设置，将只显示最后一个信息提示。触摸信息窗口可放大该窗口，并显示所有待处理信息。用“OK”键确认可以确认的信息，所有可以确认的信息可用“全部 OK”键一次性全部确认
4	状态显示空间鼠标：显示用空间鼠标手动运行的当前坐标系。触摸该显示，就可以显示所有坐标系并选择另一个坐标系
5	显示空间鼠标定位：触摸该显示会打开一个显示空间鼠标当前定位的界面，可以在其中修改定位
6	状态显示运行键：可显示用运行键手动运行的当前坐标系
7	运行键标记：如果选择了与轴相关的运行，这里将显示轴号（A1、A2 等）；如果选择了笛卡儿式运行，这里将显示坐标系的方向（X、Y、Z、A、B、C）。触摸标记，将显示选择了哪种运动系统组
8	程序倍率
9	手动倍率
10	按键栏：按键栏是动态变化的，并总是针对 smartHMI 上当前激活的窗口。最右侧是“编辑”键，可用该键调用导航器的多个指令
11	时钟：显示系统时间。触摸时钟就会以数码形式显示系统时间和当前日期
12	WorkVisual 图标：如果无法打开任何项目，则位于右下方的图标上会显示一个红色的小 ×。这种情况可能会发生在项目所属文件丢失时，在此情况下，系统只有部分功能可用，如将无法打开安全配置

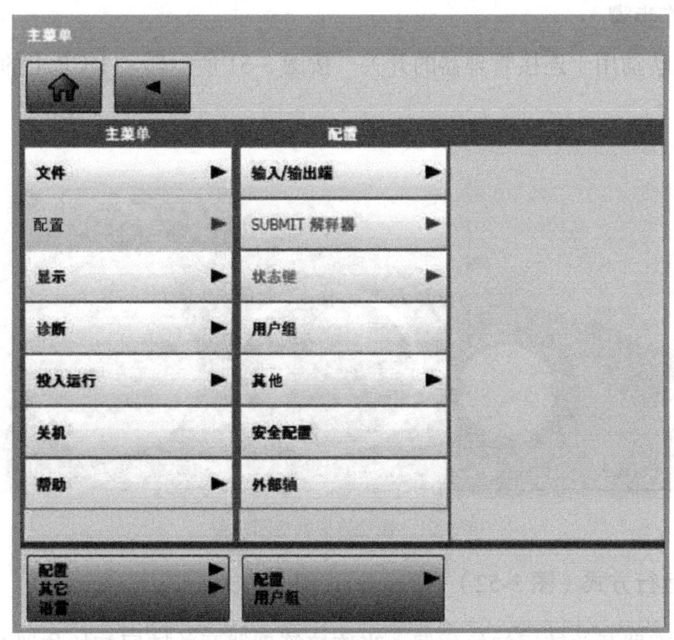

图3-50 主菜单

2. KSS结束及系统关机

机器人在运行模式 T1 或 T2 下，可通过以下步骤结束 KSS 或重新启动：

1）在主菜单中选择关闭。

2）选择所需选项。

3）按下“结束 KRC”键。

4）单击“是”确认安全询问，KSS 结束。

另外，将机器人控制系统的主开关切换到“OFF”位置后，控制系统将关闭。此时，机器人控制系统将自动备份数据。

注：如果 KSS 结束之前已用选项重新启动控制系统 PC 退出，并且重新启动尚未结束，则不得按机器人控制系统中的主开关，否则会损坏系统文件。

3.4.3 手动操作

1.手动运行方式

smartPAD 可通过运行键和空间鼠标来手动运行机器人，分为两种方式：

1）笛卡儿式运行：TCP 沿着一个坐标系的轴正向或反向运行。

2）与轴相关的运行：每个轴均可以独立地正向或反向运行。

2.手动运行操作步骤

（1）在 KCP 上转动用于连接管理器的开关　按图 3-51 所示转动 KCP 上的连接管理器开关，显示连接管理器。

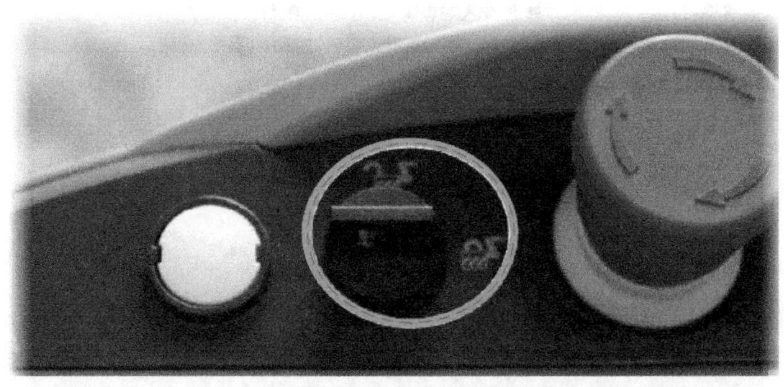

图3-51　转动连接管理器开关

（2）选择 T1 运行方式（图 3-52）

（3）将连接管理器开关转回初始位置　当连接管理器开关转回初始位置时，所选的运行方式会显示在 smartPAD 的状态栏中，如图 3-53 所示。

图3-52 选择T1运行方式

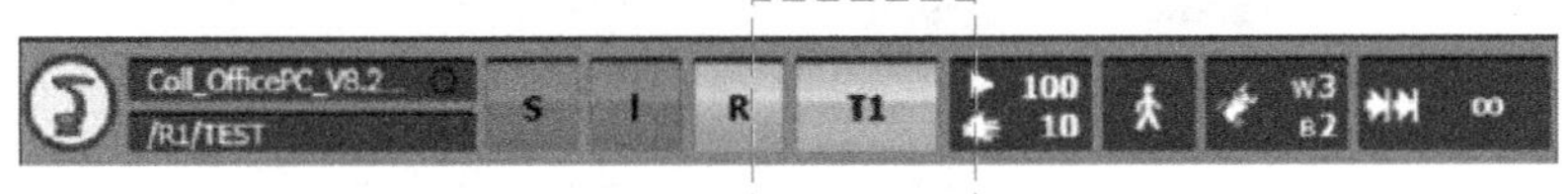

图3-53 smartPAD状态栏（T1运行方式）

（4）打开“手动移动选项”界面

1）在 smartHMI 上打开一个状态显示窗，如状态显示 POV（无法显示提交解释器、驱动装置和机器人解释器的状态）。

2）单击选项，打开“手动移动选项”界面。

注：对于大多数参数来说，无需专门打开“手动移动选项”界面，而是可以直接通过 smartHMI 的状态显示来设置。

（5）激活运行模式

1）激活“运行键”运行模式。在图 3-54 所示的“按键”选项卡中选中“激活按键”复选框，其中各项的功能说明见表 3-16。

2）激活“空间鼠标”运行模式。在图 3-55 所示的“鼠标”选项卡中选中“激活鼠标”复选框，其中各项的功能说明见表 3-17。

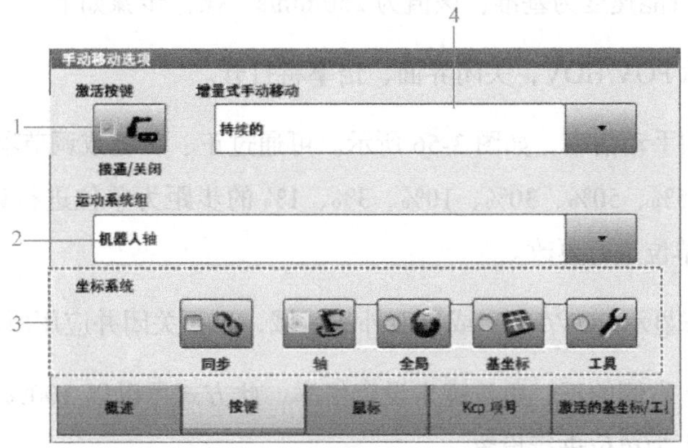

图3-54 激活“运行键”运行模式

表 3-16 “按键”选项卡说明

序号	说明	序号	说明
1	激活“运行键”运行模式	3	用运行键选择运行的坐标系统，可选择轴、全局、基坐标或工具
2	选择运动系统组。运动系统组定义了运行键针对哪个轴，默认为机器人轴（= A1 … A6）。根据不同的设备配置，可能还有其他的运动系统组	4	增量式手动移动

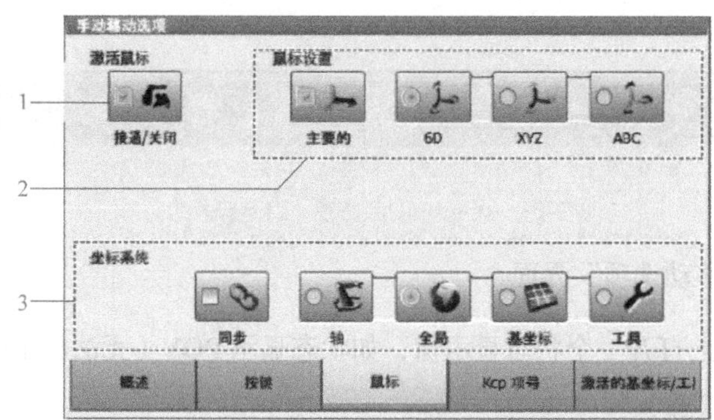

图3-55 激活“空间鼠标”运行模式

表 3-17 “鼠标”选项卡说明

序号	说明
1	激活“空间鼠标”运行模式
2	设置空间鼠标
3	用空间鼠标选择运行的坐标系统，可选择轴、全局、基坐标或工具

注意：可同时激活“运行键”和“空间鼠标”两种运行模式。如果用运行键运行机器人，则空间鼠标被锁闭，直到机器人再次静止；如果操作了空间鼠标，则运行键被锁闭。

（6）手动调节量设置 手动调节量是手动运行时机器人的速度，用百分比表示，以机器人在手动运行时的最大可能速度为基准，该值为 250mm/s。操作步骤如下：

1）触摸状态显示 POV/HOV，关闭界面，倍率将打开。

2）设置所希望的手动倍率，如图 3-56 所示。可通过正、负键或调节器进行设定，其中正、负键可以以 100%、75%、50%、30%、10%、3%、1% 的步距为单位进行设置；调节器的倍率可以以 1% 的步距为单位进行更改。

3）重新触摸状态显示 POV/HOV 或界面外的区域，界面关闭并应用所需倍率。

也可以使用 KCP 右侧的正、负按键来设定倍率，此方式可以以 100%、75%、50%、30%、10%、3%、1% 的步距为单位进行设置。

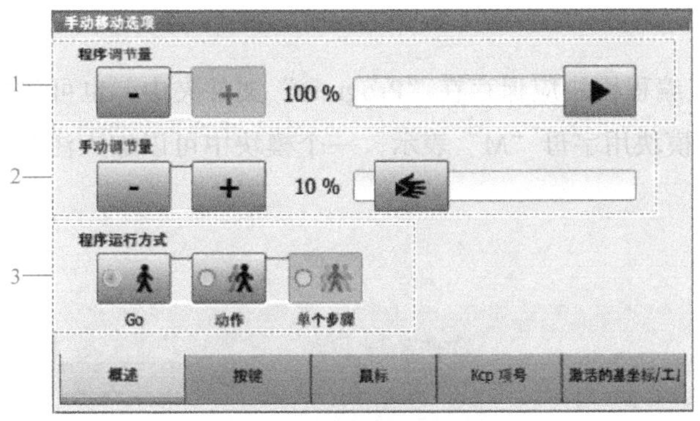

图3-56 手动调节量设置

手动倍率的一般参数设置说明见表 3-18。

表 3-18 手动倍率的一般参数设置

序号	说明
1	设置程序倍率（手动时不能调节）
2	设置手动倍率
3	选择程序运行方式

（7）用运行键使轴移动 按下确认开关（图 3-57），然后根据从图 3-54 和图 3-55 中选取坐标系统的不同，进行以下操作：

1）选择轴时，在运行键旁边将显示轴 A1~A6，再按下正或负运行键（图 3-58），可使轴朝正方向或反方向运动。

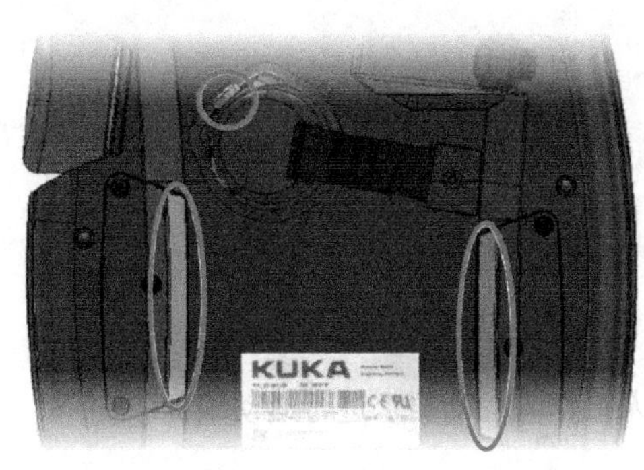

图3-57 按下确认开关

图3-58 按下正或负运行键

2）选择全局、基坐标或工具时，运行键旁边会显示以下名称：X、Y、Z，用于沿选定坐标系统的轴进行线性运动；A、B、C，用于沿选定坐标系统的轴进行旋转运动。再按下正或负运行键，可使轴朝正方向或反方向运动。

3.4.4 示教编程及运行

1. 创建程序模块

如图 3-59 所示，编程模块应保存在“Program”文件夹中，也可建立新的文件夹并将程序模块存放在其中。模块用字母“M”表示，一个模块中可以加入注释，如关于程序功能的简短说明。

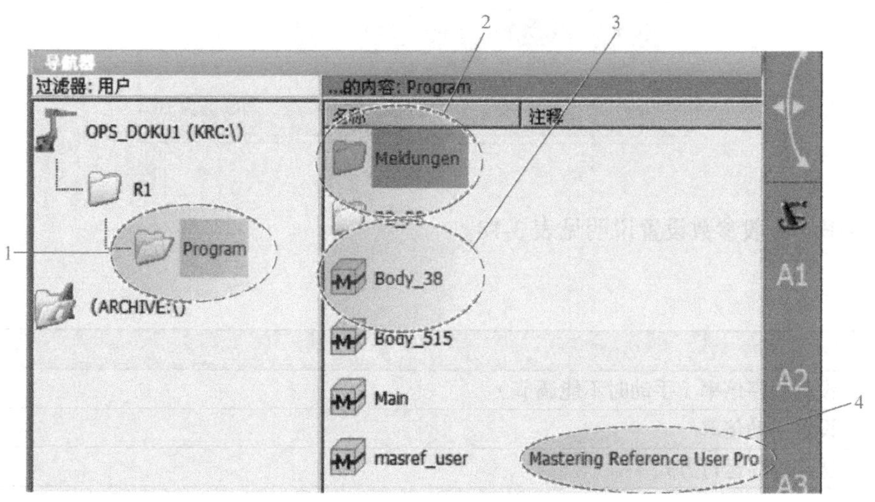

图3-59　程序模块的创建

1—程序的主文件夹　2—其他程序的子文件夹　3—程序模块 / 模块　4—程序模块的注释

如图 3-60 所示，程序模块由两部分组成：SRC 文件，其中含有程序源代码；DAT 文件，其中含有固定数据和点坐标。

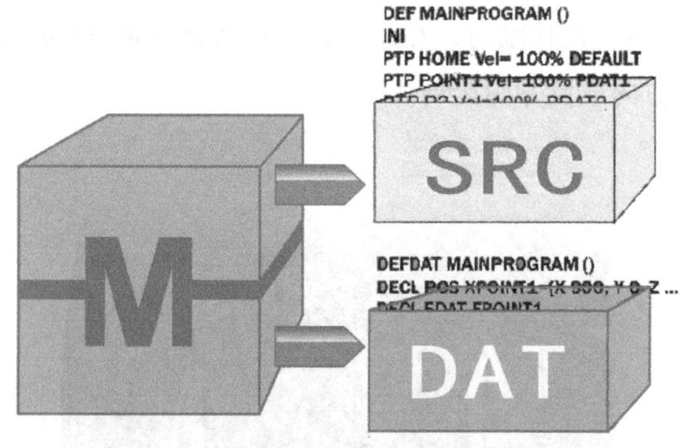

图3-60　程序模块的组成

2. 示教程序编制

用示教方式对机器人运动进行编程时应使用联机表格，在该表格中可以很方便地输入相关编程信息。

（1）运动方式　KUKA 机器人有不同的运动方式供运动指令编程使用，可根据对机器人工作流程的要求进行运动编程。

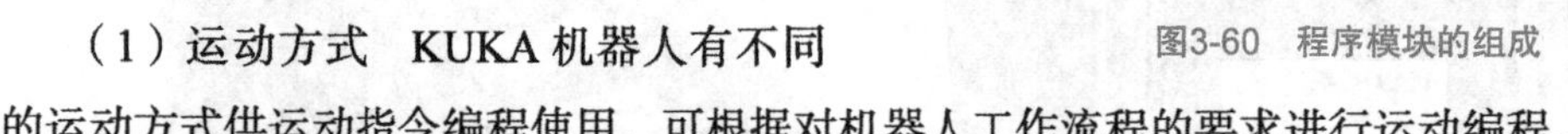

1）按轴坐标的运动：点到点（Point-to-Point，PTP）。

2）沿轨迹的运动：包括 LIN（线性）和 CIRC（圆周形）。

3）SPLINE（样条）运动：这是一种适用于复杂曲线轨迹的运动方式。这种轨迹原则上也可以通过 LIN 运动和 CIRC 运动生成，但是 SPLINE 更有优势。

（2）创建 PTP 运动

1）将 TCP 移向应被示教为目标点的位置。

2）将光标置于其后应添加运动指令的那一行中。

3）依次按下“菜单”→“运动”→ PTP，此时，联机表格（图 3-61）出现。

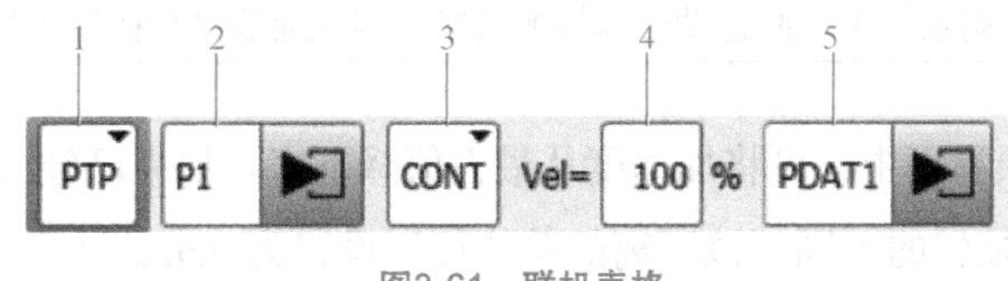

图3-61　联机表格

4）在联机表格中输入参数，各参数的含义见表 3-19。

表 3-19　联机表格各参数的含义

序号	说　明
1	运动方式为 PTP、LIN 或者 CIRC
2	自动分配目标点的名称，也可予以单独覆盖；触摸箭头以编辑点数据，帧选项界面将自动打开 对于 CIRC，必须为目标点额外示教一个辅助点。移向辅助点位置，然后按下“Touchup HP”
3	CONT：目标点被轨迹逼近；[空白]：将精确地移至目标点
4	对于 PTP 运动，速度为 1%…100%；对于沿轨迹的运动，速度为 0.001m/s、…、2m/s
5	运动数据组：加速度，轨迹逼近距离（如果在栏 3 中输入了 CONT），姿态引导（仅限于沿轨迹的运动）

5）如图 3-62 和表 3-20 所示，在帧选项界面中输入工具和基坐标的正确数据，以及关于插补模式的数据（外部 TCP：开 / 关）和碰撞识别数据。

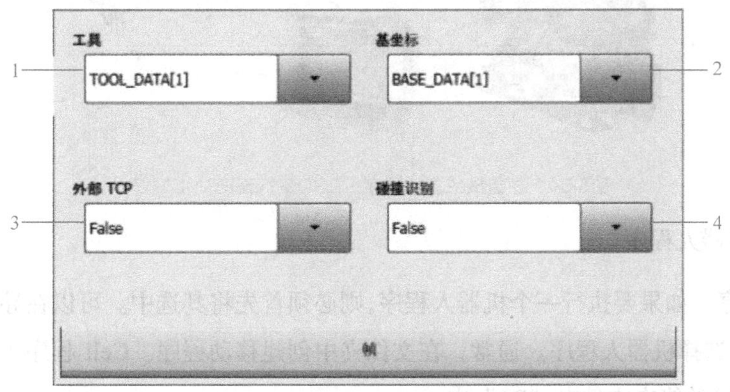

图3-62　帧选项界面

表 3-20　图 3-62 中各项的含义

序号	说　　明
1	选择工具：如果外部 TCP 栏中显示“True”则选择工具，值域为 [1]、[2]、…、[16]
2	选择基准：如果外部 TCP 栏中显示“True”则选择固定工具，值域为 [1]、[2]、…、[32]
3	插补模式：False 表示该工具已安装在法兰上；True 表示该工具为固定工具
4	True：机器人控制系统为此运动计算轴的转矩，此值用于碰撞识别 False：机器人控制系统不为此运动计算轴的转矩，因此无法进行碰撞识别

6）在运动参数选项界面中，可将加速度从最大值降下来。如果已经激活轨迹逼近，则也更改轨迹逼近距离，根据配置的不同，该距离的单位可以设置为 mm 或 %。

7）用指令 OK 存储指令。TCP 的当前位置将被作为目标示教。

8）重复步骤 1）~7），可对其他位置点进行示教编程。

3. 执行程序

（1）执行初始化运行　KUKA 机器人的初始化运行称为程序段重合（Block Coincidence，BCO）运行，其运行原因如图 3-63 和图 3-64 所示。

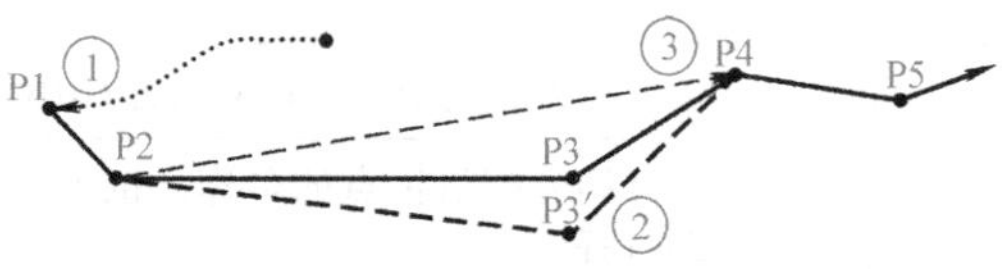

图3-63　BCO运行原因举例

在下列情况下要进行 BCO 运行：选择程序、程序复位、程序执行时手动移动、更改程序、语句行选择。

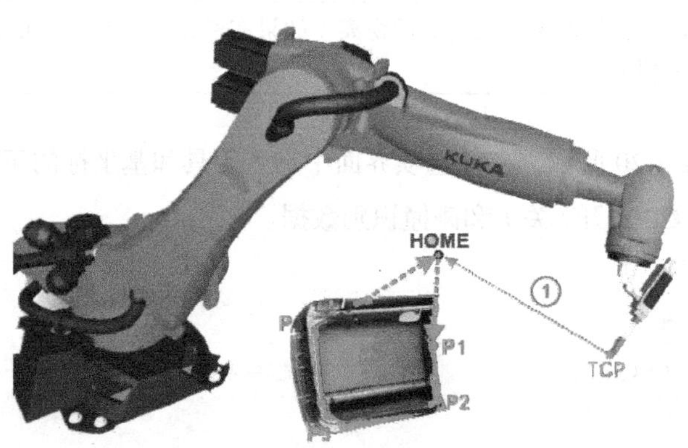

图3-64　在选择或复位程序后BCO运行至HOME位置

（2）启动机器人程序

1）选择程序。如果要执行一个机器人程序，则必须首先将其选中。可以在导航器（图 3-65）中的用户界面上选择机器人程序。通常，在文件夹中创建移动程序。Cell 程序（由 PLC 控制机器人的管理程序）始终在文件夹“R1”中。

2）如图 3-66 所示，设定程序速度（程序倍率，POV）。

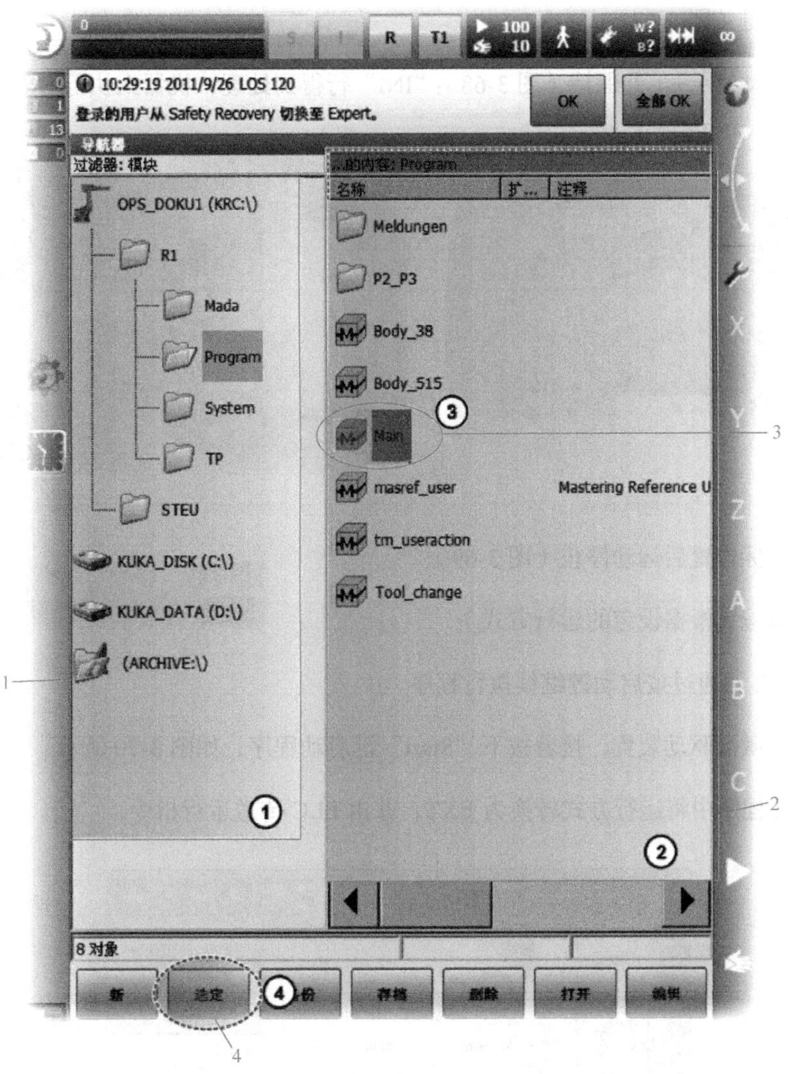

图3-65　导航器

1—文件夹 / 硬盘结构　2—文件夹 / 数据列表　3—选中的程序　4—用于选择程序的按键

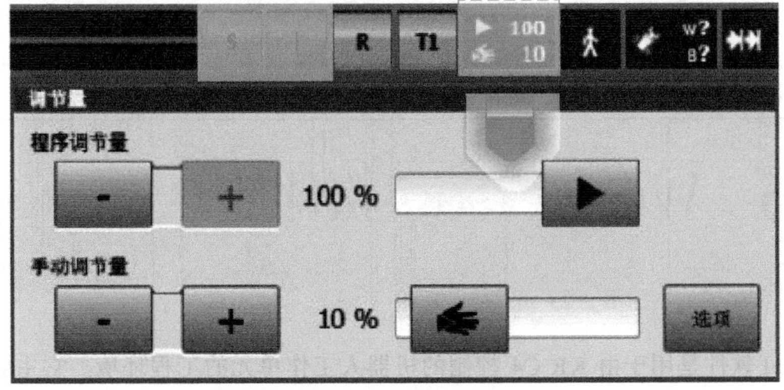

图3-66　程序倍率设定

3）按确认键（图 3-67）。

4）按下启动键（+）并保持（图 3-68）："INI" 行得到处理；机器人执行 BCO 运行。

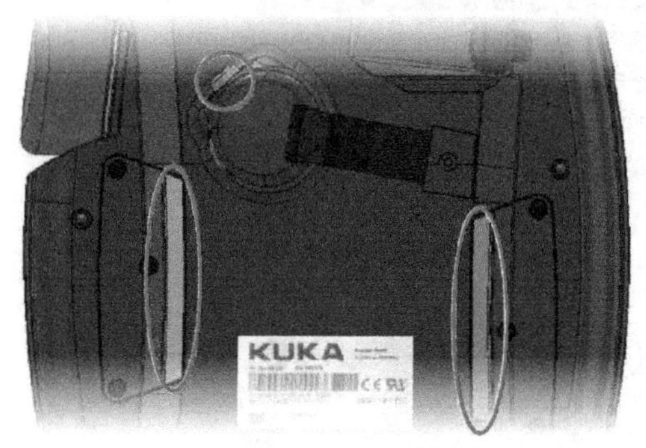
图3-67　程序运行确认

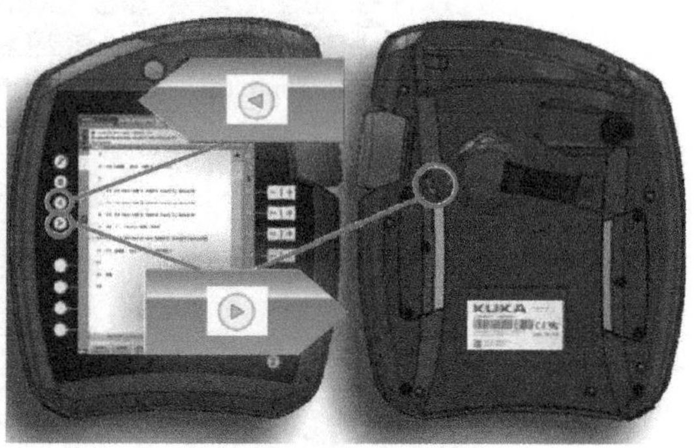
图3-68　程序运行方向：向前或向后

5）到达目标位置后运动停止（图 3-69）。

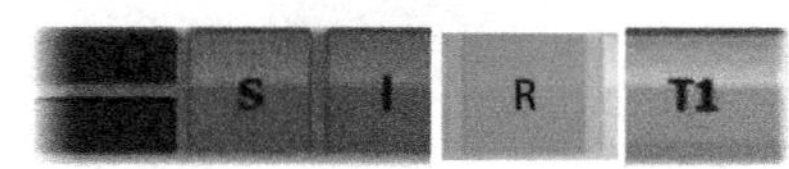

图3-69　已达BCO

6）其他流程（根据设定的运行方式）：

① T1 和 T2 ：通过按启动键继续执行程序。

② AUT ：激活驱动装置，接着按下 "Start" 键启动程序，如图 3-70 所示。

③ 在 Cell 程序中将运行方式转换为 EXT，并由 PLC 传送运行指令。

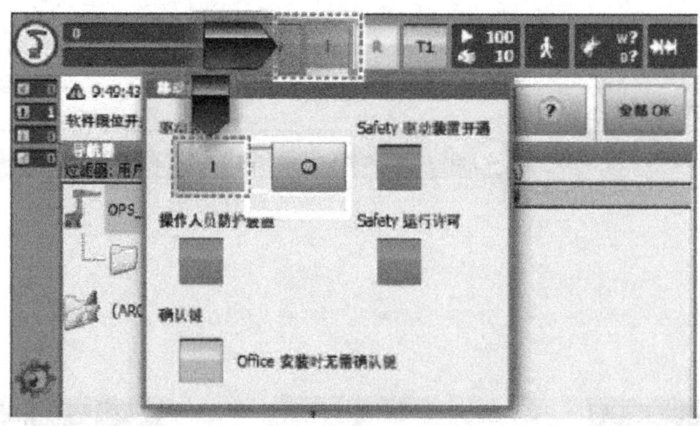

图3-70　激活驱动装置

3.5　WorkVisual软件简介

WorkVisual 软件是用于由 KR C4 控制的机器人工作单元的工程环境。它主要具有以下功能：①架构并连接现场总线；②对机器人进行离线编程；③配置机器人参数；④在线定义机器人工作单元；⑤将项目传送给机器人控制系统；⑥从机器人控制系统中载入项目；⑦离线配置RoboTeam；⑧编辑安全配置；⑨编辑工具和基坐标系；⑩诊断等。

3.5.1 WorkVisual软件界面

WorkVisual 软件界面如图 3-71 所示。

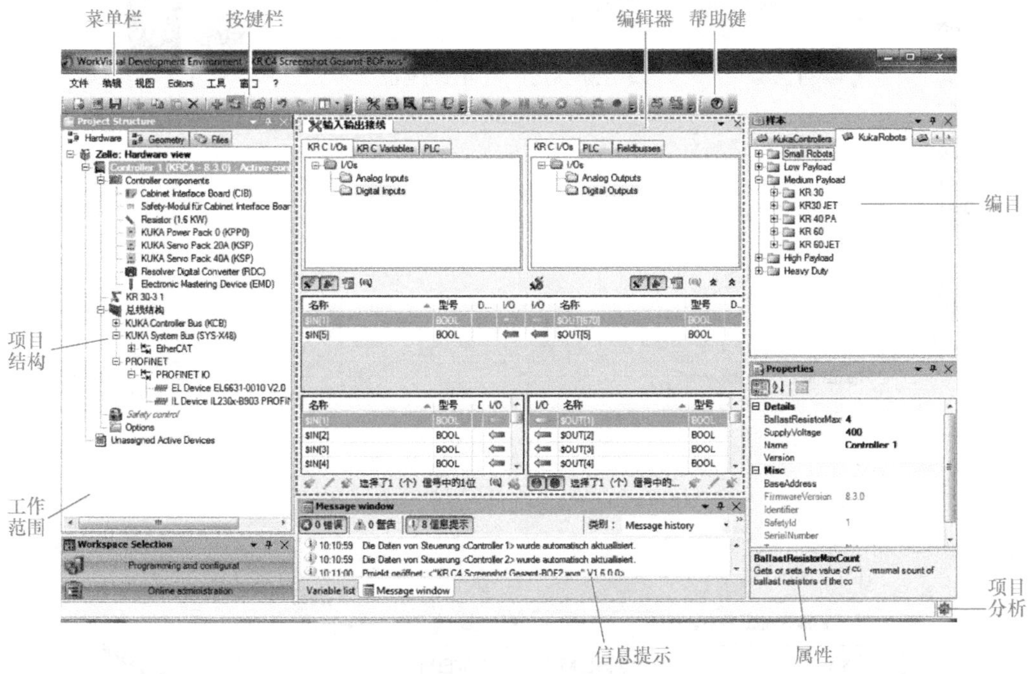

图3-71 WorkVisual软件界面

3.5.2 WorkVisual软件的操作

1. 启动WorkVisual软件

1）双击桌面上的 WorkVisual 图标。

2）首次启动 WorkVisual 软件时，DTM 编目管理将打开，必须在此执行一次编目扫描。

2. 打开项目

1）选择菜单序列文件→“打开项目”选项。

2）显示如图 3-72 所示的含有各种项目列表的项目浏览器，单击打开所需项目。

3）将机器人控制系统状态设为激活。

3. 创建新项目

1）单击“新建”按钮，打开项目资源管理器，如图 3-73 所示。

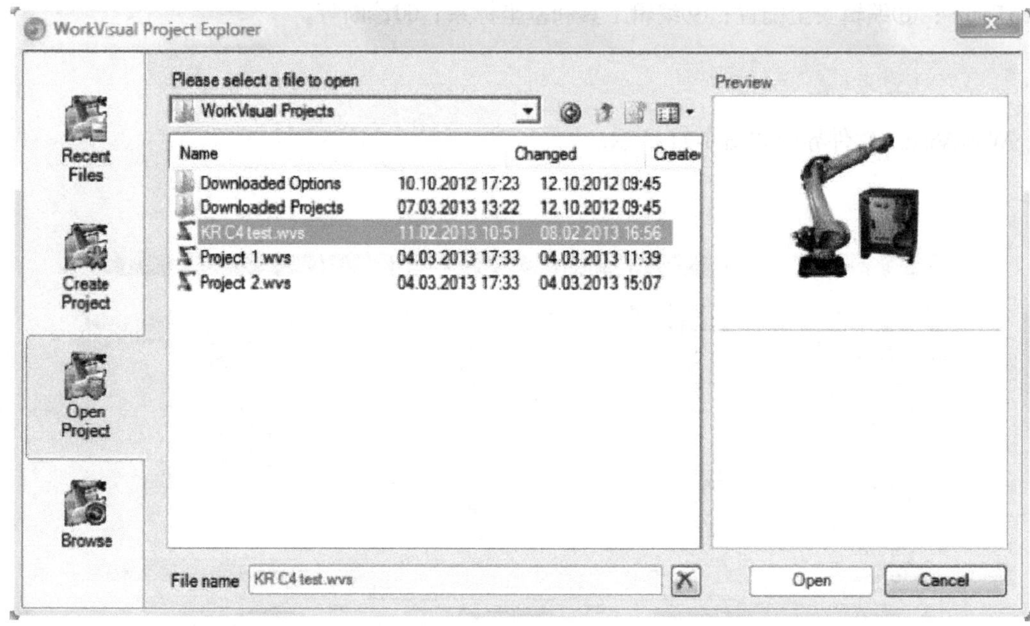

图3-72　项目浏览器

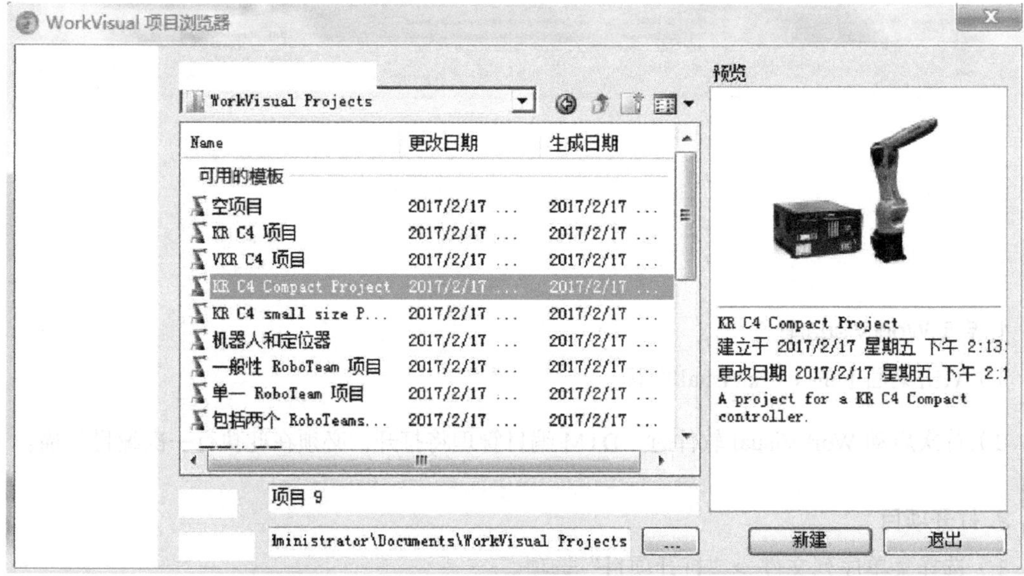

图3-73　项目资源管理器

2）选择“KR C4 Compact Project”模板。

3）在“文件名”文本框中输入项目名称。

4）在“存储位置”栏中给出项目的默认存储目录，需要时可选择一个新的目录。

5）单击“新建”按钮，一个新的空项目随即打开。也可选择空项目或其他项目模板进行新建操作。新项目建立后，即可导入设备说明文件和更新编目。

注意：WorkVisual 软件的具体使用方法可参阅 WorkVisual 软件说明书。

4.建立程序

1）在项目结构选项卡中展开机器人控制系统的树形结构。

2）在编目 KRL 模板或 VW 模板中按住所需的模板并利用拖放功能将其拖到树形结构的节点上，程序文件即被添加到树形结构中，即可用 KRL 编辑器编辑文件。

3）在项目结构选项卡中双击一个文件或选中文件，然后单击“KRL 编辑器”按钮，弹出 KRL 编辑器界面，如图 3-74 所示。

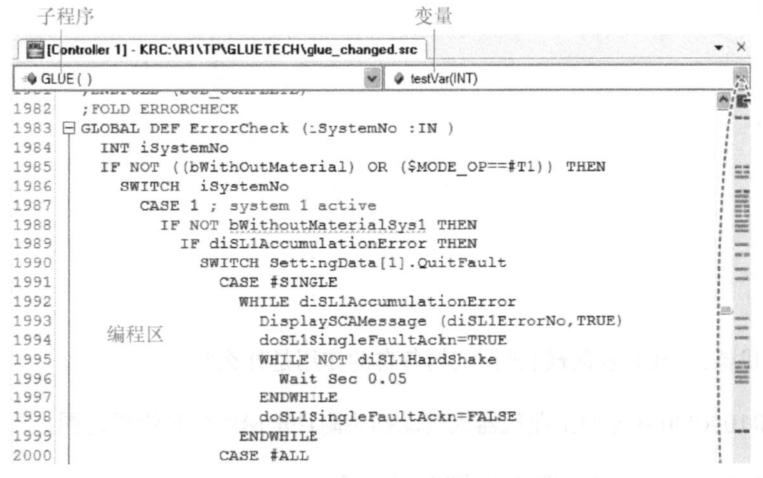

图3-74　KRL编辑器界面

5. 生成代码

项目程序编制好后，在菜单栏中单击“工具”→“生成代码”按钮，即可自动生成程序代码，生成的代码显示为浅灰色。图 3-75 所示为代码生成前后的界面对比。

6. 将项目传输给机器人系统

程序代码生成后，在菜单栏中单击“工具”→“安装”按钮，将所建立的项目传输给实际应用的机器人控制系统。项目传输的具体应用可参阅 WorkVisual 软件说明书。

注意：

1）进行项目传输前，应将实际所用机器人控制系统与计算机进行网络连接。

2）传输前，应启动实际应用的机器人控制系统和 KUKA smartHMI。

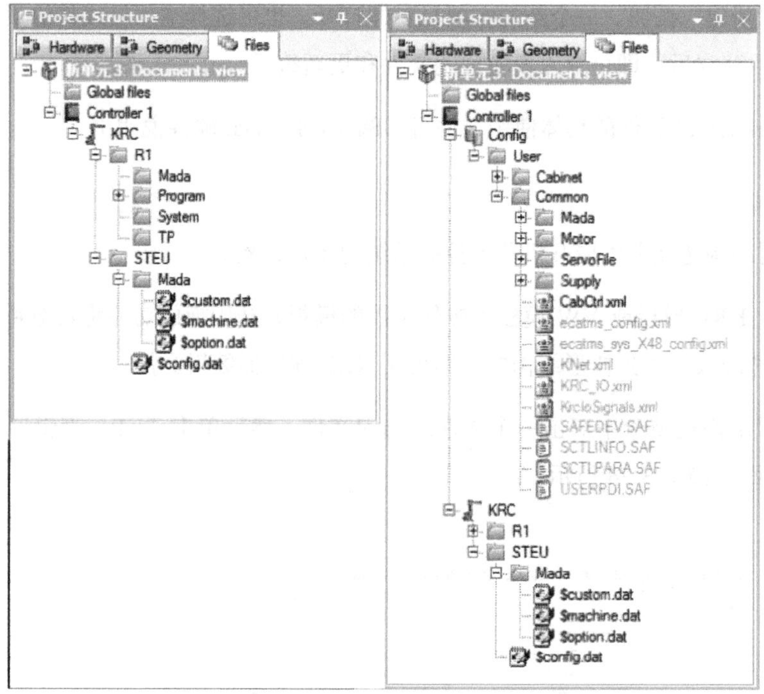

图3-75　代码生成前后的界面对比

思考练习题

1. KUKA 机器人由哪些部分组成？它们各自的作用是什么？

2. 画出 KR10 R900 sixx 型工业机器人气动插头附件电磁阀的控制原理图。

3. 简述 KR C4 compact 控制器各组成部分的功能。

4. 简述 KUKA 工业机器人的起动及运行步骤。

5. 简述 smartPAD 各组成部分的功能。

6. 如何使用 WorkVisual 软件建立项目并将其传输给实际使用的机器人控制系统？

第4章 CHAPTER 4 FANUC工业机器人装调与维护

FANUC 是日本一家专门研究数控系统的公司，成立于 1956 年。FANUC 机器人产品系列超过 240 种，负重从 0.5kg~ 1.35t，广泛应用在装配、搬运、焊接、铸造、喷涂、码垛等不同生产环节，可满足客户的不同需求。

4.1 了解FANUC工业机器人

如图 4-1 所示，FANUC（发那科）工业机器人是一种由伺服电动机驱动机械机构，且每个手臂的结合处是一个关节点或坐标系的自动化设备，它主要由机械手、控制器及示教器等组成。

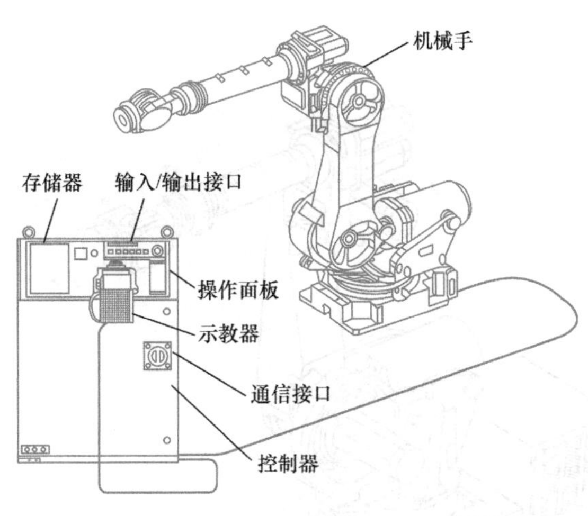

图4-1　FANUC工业机器人系统组成

1.用途

FANUC 工业机器人主要用于焊接、搬运、涂胶、喷涂、去毛刺、切割及测量等生产环节。

2.主要型号

FANUC 工业机器人的主要型号见表 4-1。

表 4-1 FANUC 工业机器人的主要型号

型号	轴数	负载
LR Mate 100iB/200iB	5/6	5/5
ARC Mate 100iB/M-6iB	6	6/6
ARC Mate 120IB/M-16iB	6	16/20
R-2000IA/M-710IAW	6	200/70
S-900IB/M-410IA	6/4	400

4.2 FANUC机械手的使用与维护

4.2.1 机械手简介

1.关节轴

如图 4-2 所示，FANUC 工业机器人本体（机械手）主要由 J1、J2、J3、J4、J5 和 J6 轴组成。其中，J1、J2 和 J3 轴是主轴，每根主轴都是旋转轴；J4、J5 和 J6 轴为腕轴，其作用是移动在手腕边缘上的受动端（工具），手腕本身可以围绕另一根腕轴旋转，同时受动端也可以绕另一根腕轴旋转。

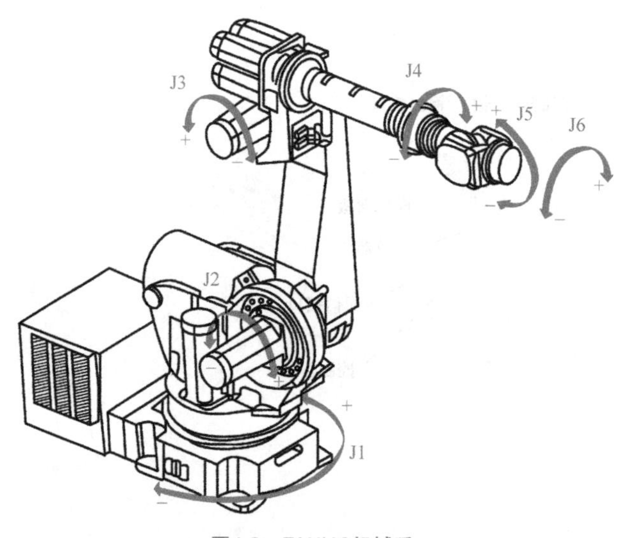

图4-2 FANUC机械手

2.机械手末端工具

FANUC 机器人末端可安装夹头，也可安装吸盘，如图 4-3 和图 4-4 所示。

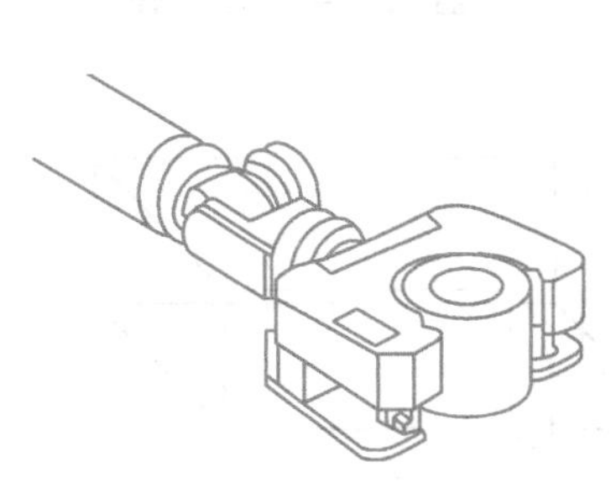

图4-3　有夹头的机械手

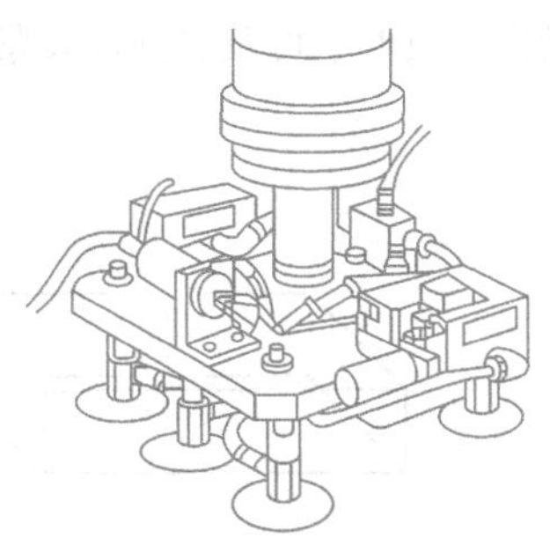

图4-4　带吸盘的机械手

4.2.2　机器人本体的运输与安装

1.运输

机器人本体的吊装运输方式如图 4-5 所示。运输机器人之前，应先确认已绑紧所有设备且不会晃动；确认运输设备符合要求。

图4-5　机器人本体的吊装运输方式

2.安装

机器人和其他机械设备最大的不同在于它拥有手臂和关节，可以做出高自由度的动作，伸展到任意角度和空间之中。但是，这也使机器人相较于其他自动化设备更加危险。因此，在整个自动化设备上必须采取一定的安全措施。

机器人安装布局如图 4-6 所示，安装中主要采取以下安全措施：

1）使用警示灯或其他设施，让相关人员可以得知机器人处于运行状态。

2）在系统周围设置安全栅栏，相关人员要进入机器人工作区，必须由安全门进入，且安全门打开时系统处于停止状态，并将控制器设置于安全栅栏以外。

注意：将安全门信号 *SFSPD 连接到安全门上，当 *SFSPD 输入信号中断时，机器人进入暂停状态。

3）在操作人员伸手可及之处设置紧急停止按钮（与示教盒上的紧急停止按钮相连接）。

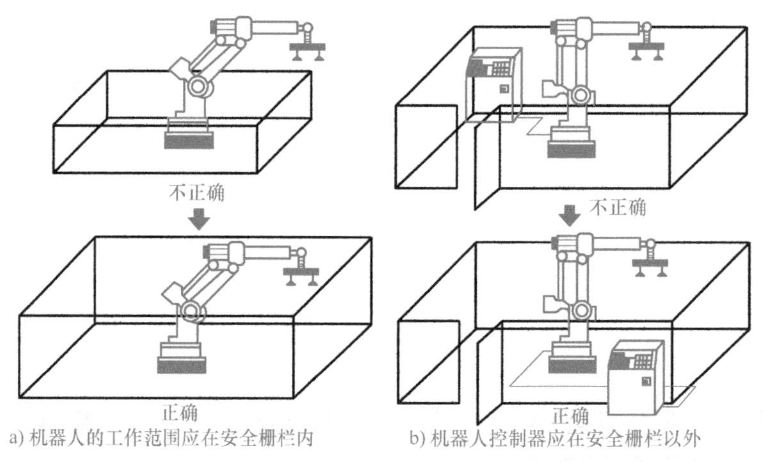

a) 机器人的工作范围应在安全栅栏内　b) 机器人控制器应在安全栅栏以外

图4-6　机器人安装布局

4.2.3　机器人本体的保养与维护

必须定期对机器人进行保养和维护，并且相关执行人员必须经过专业指导。对 FANUC 工业机器人本体进行保养与维护时应注意以下事项：

1）维修过程中必须关闭电源，如果一定要在通电的情况下进行维修，则应按下紧急停止按钮。

2）拆卸任何元件前，应先详细阅读相关手册中的拆卸流程说明。

3）在进入机器人工作区前，先确认区域内安全。

4）需要更换部件时，应按照 FANUC 的建议选择相应规格。

5）拆卸电动机制动器时，应首先前架设好机器人手臂的支承设施，以避免手臂掉落。

6）如果必须在维修过程中操作机器人或系统，则应注意下列事项：

① 确认安全的逃离路径，在操作过程中随时注意机器人和系统的动作，确认逃脱路径没有被阻碍。

② 随时提高警觉，做好按下紧急停止按钮的准备。

7）维修电动机、减速器等较重部件时，必须利用其他设施支承其重量，以避免造成人员伤害。

8）润滑油溅到地上时，要立即擦拭干净。

9）严禁踩踏机器人。

4.3 电控系统的操作与维护

4.3.1 电控系统组成

不同型号 FANUC 工业机器人的电控系统虽然存在一定的差异，但主要都是由控制器、操作箱和示教器等部件组成的。本章主要介绍图 4-7 所示的以 R-J3iB 控制器为核心的电控系统。

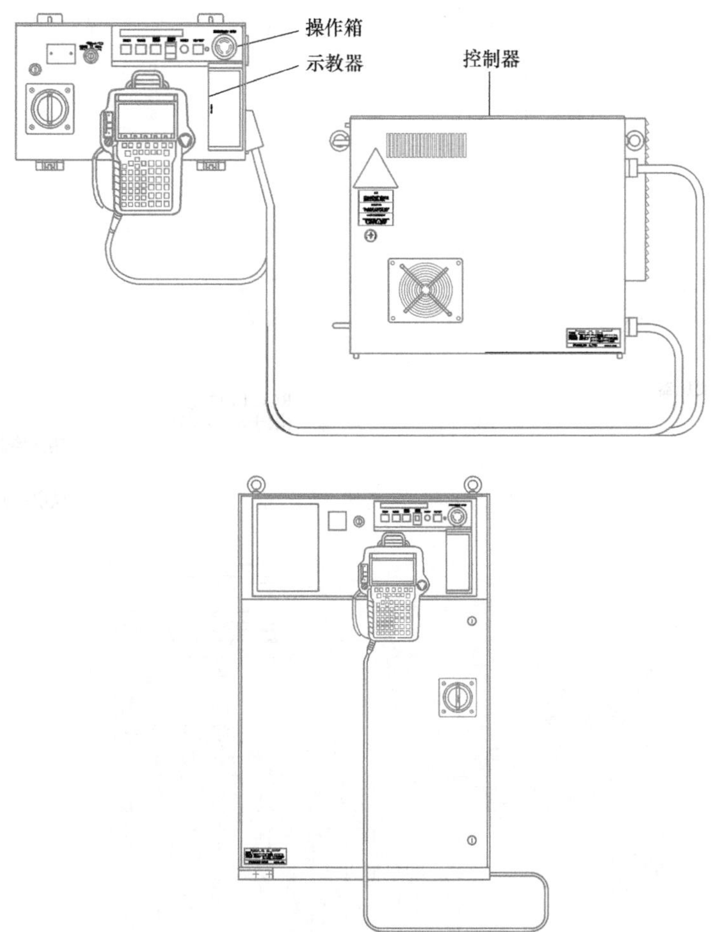

图4-7　以R-J3iB控制器为核心的电控系统示意图

1.控制器的组成

R-J3iB 控制器及其内部元件布置如图 4-8 所示，它主要由伺服放大器、主板、电源单元、再生电阻、示教操作盘、变压器、紧急停止单元、风扇单元、热交换器、文件管理器及 RCC I/F 单元等组成。

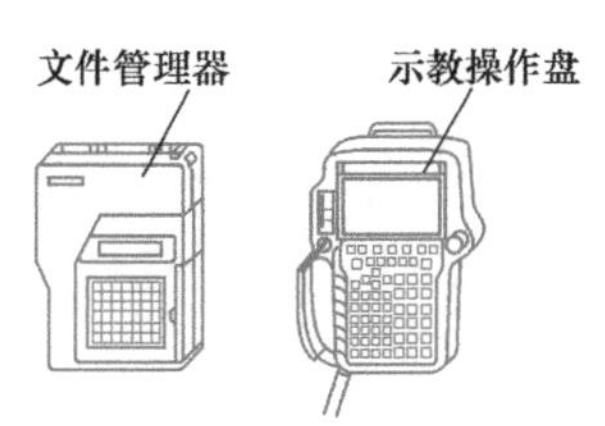

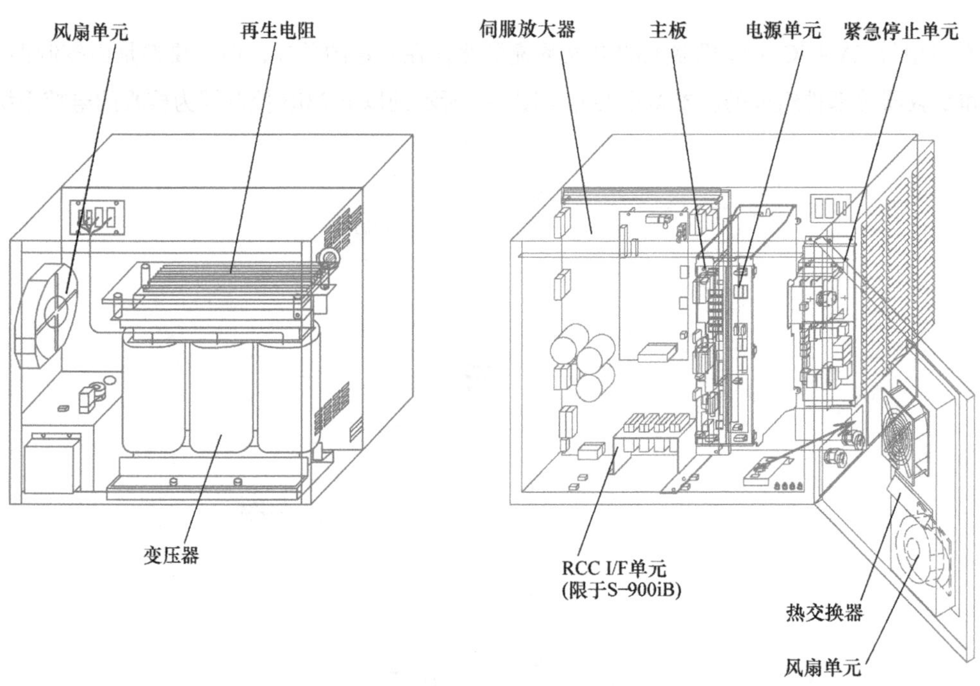

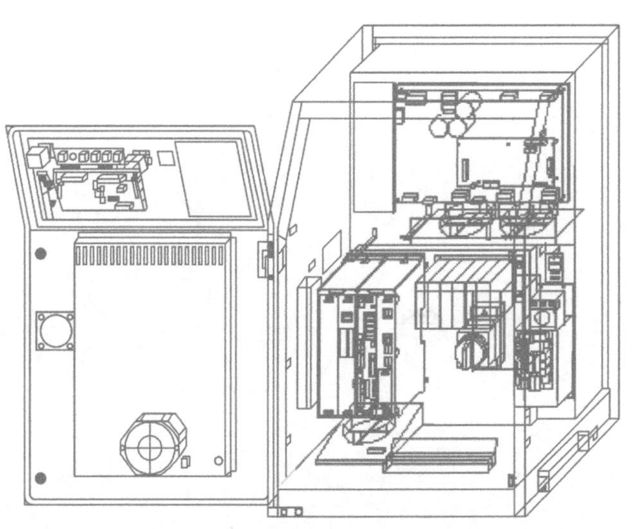

图4-8　R-J3iB控制器及其内部元件布置

2.单元功能

（1）主板　主板上安装有微处理器及其外围电路、存储器、操作箱控制电路。此外，主板还可进行针对伺服系统的位置控制和针对伺服放大器的电压控制。

（2）I/O 印制电路板、FANUC I/O Unit-MODEL A　用于输入 / 输出处理、FANUC I/O Link 连接等。

（3）紧急停止单元　控制紧急停止系统、伺服放大器的电磁接触器和预备充电。

（4）电源单元　将 AC 电源转换为各类 DC 电源。

（5）背面底板　用于安装各种控制板。

（6）示教操作盘　用来显示机器人编程作业、控制装置的状态 / 数据等。

（7）伺服放大器　伺服放大器的功能是对伺服电动机的功率进行放大，并对脉冲编码器、制动器、超程、机械手断裂等方面进行控制。伺服放大器的型号及其所用再生电阻见表 4-2。

表 4-2　伺服放大器的型号及其所用再生电阻

<table>
<tr><th rowspan="2">机器人型号</th><th rowspan="2">伺服放大器型号</th><th colspan="2">再生电阻</th></tr>
<tr><th>A 机箱</th><th>B 机箱</th></tr>
<tr><td>R-2000iA/200T</td><td rowspan="3">A06B-6105-H001</td><td>—</td><td rowspan="3">A05B-2452-C200</td></tr>
<tr><td>S-900iB</td><td rowspan="2">A05B-2451-C204</td></tr>
<tr><td>M-410iB</td></tr>
<tr><td>R-2000iA（200T 除外）</td><td rowspan="6">A06B-6105-H002</td><td rowspan="5">A05B-2451-C202</td><td rowspan="6">A05B-2452-C200</td></tr>
<tr><td>S-500iB</td></tr>
<tr><td>M-710iB</td></tr>
<tr><td>M-16iB</td></tr>
<tr><td>ARC Mate 120iB</td></tr>
<tr><td>M-420iA, M-421iA</td><td>A05B-2451-C204</td></tr>
<tr><td>M-6iB</td><td rowspan="4">A06B-6105-H003</td><td rowspan="3">A05B-2451-C201</td><td rowspan="4">A05B-2452-C201</td></tr>
<tr><td>ARC Mate 100iB</td></tr>
<tr><td>F-200iB</td></tr>
<tr><td>LR Mate 200iB</td><td>—</td></tr>
</table>

（8）操作箱 / 操作面板　状态显示、起动等。

（9）变压器　由输入电源向控制装置提供其所需的交流电压。

（10）风扇单元、热交换器　用来冷却控制装置内部。

（11）断路器　用于保护设备。

（12）再生电阻　再生电阻连接在伺服放大器上，用来释放伺服电动机的反电动势。

4.3.2　电气安装

R-J3iB 控制系统的电气安装接线图如图 4-9 所示。

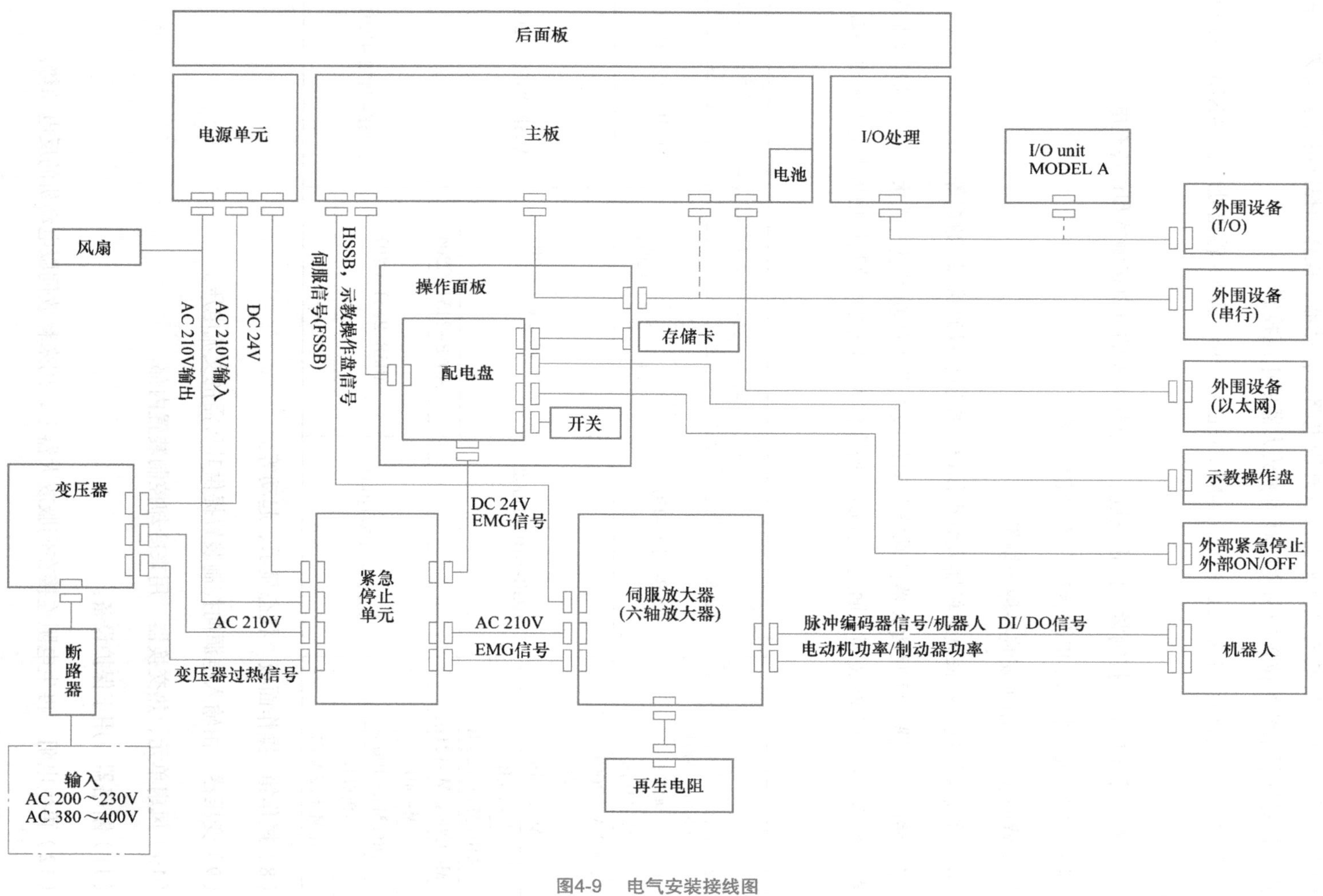
后面板
电源单元
主板
电池
I/O处理
I/O unit
MODEL A
外围设备
(I/O)
外围设备
(串行)
外围设备
(以太网)
示教操作盘
外部紧急停止
外部ON/OFF
机器人
风扇
AC 210V输出
AC 210V输入
DC 24V
HSSB，示教操作盘信号
伺服信号(FSSB)
操作面板
配电盘
存储卡
开关
变压器
DC 24V
EMG信号
紧急
停止
单元
伺服放大器
(六轴放大器)
AC 210V
EMG信号
AC 210V
变压器过热信号
脉冲编码器信号/机器人 DI/ DO信号
电动机功率/制动器功率
断
路
器
输入
AC 200～230V
AC 380～400V
再生电阻

图4-9　电气安装接线图

4.3.3 故障诊断与处理

对于 FANUC 工业机器人系统，硬件故障是引起故障报警的主要原因，因此，这里主要介绍硬件故障的诊断与处理，并按错误代码对其进行描述。对于针对程序等的报警，可参照操作说明书解除报警。

1.不能接通电源

不能接通电源故障诊断与处理见表 4-3。

表 4-3 不能接通电源故障诊断与处理

序号	诊断与处理方法	图示
1	诊断：确认断路器电源已经接通，或者确认断路器没有处于跳闸状态 处理：接通断路器电源	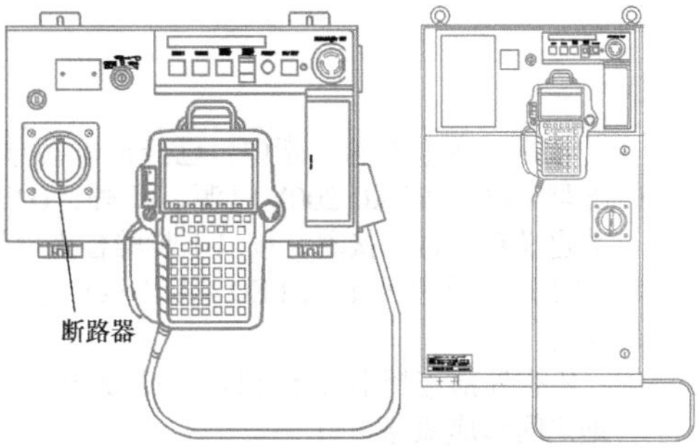
2	诊断：确认电源单元上的 LED（PIL：绿色）已经点亮 处理：若 LED 未点亮，可能原因是电源单元无 AC 200V 电源，或者电源单元内的熔丝 F1 已熔断 （1）若未供应 AC 200V 电源，则参照右侧的综合电路图查清原因 （2）若已经供应 AV 200V 电源，则检查熔丝 F1 是否熔断。熔丝 F1 位于电源单元内部，应在断开断路器电源之后再进行检查 1）熔丝 F1 未熔断：更换电源单元 2）熔丝 F1 熔断的原因和处理方法 ① 参照右侧的综合电路图，检查连接电源单元的连接器 CP2、CP3 上的单元、印制电路板是否异常 ② 电涌吸收器 VS1 短路。出于使其吸收输入线之间的浪涌电压的目的而插入了 VS1。当 VS1 上被施加了过大的浪涌电压或固定地施加了过大的电压时，就会造成短路模式的故障，从而使 F1 被熔断。当 VS1 发生短路故障，且手头没有可更换的元件时，即使在拆下 VS1 的状态下运行也无妨，但应尽快购买相应元件并安装上去。VS1 的规格为 A50L-2001-0122#G431K ③ 二极管 DB1 短路 ④ 辅助电源模块（H1）发生故障 若是上述③、④的原因，应更换电源单元 F1 的规格为 A60L-0001-0396#8.0A	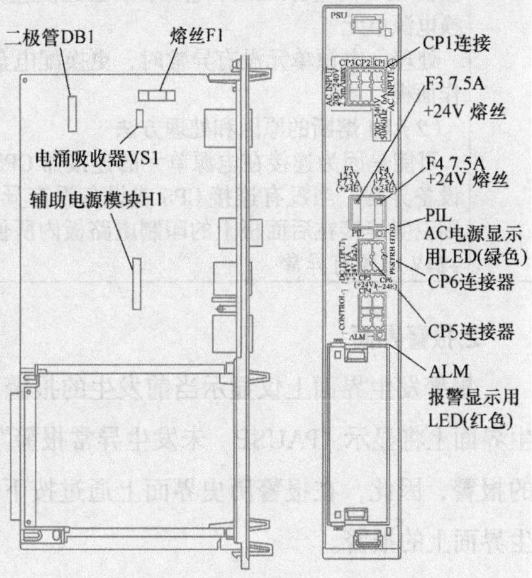

（续）

序号	诊断与处理方法	图示
3	诊断：配电盘接线盒中的信号 ON1 和 ON2、OFF1 和 OFF2 之间短接 处理：如果不使用外部 ON/OFF 功能，应使这两处形成短路；使用外部 ON/OFF 功能时，应检查连接目的地的触点或电缆	ON短接 OFF短接 TBOP1 EMGIN FENCE SVOFF ESTOP EMGOUT EXON EXOFF TBOP2 KA27 CRT10 CRM64 CRS1 SIDE A JRS11 PE FUSE1 CRP5
4	诊断：在上面的诊断中，已经向电源单元的连接器 CP1 供应 AC 200V 电源。此外，ON/OFF 开关也没有异常。接着，按以下步骤检查电源单元 （1）电源单元上的 LED（ALM: 红色）已经点亮时 检查外部连接电缆的 +24V 是否为 0V 或者与接地之间形成短路 ① 熔丝 F4 已经熔断：参照处理方法 2） ② 当熔丝没有熔断时，可能是使用 DC 电源（+3.3V、＋ 5V、＋ 24V、± 15V）的印制电路板有异常 ③ 当熔丝没有熔断时，重新确认是否已经向连接器 CP1 供应 AC 200V 电源，若已经供应，则更换电源单元 处理：电源单元没有异常时，更换配电盘或操作面板 （2）F4 熔断的原因和处理方法 可能是因为连接在电源单元的连接器 CP5 上的设备异常。当没有连接 CP5 或设备没有异常时，则说明连接在后面板上的印制电路板内所使用的 +24V 电源有异常	

2.报警界面

报警发生界面上仅显示当前发生的报警。通过报警解除输入而变为非报警状态时，报警发生界面上将显示“PAUSE　未发生异常报警”。报警历史界面上显示最后的报警解除输入后发生的报警，因此，在报警历史界面上通过按下删除键 +〈SHIFT〉键，也可以删除显示在报警发生界面上的报警。

在严重程度方面，显示 PAUSE 以上的报警，不显示 WARN、NONE 和复位。有时也可以通过 $ER NOHIS 等系统变量，显示 PAUSE 以上的报警。

当同时发生多个报警时，按照最新发生的顺序显示，显示行数最多为 100 行。具有原因代

码的报警，在下一行显示出原因。

（1）报警发生界面和报警历史界面的显示步骤（图 4-10）

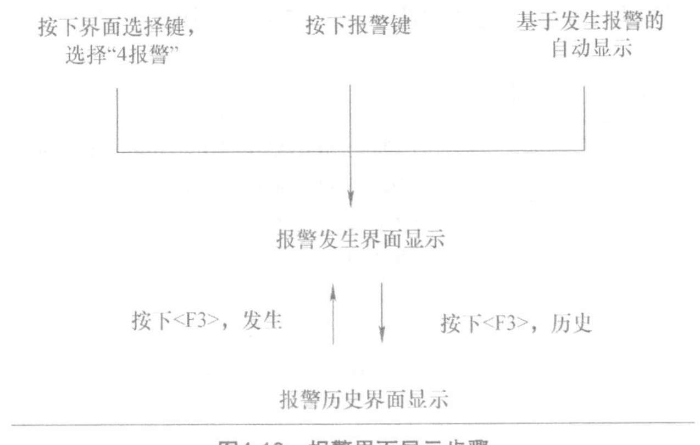

图4-10　报警界面显示步骤

（2）报警发生 / 报警历史 / 报警详细信息的显示步骤

1）按下界面选择键，显示界面选择菜单。

2）选择“4 报警”，弹出图 4-11 所示的报警发生界面。在发生报警时，则会自动显示报警发生界面。

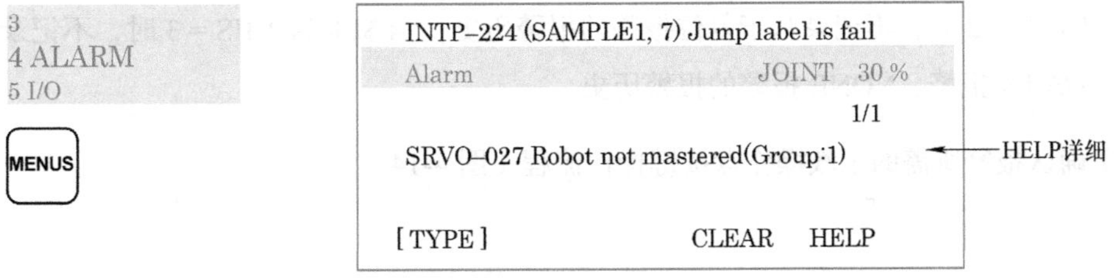

图4-11　报警发生界面

3）要显示报警历史界面（图 4-12），按下〈F3〉+“历史”键。再按下〈F3〉+“发生”键时，则返回报警发生界面。

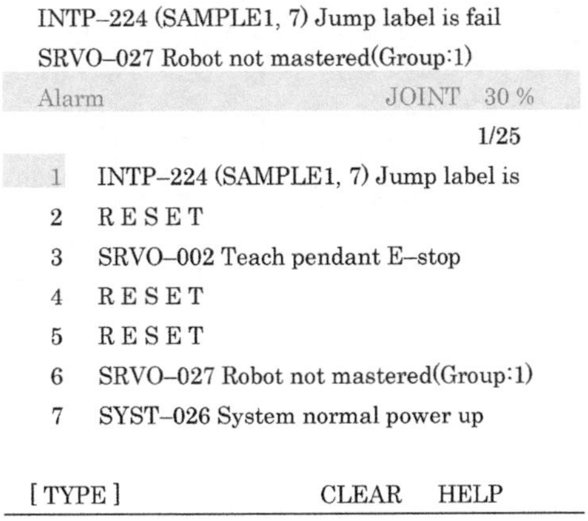

```
INTP–224 (SAMPLE1, 7) Jump label is fail
SRVO–027 Robot not mastered(Group:1)
Alarm                          JOINT  30 %
                                      1/25
 1   INTP–224 (SAMPLE1, 7) Jump label is
 2   R E S E T
 3   SRVO–002 Teach pendant E–stop
 4   R E S E T
 5   R E S E T
 6   SRVO–027 Robot not mastered(Group:1)
 7   SYST–026 System normal power up

[ TYPE ]                  CLEAR    HELP
```

图4-12　报警历史界面

注意：对于最新发生的报警，赋予编号 1。需要显示出无法在界面上全部显示出的信息时，按下〈F5〉+“帮助”键，并按下右箭头键。

4）要显示报警详细界面（图 4-13），则按下〈F5〉+“帮助”键。

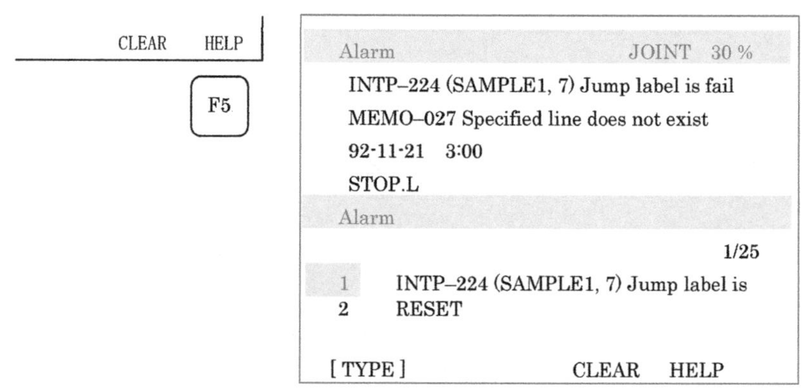

图4-13 报警详细界面

5）需要返回报警历史界面时，按下返回键PREV。

6）需要删除所有报警历史时，在按下〈SHIFT（位移）〉键的同时，按下〈F4〉+“删除”键。

注意：当系统变量 $ER NOHIS = 1 时，不记录基于 NONE 报警、WARN 报警的报警历史；当 $ER NOHIS = 2 时，不记录基于复位报警的报警历史；当 $ER NOHIS = 3 时，不记录基于复位报警、WARN 报警、NONE 报警的报警历史。

（3）确认报警所需的示教操作盘按键操作流程（图 4-14）

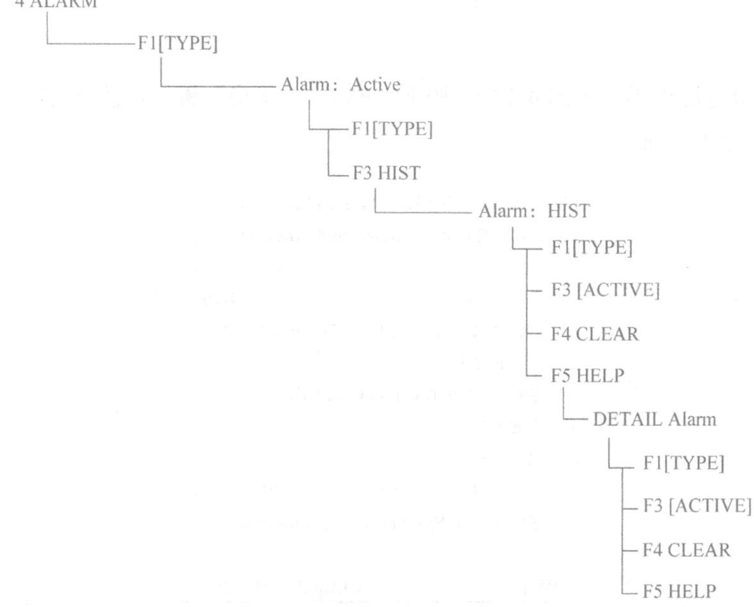

图4-14 报警确认按键操作流程

3.安全信号

安全信号界面上显示与安全相关的信号的状态，用 ON 或 OFF 表示各安全信号当前的状态。

（1）安全信号的含义　各安全信号的含义见表 4-4。

表 4-4　安全信号的含义

安全信号	说明
操作面板紧急停止	表示操作面板的紧急停止按钮的状态。当按下紧急停止按扭时，显示为“ON”
示教操作盘紧急停止	表示示教操作盘的紧急停止按钮的状态。当按下紧急停止按扭时，显示为“ON”
外部紧急停止	表示外部紧急停止信号的状态。当输入外部紧急停止信号时，显示为“ON”
栅栏打开	表示安全栅栏的状态。当打开安全栅栏时，显示为“ON”
紧急时自动停机开关	表示是否握住示教操作盘上的紧急时自动停机开关。在示教操作盘有效的情况下握住紧急时自动停机开关时，显示为“ON”。在示教操作盘有效的情况下松开紧急时自动停机开关，则发生报警，伺服电源断开
示教操作盘有效	表示示教操作盘是有效还是无效。当示教操作盘有效时，显示为“ON”
机械手断裂	表示机械手安全接头的状态。当机械手与工件等相互干扰，安全接头开启时，显示为“ON”。此时发生报警，伺服电源断开
机器人超程	表示机器人当前所处的位置是否超过操作范围。当机器人各关节中的任何一个超过超程开关并超出操作范围时，显示为“ON”，此时发生报警，伺服电源断开
气压异常	表示气压的状态。将气压异常信号连接到气压传感器上使用。当气压低于允许值时，显示为“ON”

注意：不能在此界面上改变安全信号的状态。

（2）安全信号界面的显示步骤

1）按下界面选择键，显示界面菜单。

2）选择“4 状态”。

3）按下〈F1〉键（“界面”键），显示界面切换菜单。

4）选择“安全信号”，显示安全信号界面，如图 4-15 所示。

SYSTEM Safety		JOINT 30%
	SIGNAL NAME　　STATUS	1/11
1	SOP E–Stop:	FALSE
2	TP E–stop:	FALSE
3	Ext E–Stop:	FALSE
4	Fence Open:	FALSE
5	TP Deadman:	TRUE
6	TP Enable:	TRUE
7	Hand Broken:	FALSE
8	Over Travel:	FALSE
9	Low Air Alarm:	FALSE
[TYPE]		

图4-15　安全信号界面

4 .控制

（1）控制情形　在下列两种情形下，需要进行控制。

1）发生伺服 – 062 BZAL 报警，或者伺服 – 038 脉冲计数不匹配时。此时，需要进行简单控制。

2）更换脉冲编码器时。在这种情况下，需要进行零度位置控制或夹具位置控制。其中，零度位置控制只是一种应急性的措施，应在事后进行夹具位置控制。

（2）控制步骤

1）条件。系统变量 $MASTER_ENB 应等于 1 或 2，如图 4-16 所示。

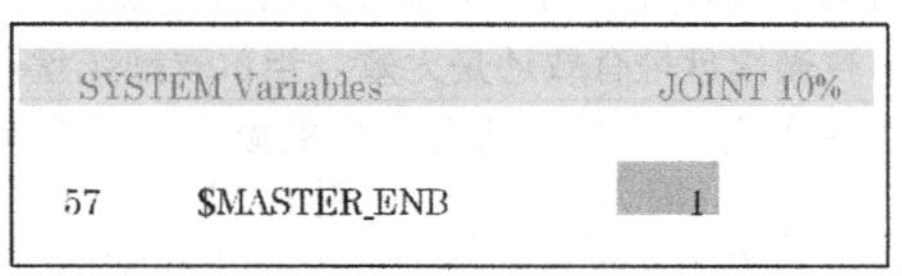

图4-16　控制条件

2）步骤。夹具位置控制步骤如下：

① 按下界面选择键，显示界面菜单。

② 按下“0—下一页（NEXT）—”，选择“6　系统（SYSTEM）”。

③ 按下〈F1〉键，显示界面切换菜单。

④ 选择“位置调整”，出现位置调整界面，如图 4-17 所示。

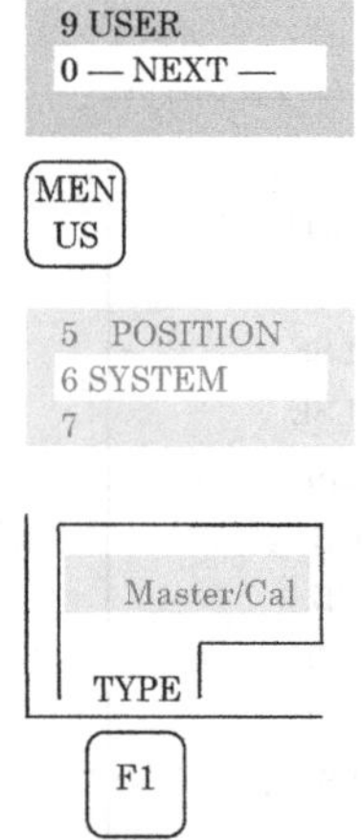

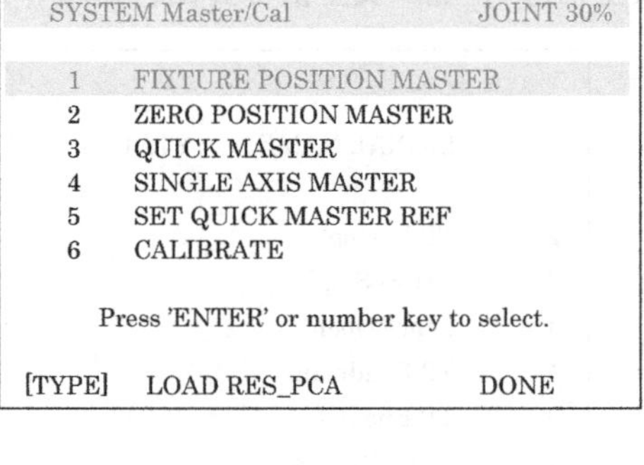

图4-17　位置调整界面

⑤ 以关节方式移动机器人到零位置，如有必要，则手动松开机器人抱闸。

⑥ 如图 4-18 所示，选择“1　固定位置控制（FIXTURE POSITION MASTER）”，按下〈F4〉→“确定”（Yes）。

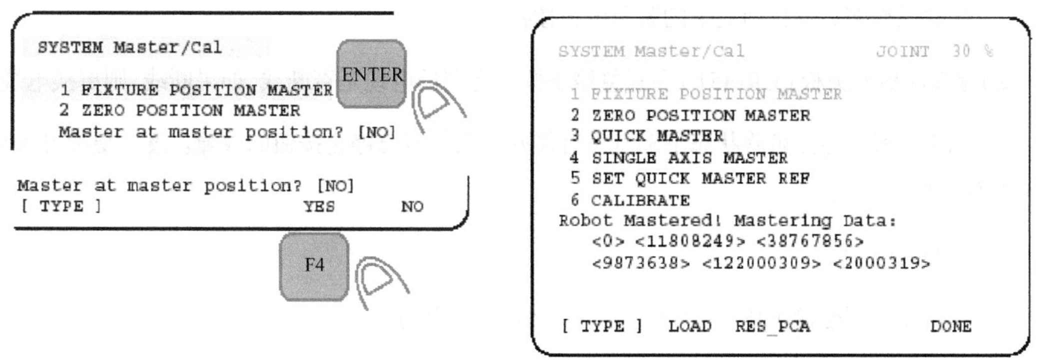

图4-18　固定位置控制

⑦ 如图 4-19 所示，选择“6　位置调整”，按下〈F4〉→“确定”（Yes）。

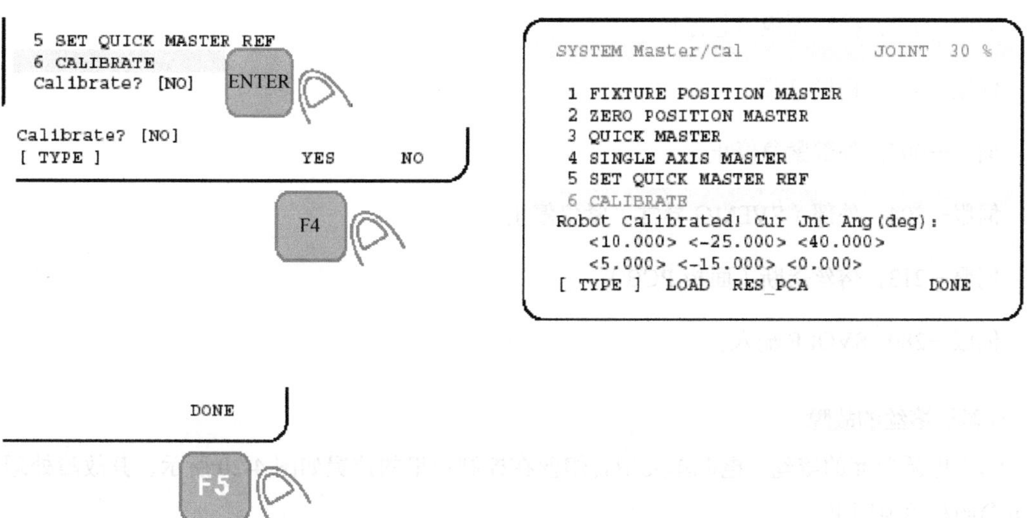

图4-19　位置调整

注意：在重新接通电源时，总是需要进行位置调整。

⑧ 在位置调整结束后，按下〈F5〉键（结束键）。

5.通过错误代码排除故障

（1）故障现象　操作面板紧急停止（伺服 – 001）。

（2）故障原因

1）按下了操作箱 / 操作面板上的紧急停止按钮。

2）SYST-067 面板 HSSB 断线报警同时发生，或者配电盘上的 LED（绿色）熄灭时，主板（JRS11）与配电盘（JRS11）之间通信异常，可能是因为电缆不良、配电盘不良或主板不良。

（3）故障排除

1）解除操作箱 / 操作面板上的紧急停止按钮。

2）检查面板开关板（CRM51）和紧急停止按钮之间的电缆是否断线，如果断线，则更换电缆。

3）如果在紧急停止解除状态下触点没有接好，则是紧急停止按钮的故障。逐一更换开关单元或操作面板。

4）更换配电盘。

5）更换连接配电盘（JRS11）和主板（JRS11）的电缆。

6）更换配电盘。注意：在采取该措施前，应完成控制单元所有程序和设定内容的备份。

SYST-067 面板 HSSB 断线报警同时发生，或 RDY LED 熄灭时，可能会同时出现下面的报警：

伺服—001：操作面板紧急停止。

伺服—004：栅栏打开。

伺服—007：外部紧急停止。

伺服—204：外部（SVEMG 异常）紧急停止。

伺服—213：熔丝熔断（面板 PCB）。

伺服—280：SVOFF 输入。

6.基于熔丝的故障

（1）电源单元的熔丝　电源单元中各熔丝在控制箱里的位置如图 4-20 所示，其故障处理方法可参阅相关说明书。

（2）伺服放大器的熔丝

伺服放大器各熔丝在控制箱里的位置如图 4-21 所示，其故障处理方法可参阅相关说明书。

FS1：用于产生放大器控制电路的电源。

FS2：用于至末端执行器、ROT、HBK 的 24V 输出保护。

FS3：用于至再生电阻、附加轴放大器的 24V 输出保护。

F1、F2：用于检测伺服放大器内部电路异常。

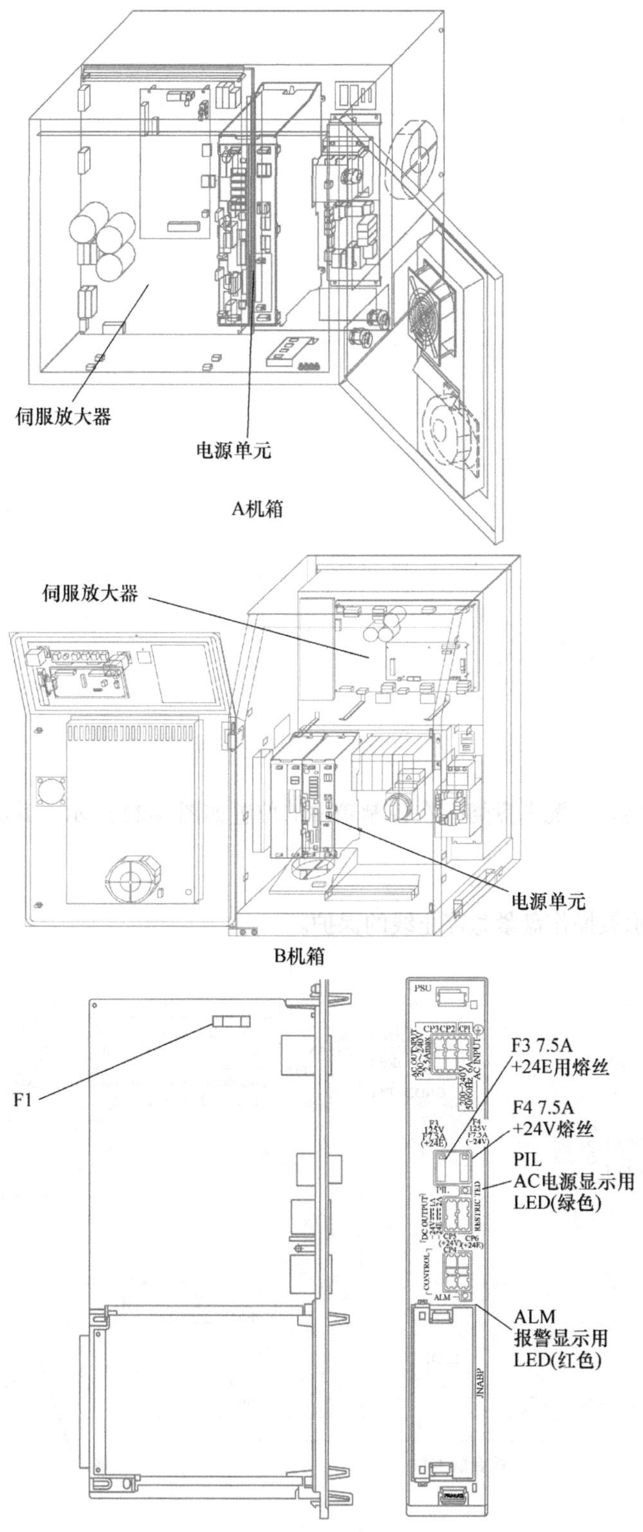

图4-20　电源单元中熔丝的位置

F1—AC 输入熔丝　F3—+24E 用熔丝　F4—+24V 熔丝

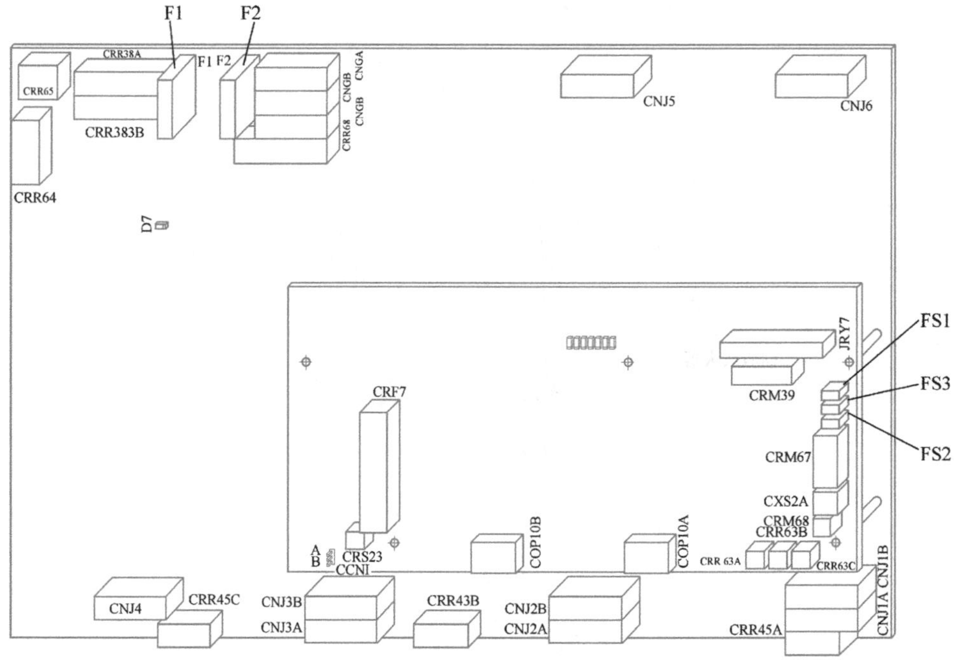

图4-21　伺服放大器熔丝的位置

（3）配电盘的熔丝　配电盘熔丝在控制箱中的位置如图4-22所示，其故障现象及排除方法见表4-5。

FUSE1：用于示教操作盘紧急停止线的保护。

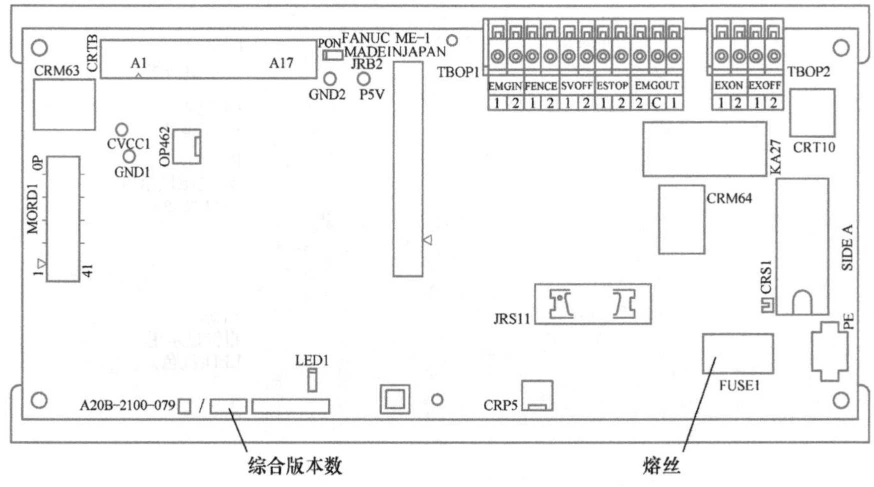

图4-22　配电盘熔丝的位置

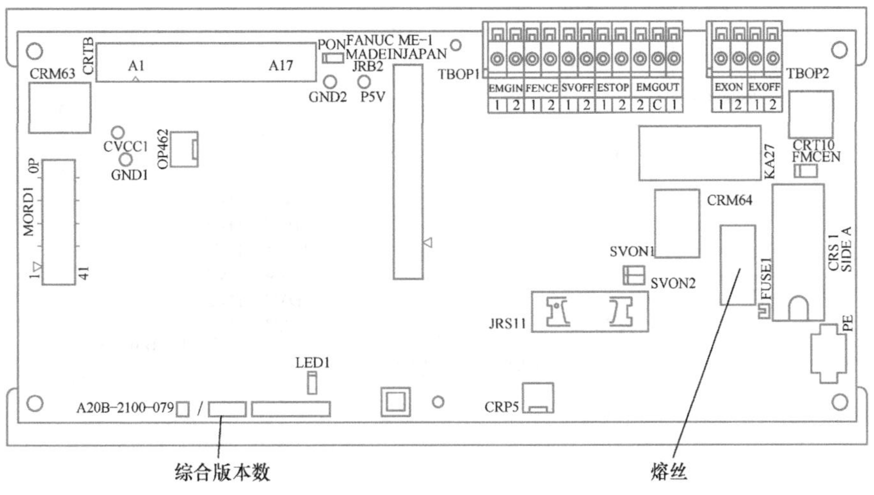

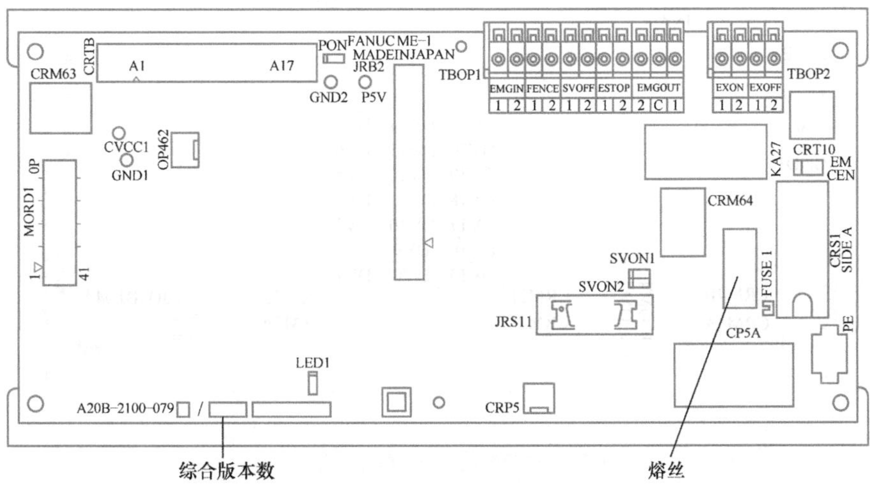

图4-22 配电盘熔丝的位置（续）

表 4-5 配电盘熔丝故障现象及排除方法

名称	熔断时的现象	排除方法
FUSE1	示教操作盘的显示消失	1. 检查示教操作盘电缆是否有异常，如有异常，则予以更换 2. 检查示教操作盘是否有异常，如有异常，则予以更换 3. 更换配电盘

（4）I/O 印制电路板的熔丝 I/O 印制电路板的熔丝在控制箱里的位置如图 4-23 和图 4-24 所示，其故障现象及排除方法见表 4-6。

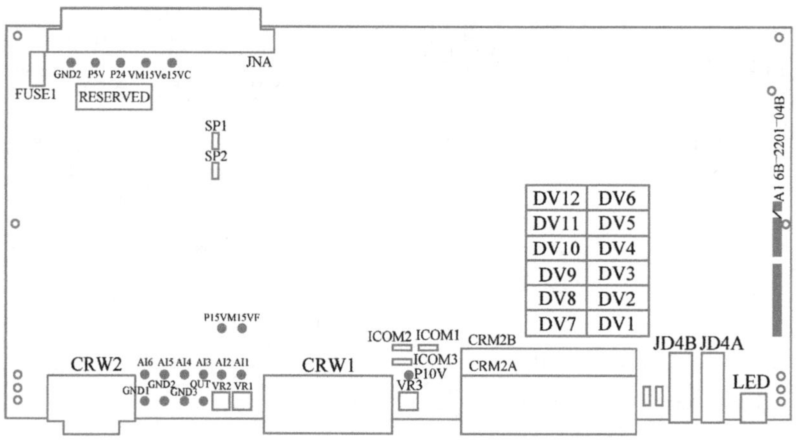

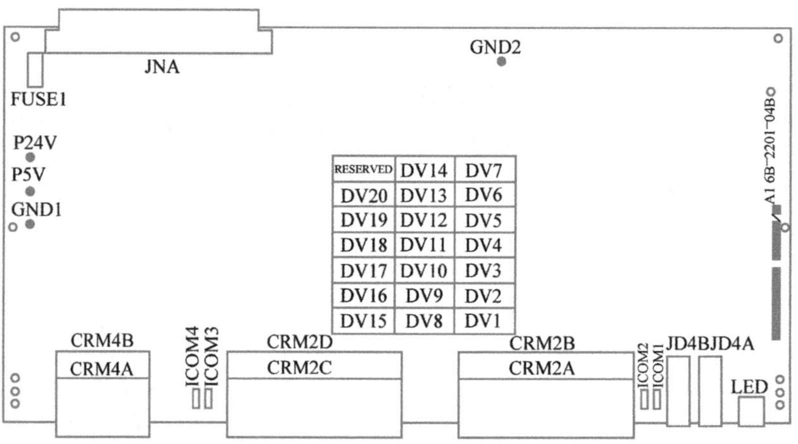

图4-23　I/O印制电路板熔丝的位置（一）

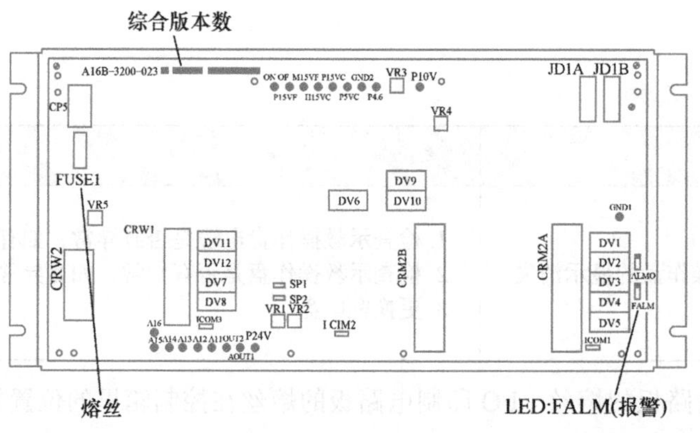

图4-24　I/O印制电路板熔丝位置（二）

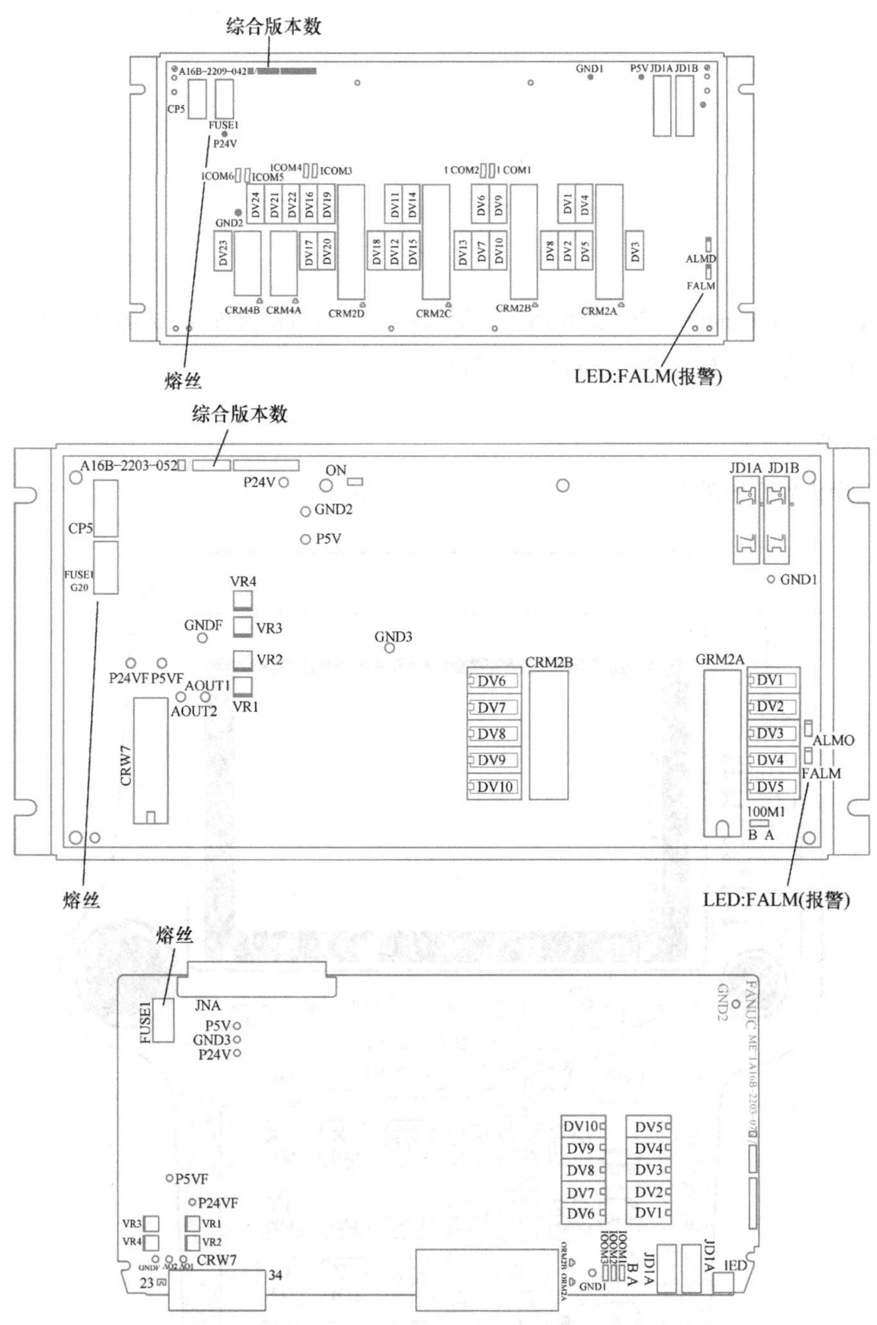

图4-24 I/O印制电路板熔丝位置（二）（续）

表 4-6 I/O 印制电路板熔丝故障现象及排除方法

名称	熔断时的现象	排除方法
FUSE1 （+24E 用熔丝）	I/O 印制电路板上的 LED（ALM-2 或 FALM）点亮，示教操作盘上显示 IMSTP 输入等的报警（显示内容根据外围设备的连接状态而定）	1. 检查连接在 I/O 印制电路板上的电缆、外围设备是否有异常 2. 更换 I/O 印制电路板

4.4 示教器编程

4.4.1 示教器

示教器（Teach Pendant, TP）的作用：点动机器人；编写机器人程序；试运行程序；生产运行；查阅机器人的状态（如 I/O 设置、位置、焊接电流）。

1.按键含义

示教器操作界面如图 4-25 所示，各按键的含义如下。

图4-25　示教器操作界面

状态指示灯：指示系统状态。

开关：与 安全（Deadman）开关一起启动或禁止机器人运动。

PREV 键：显示上一界面。

SHIFT 键：与其他键一起执行特定功能。

MENUS 键：显示界面菜单。

光标键：用于移动光标。

STEP 键：在单步执行和循环执行之间进行切换。

RESET 键：清除报警。

BACK SPACE 键：清除光标之前的字符或者数字。

ITEM 键：用于选择它所代表的项目。

ENTER 键：用于输入数值或从菜单中选择某个项目。

POSN 键：显示位置数据。

ALARMS 键：显示报警界面。

QUEUE 键：显示任务队列界面。

APPL INST 键：显示测试循环界面。

STATUS 键：显示状态界面。

MOVE MENU 键：显示运动菜单界面。

MAN FCTNS 键：显示手动功能界面。

Jog Speed 键：调节机器人的手动操作速度。

COORD 键（坐标系键）：选择手动操作坐标系。

Jog 键：手动操作机器人。

BWD 键：从后向前地运行程序。

FWD 键：从前至后地运行程序。

HOLD 键：停止机器人。

Program 键（程序键）：选择菜单项。

FCTN 键：显示附加菜单。

紧急停止按钮：按下该按钮停止正在运行的程序，关闭机器人伺服系统的驱动电源，并对机器人实施制动。

2.开关

示教器上各开关或按钮的功能，如图 4-26 和表 4-7 所示。

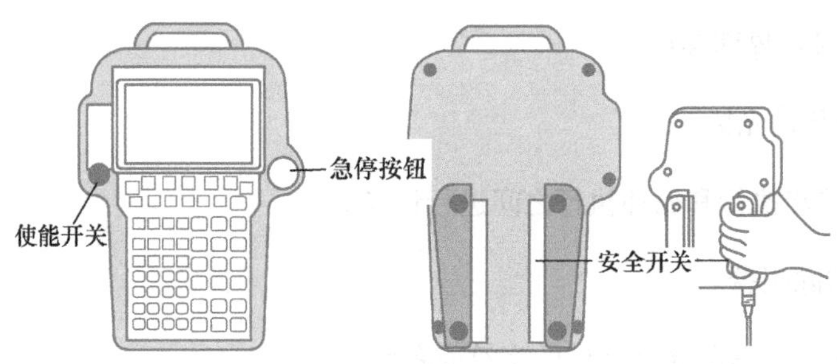

图4-26 示教器开关

表 4-7 示教器开关的含义

使能开关	此开关控制示教器有效 / 无效，当示教器无效时，示教、编程、手动运行不能被使用
安全开关	当示教器有效时，只有按下安全开关，机器人才能运动，一旦松开安全开关，机器人立即停止运动
急停按钮	按下此按钮，机器人立即停止运动

3.指示灯

示教器上各指示灯的功能见表 4-8。

表 4-8 示教器上各指示灯的功能

指示灯	功能
FAULT	显示一个报警出现
HOLD	显示暂停键被按下
STEP	显示机器人在单步操作模式下
BUSY	显示机器人正在工作，或者程序正在被执行，或者打印机和软盘驱动器正在被操作
RUNNING	显示程序正在被执行
WELD ENBL	显示弧焊被允许
ARC ESTAB	显示弧焊正在进行中
DRY RUN	显示在测试操作模式下，使用干运行
JOINT	显示示教坐标系是关节坐标系
XYZ	显示示教坐标系是通用坐标系或用户坐标系
TOOL	显示示教坐标系是工具坐标系

4.显示屏

显示屏上各部分的含义如图 4-27 所示。

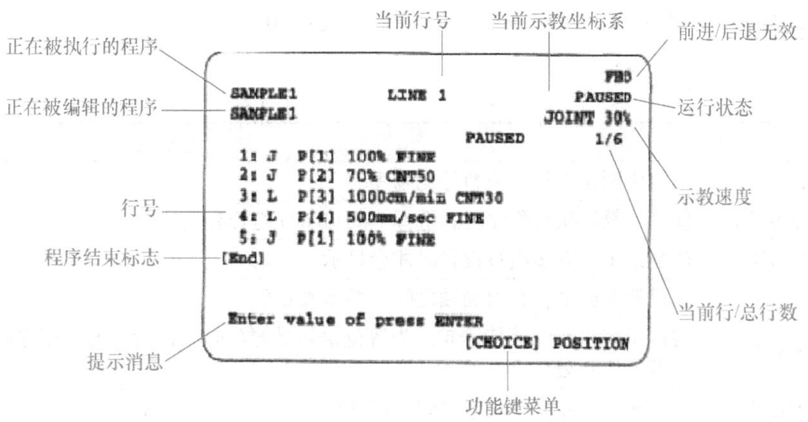

图4-27 示教器显示屏

5.屏幕菜单和功能菜单

（1）屏幕菜单 示教器的屏幕菜单如图 4-28 所示，其各项目的功能见表 4-9。

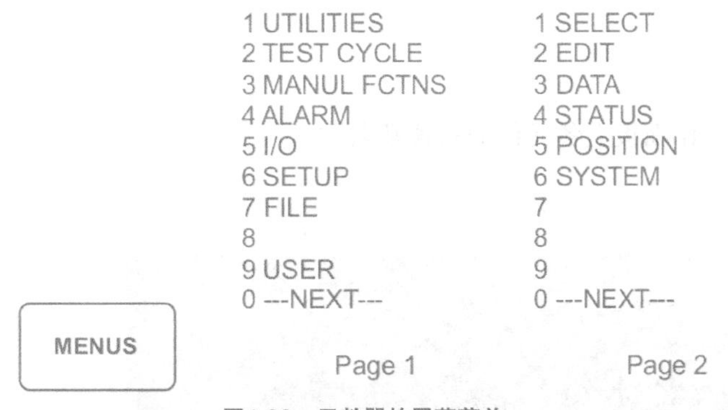

图4-28 示教器的屏幕菜单

表 4-9 示教器屏幕菜单各项目的功能

项目	功能
UTILITIES	显示提示
TEST CYCLE	为测试操作指定数据
MANUAL FCTNS	执行宏指令
ALARM	显示报警历史和详细信息
I/O	显示和手动设置输出，仿真输入 / 输出，分配信号
SETUP	设置系统
FILE	读取或存储文件
USER	显示用户信息
SELECT	列出和创建程序
EDIT	编辑和执行程序
DATA	显示寄存器、位置寄存器和堆码寄存器的值
STATUS	显示系统和弧焊状态
POSITION	显示机器人的当前位置
SYSTEM	设置系统变量

（2）功能菜单　示教器功能菜单各项目的功能见表 4-10。

表 4-10　示教器功能菜单各项目的功能

项目	功能
ABORT	强制中断正在执行或暂停的程序
DISABLE FWD/BWD	使用示教器执行程序时，选择 FWD/BWD 是否有效
CHANGE GROUP	改变组（只有多组被设置时才会显示）
TOG SUB GROUP	在机器人标准轴和附加轴之间选择示教对象
RELEASE WAIT	跳过正在执行的等待语句。当等待语句被释放时，执行中的程序立即被暂停在下一个等待语句处
QUICK/FULL MENUS	在快速菜单和完整菜单之间进行选择
SAVE	将当前屏幕中相关的数据保存到软盘中
PRINT SCREEN	打印当前屏幕的数据
PRINT	打印数据

4.4.2　开关机和急停

1.操作面板

图 4-29 所示为操作面板上各元件的布置及名称。

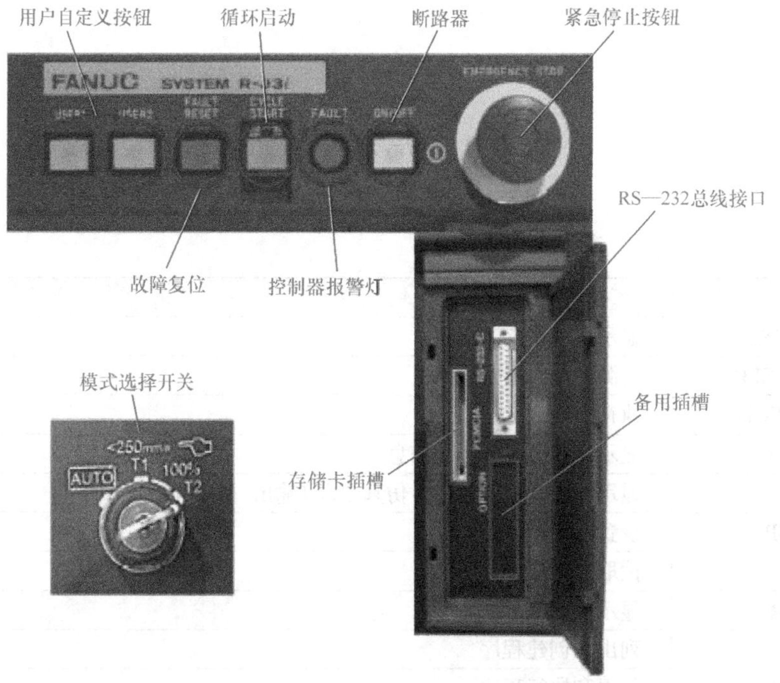

图4-29　操作面板

2.开机

1）将操作面板上的断路器置于 ON。

2）接通电源前，检查工作区域，包括机器人、控制器等，检查所有安全设备是否正常。

3）将操作面板上的电源开关置于 ON。

3.关机

1）通过操作面板上的暂停按钮停止机器人。

2）将操作面板上的电源开关置于 OFF。

3）将操作面板上的断路器置于 OFF。

注意：如果有外部设备，如打印机、软盘驱动器、视觉系统等和机器人相连，在关机前，应首先将这些外部设备关闭，以免其损坏。

4.急停

可通过两种模式使机器人紧急停止运行：

1）按下示教器上的急停按钮。

2）按下操作面板上的急停按钮。

4.4.3 示教编程及运行

1.创建程序

（1）选择程序　程序选择界面如图 4-30 所示。

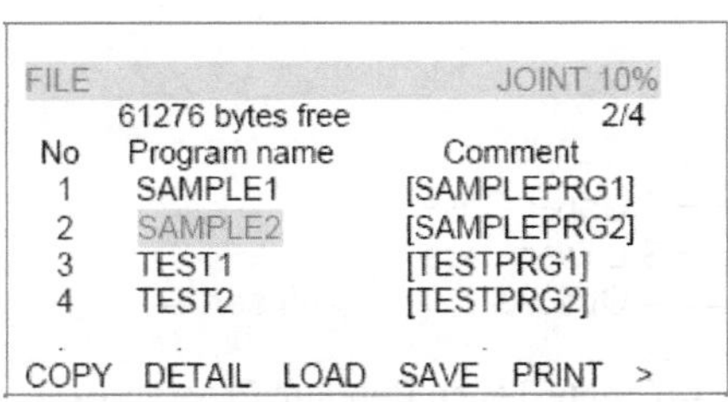

a) 程序目录界面

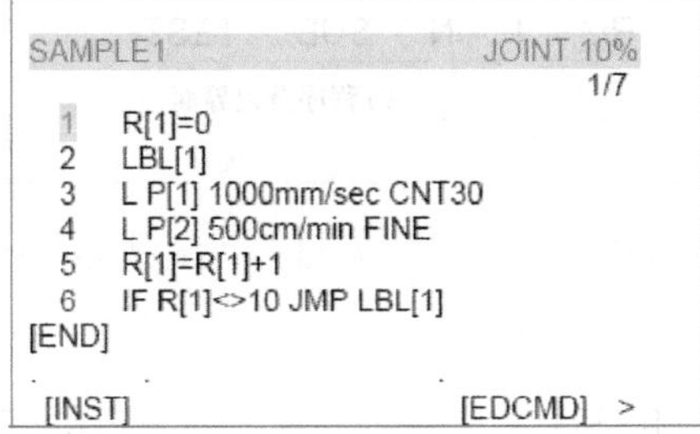

b) 程序编辑界面

图4-30　选择程序

1）通过程序目录界面创建程序，按〈SELECT〉键显示程序目录界面。

2）选中目标程序后，按〈ENTER〉键确认。

（2）选择程序编辑界面　程序编辑界面如图 4-31 所示。

1）在选择程序目录界面中选择呈现编辑界面。

2）按下〈EDIT〉键，显示程序编辑界面。

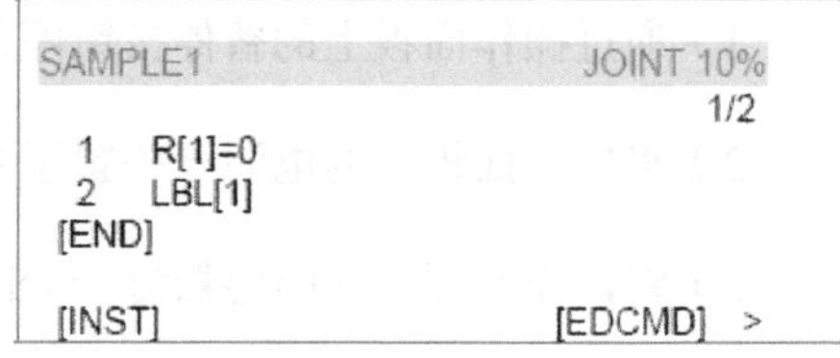

图4-31　程序编辑界面

（3）创建程序　程序创建界面如图 4-32 所示。

1）按〈SELECT〉键，显示程序目录界面。

2）选择〈F2（CREATE）〉键。

3）将光标移动到程序名上，按〈ENTER〉键，使用功能键和光标键确定程序名。

4）确定程序名后，按〈ENTER〉键确认，按〈F3（EDIT）〉键结束登记。

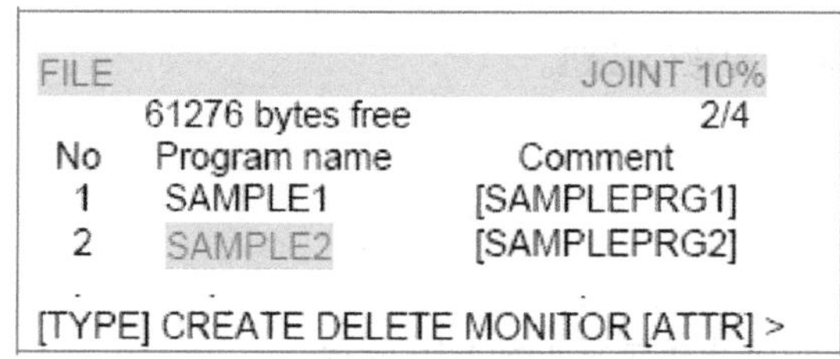

a) 程序目录界面

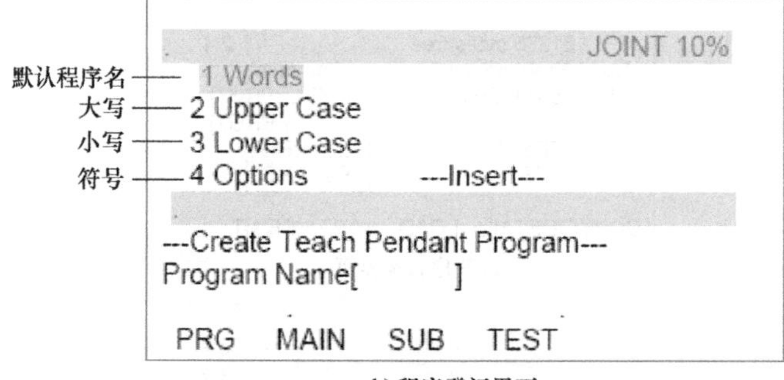

b) 程序登记界面

SAMPLE1　JOINT 10%
1/1
[END]
[INST]　[EDCMD] >

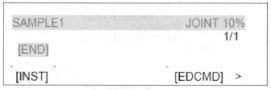

c) 程序编辑界面

图4-32　程序创建

2.运动指令

FANUC 工业机器人的运动指令格式如图 4-33 所示。

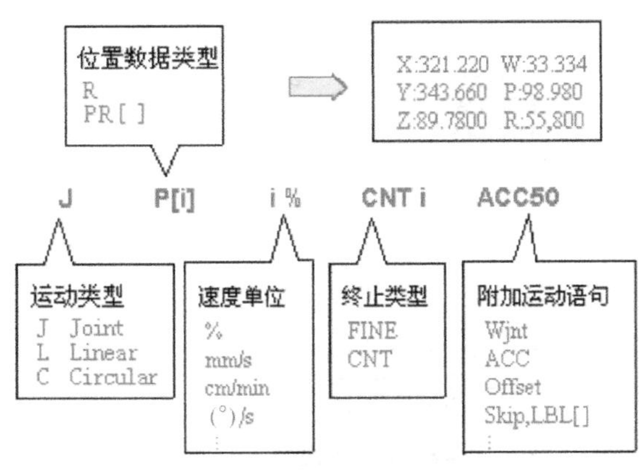

图4-33 运动指令格式

（1）运动类型

1）关节（Joint）运动：工具在两个指定的点之间任意运动。

2）直线（Linear）运动：工具在两个指定的点之间沿直线运动。

3）圆弧（Circular）运动：工具在三个指定的点之间沿圆弧运动。

（2）位置数据类型

1）P：一般位置。

2）PR[ ]：位置寄存器。

（3）速度单位　速度单位随运动类型而改变，速度可在不同单位的以下范围内改变：1%~100%，1 ~2000mm/s，1~12000cm/min，0.1~4724.0 inch/min，1~520(°)/s。

（4）终止类型　终止类型有 FINE 和 CNT（CNT0=FINE），如图 4-34 所示。

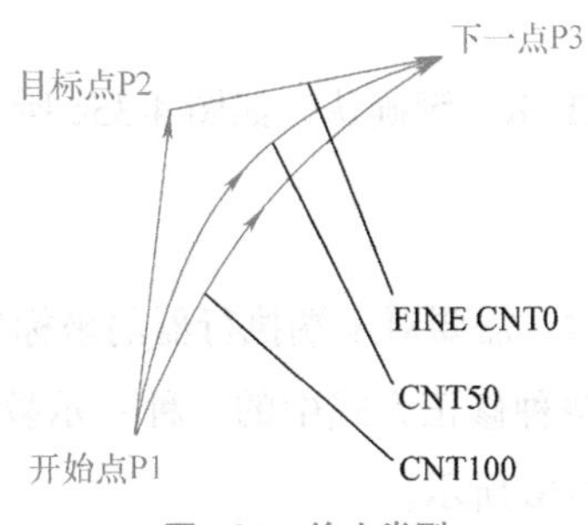

图4-34 终止类型

（5）附加运动语句　包括腕关节运动（Wjnt），加速倍率（ACC），转跳标记（Skip, LBL[ ]）和偏移（Offset）。

（6）改变运动类型和位置号　改变运动类型和位置号的界面如图 4-35 所示。

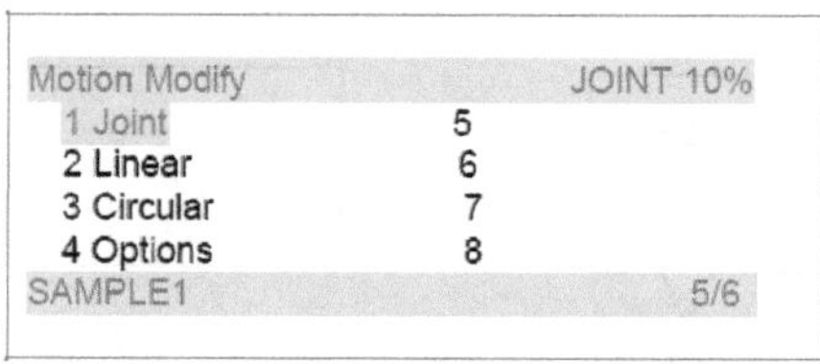

a)

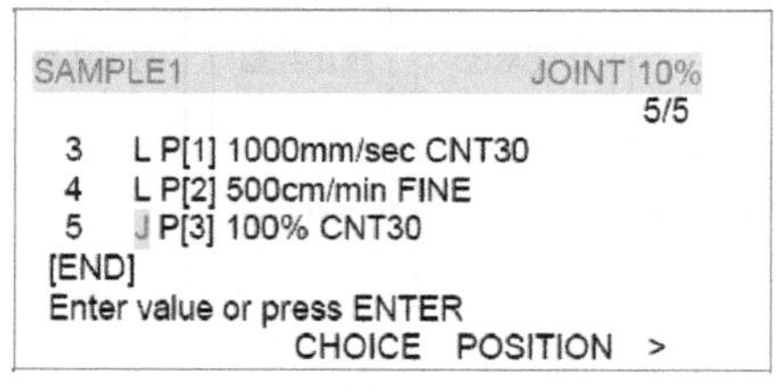

b)

```
4    L P[2] 500cm/min FINE
5    J P[3] 100% CNT30
[END]
Enter value or press ENTER
              CHOICE   POSITION   >
```

c)

图4-35　改变运动类型和位置号

1）改变运动类型。

① 移动光标到运动类型上，按〈F4（CHOICE）〉键显示运动类型子菜单，如图 4-35a 所示。

② 从子菜单中选择合适的运动类型。当运动类型改变时，速度单位也相应改变，如图 4-35b 所示。

2）改变位置号。

① 移动光标到位置号上。

② 输入新的位置号，按〈ENTER〉键确认，如图 4-35c 所示。

3.修正记录点

对机器人示教到某一目标点时，需要对末端执行器的坐标位置进行修正（或记录）并将其输入程序中。这时，可采用以下两种修正方式中的一种：示教修正点；直接写入数据修正点。这两种修正方式的操作步骤如图 4-36 所示。

（1）示教修正点

1）将光标移动到要修正的运动指令的开始处。

2）示教机器人到需要的点处，如图 4-36a 所示。

3）按下〈SHIFT〉键的同时，按下〈F5（TOUCHUP）〉键，记录新位置，如图 4-36b 所示。

（2）直接写入数据修正点

1）将光标移动到位置号上，如图 4-36c 所示。

2）按下〈F5（POSITION）〉键，显示数据位置子菜单，默认的显示是通用坐标系中的数据，如图 4-36d 所示。

3）输入需要的新值，如图 4-36e 所示。

4）改变数据类型，按〈F5[REPRE]〉键，通用坐标系的数据将转变成关节坐标系的数据，如图 4-36f 所示。

5）按〈F4（DONE）〉键返回前一界面，如图 4-36g 所示。

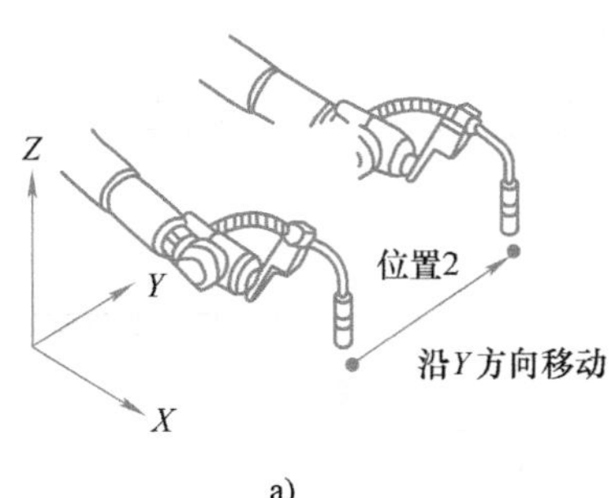

a)

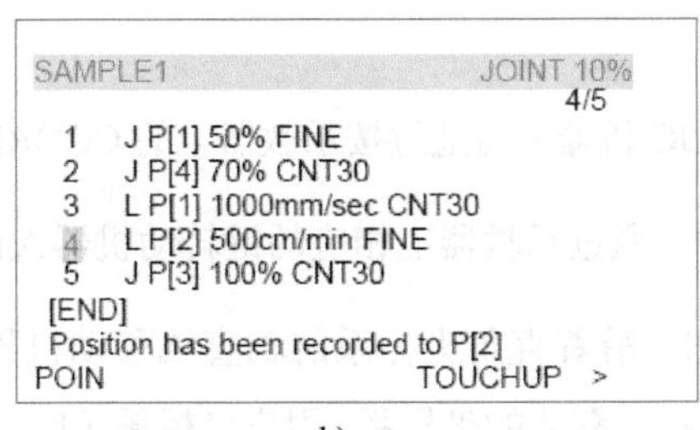

```
SAMPLE1                         JOINT 10%
                                     4/5
  1   J P[1] 50% FINE
  2   J P[4] 70% CNT30
  3   L P[1] 1000mm/sec CNT30
  4   L P[2] 500cm/min FINE
  5   J P[3] 100% CNT30
 [END]
 Position has been recorded to P[2]
POIN                       TOUCHUP   >
```

b)

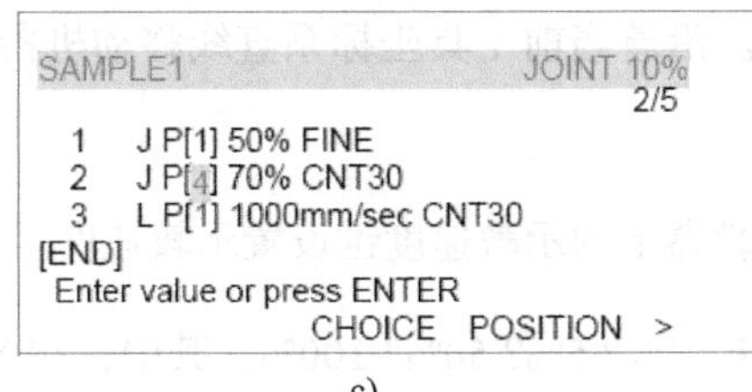

```
SAMPLE1                         JOINT 10%
                                     2/5
  1   J P[1] 50% FINE
  2   J P[4] 70% CNT30
  3   L P[1] 1000mm/sec CNT30
[END]
 Enter value or press ENTER
                 CHOICE   POSITION   >
```

c)

图4-36　坐标位置的修正

```
Position Detail                        JOINT 10%
P[4]   GP:1   UF:0   UT:1   CONF:FUT 00
X   1500.000mm        W   40.000 deg
Y    -342.879mm       P   10.000 deg
Z     855.766mm       R   20.000 deg
SAMPLE1
                                          2/5
   1    J P[1] 50% FINE
   2    J P[4] 70% CNT30
   3    L P[1] 1000mm/sec CNT30
[END]
 Enter value or press ENTER
                   CONFIG   DONE   [REPRE] >
```

d)

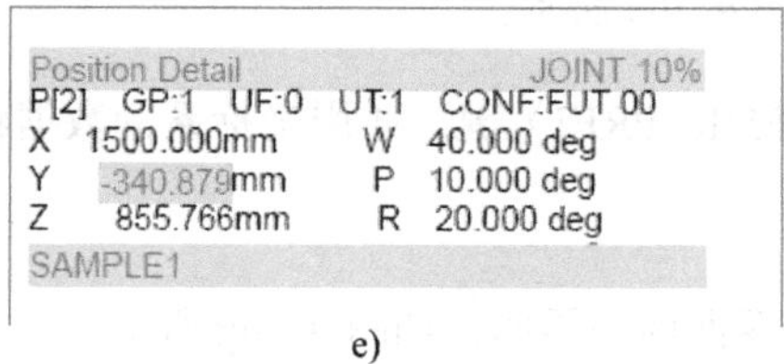

e)

```
Position Detail                        JOINT 10%
P[2]   GP:1   UF:0   UT:1
J1   0.345 deg        J4   40.000 deg
J2   23.880 deg       J5   10.000 deg
J3   30.000 deg       J6   20.000 deg
SAMPLE1
```

f)

```
                          DONE    [REPRE]
```

g)

图4-36 坐标位置的修正（续）

4.手动示教机器人

（1）选择示教模式 FANUC 机器人可通过按示教器上的 COORD 键选择以下三种示教模式：

1）关节坐标示教（Joint）。通过示教器上相应的键转动机器人的各个轴进行示教。

2）直角坐标示教（XYZ）。沿着直角坐标系的轴直线移动机器人，它又分为两种坐标系：通用坐标系（World），它是机器人默认的坐标系；用户坐标系（User），即用户自定义的坐标系。

3）工具坐标示教（Tool）。沿着当前工具坐标系直线移动机器人。工具坐标系是匹配在工具方向上的直角坐标系。

（2）设置示教速度 按示教器上的示教速度键设置示教速度。

示教速度键：VFINE? FINE? 1%? 5%? 50%? 100%。其中，在 VFINE~5% 之间，每按一下，速度改变 1%；在 5%~100% 之间，每按一下，速度改变 5%。

〈SHIFT〉键 + 示教速度键：VFINE? FINE? 1%? 5%? 50%? 100%。

注意：开始时，示教速度应尽可能低一些，高速示教有可能带来危险。

（3）手动示教　按上述方法选择好示教模式，并设置好运行速度后，即可按以下步骤进行手动示教。

1）按下安全（Deadman）开关，将示教器开关置于 ON。

2）按下〈SHIFT〉键的同时，按示教键开始机器人示教。松开〈SHIFT〉键和示教键中的任何一个，机器人就会停止运动。

5.运行程序

手动运行程序模式如图 4-37 所示。

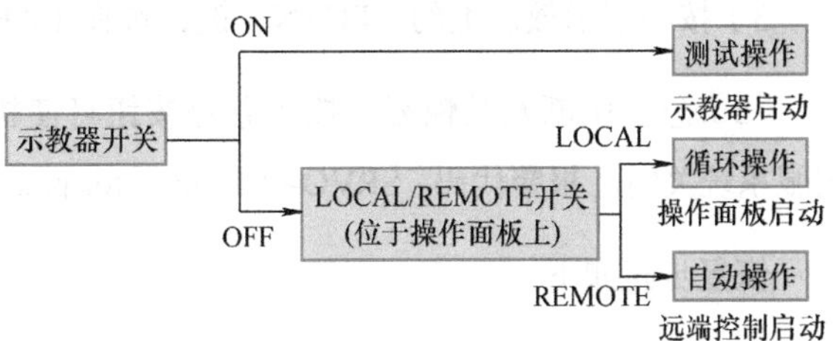

图4-37　手动运行程序模式

（1）在示教器上执行单步操作

1）将示教器开关置于 ON，如图 4-38a 所示。

2）将光标移动到要开始的程序行处，如图 4-38b 所示。

3）按〈STEP〉键，确认 STEP 指示灯亮，如图 4-38c 所示。

4）按住〈SHIFT〉键的同时，按一下〈FWD〉键，开始执行一句程序。程序开始执行后，可以松开〈FWD〉键。程序运行完，机器人停止运动。

（2）在示教器上执行连续操作

1）按〈STEP〉键，确认 STEP 指示灯熄灭，如图 4-38d 所示。

2）按住〈SHIFT〉键的同时，按一下〈FWD〉键开始执行程序。程序开始执行后，可以松开〈FWD〉键。程序运行完，机器人停止运动。

6.程序中断和恢复

（1）程序中断的原因

1）程序运行中遇到报警。

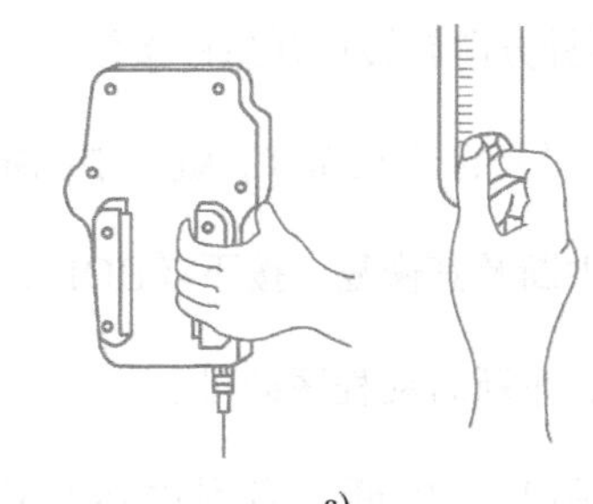

a)

SAMPLE1　　JOINT 10%
1/3
1 J P[1] 50% FINE
2 J P[4] 70% CNT30
3 L P[1] 1000mm/sec CNT30
[END]

b)

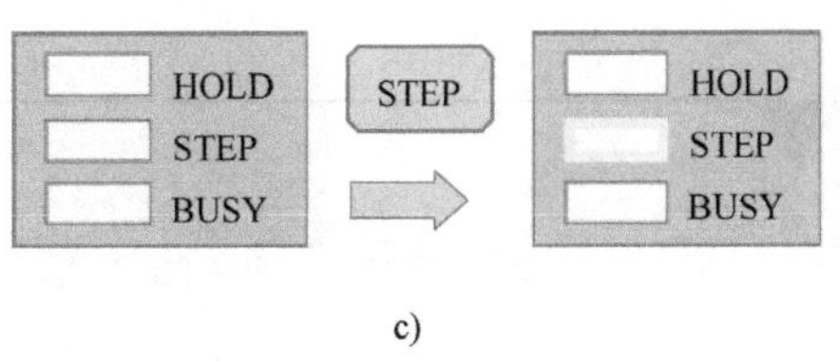

c)

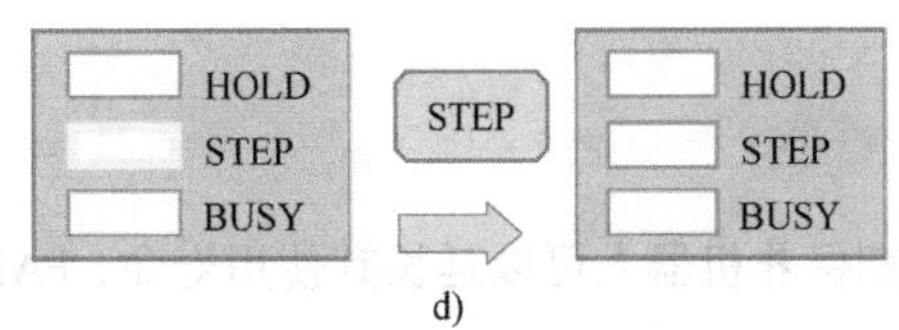

d)

图4-38　手动运行程序步骤

2）操作人员停止程序运行。

（2）有意中断程序运行的方法

1）按下示教器或操作箱上的急停按钮，还可以输入外部 E-STOP 信号，输入“UI[1] *IMSTP”。

2）按一下示教器上的〈HOLD（暂停）〉键，输入“UI[2] *HOLD”。

3）按一下示教器上的〈FCTN〉键，选择 1 ABORT（ALL），输入“UI[4] *CSTOPI”。

（3）急停中断及其恢复　按下急停按钮将使机器人立即停止，程序运行中断，报警出现，伺服系统关闭。报警代码：SRVO-001 Operator panel E-stop；SRVO-002 Teach Pendant E-stop。

恢复步骤如下：

1）消除急停原因，如修改程序。

2）沿顺时针方向旋转松开急停按钮。

3）按示教器上的〈RESET〉键，消除报警代码，此时 FAULT 指示灯熄灭。

（4）暂停中断及其恢复　按下〈HOLD〉键将使机器人减速停止。

恢复步骤：重新启动程序即可。

（5）报警引起的中断　当程序运行或机器人操作中有不正确的地方时会产生报警。实时报警代码会出现在示教器上，要查看报警记录，可依次按〈MENU〉〈ALARM〉〈HIST（F3）〉键，将出现图 4-39 的界面。

其中，〈F4（CLEAR）〉键用于清除报警代码；〈F5（HELP）〉键用于显示报警代码的详细信息。

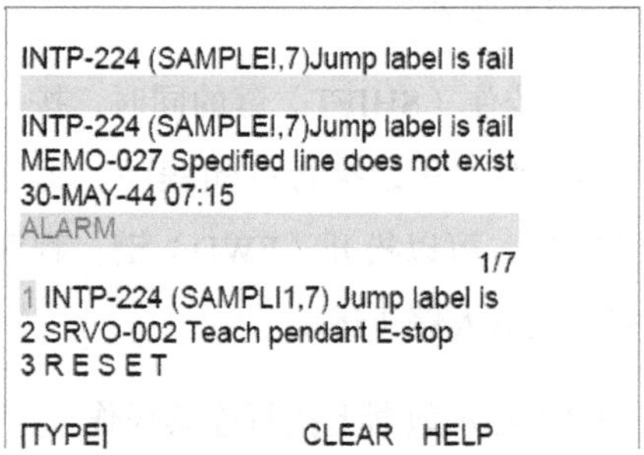

INTP-224 (SAMPLEI,7)Jump label is fail
INTP-224 (SAMPLEI,7)Jump label is fail
MEMO-027 Spedified line does not exist
30-MAY-44 07:15
ALARM
1/7
1 INTP-224 (SAMPLI1,7) Jump label is
2 SRVO-002 Teach pendant E-stop
3 R E S E T
[TYPE]　CLEAR　HELP

图4-39　报警代码

4.5　系统日常保养

4.5.1　概述

定期保养机器人可以延长其使用寿命，FANUC 机器人的保养周期可以分为日常、三个月、六个月、一年和三年，具体保养内容见表 4-11。

表 4-11　FANUC 机器人保养周期表

保养周期	检查和保养内容	备注
日常	不正常的噪声和振动，电动机温度	
	周边设备是否可以正常工作	
	每根轴的抱闸是否正常	有些型号的机器人只有 J2、J3 抱闸
三个月	控制部分的电缆	
	控制器的通风	
	连接机械本体的电缆	
	接插件的固定状况	
	紧固机器上的盖板和各种附加件	
	清除机器上的灰尘和杂物	
六个月	更换平衡块轴承的润滑油，其他参见三个月的保养内容	某些型号机器人不需要，具体见随机的机械保养手册
一年	更换机器人本体上的电池，其他参见六个月的保养内容	
三年	更换机器人减速器的润滑油，其他参见一年的保养内容	

4.5.2　更换电池

FANUC 机器人系统在保养过程中需要更换两种电池：控制器主板上的电池和机器人本体上的电池。

1.更换控制器主板上的电池

程序和系统变量存储在主板上的 SRAM 中，由一节位于主板上的锂电池供电，以保存数据。当这节电池的电压不足时，示教器上将显示报警“SYST-035 Low or No Battery Power in PSU”。当电压变得更低时，SRAM 中的内容将不能备份，这时需要更换旧电池，并重新加载原先备份的数据。因此，平时应注意用记忆卡或软盘定期备份数据。控制器主板上的电池每两年换一次，具体步骤如下：

1）准备一节新的锂电池（推荐使用 FANUC 原装电池）。

2）机器人通电开机正常后等待 30s。

3）关闭机器人电源，打开控制器柜子，拔下接头，取下主板上的旧电池。

4）装上新电池，插好接头。

2.更换机器人本体上的电池

机器人本体上的电池用来保存每根轴编码器的数据。因此，该电池需要每年更换一次，出现电池电压下降报警“SRVO-065 BLAL Alarm（Group: %d Axis: %d）”时，允许用户更换电池。

若不及时更换电池，则会出现报警“SRVO-062 BZAL Alarm（Group: %d Axis: %d）”，此时机器人将不能动作，遇到这种情况再更换电池，还需要做位置调整，才能使机器人正常运行。具体步骤如下：

1）保持机器人电源开启，按下机器人急停按钮。

2）打开电池盒的盖子，拿出旧电池。

3）换上新电池（推荐使用 FANUC 原装电池），注意不要装错正负极（电池盒的盖子上有标识）。

4）盖好电池盒的盖子，拧好螺栓。

4.5.3 更换润滑油

机器人每工作三年或工作 10000h，需要更换 J1、J2、J3、J4、J5、J6 轴减速器润滑油和 J4 轴齿轮盒的润滑油。某些型号的机器人，如 S-430、R-2000 等每半年或工作 1920h 还需更换平衡块轴承的润滑油。

1.更换减速器和齿轮盒的润滑油

1）关闭机器人电源。

2）拔掉出油口塞子。

3）从进油口处加入润滑油，直到出油口处有新的润滑油流出时，停止加油。

4）让机器人被加油的轴反复转动，动作一段时间，直到没有油从出油口处流出。

5）把出油口的塞子重新装好。

注意：错误的操作将会导致密封圈损坏，为避免发生错误，操作人员应考虑以下几点：

1）更换润滑油之前，要将出油口塞子拔掉。

2）使用手动油枪缓慢加入润滑油。

3）避免使用工厂提供的压缩空气作为油枪的动力源。

4）必须使用规定的润滑油，使用其他润滑油会损坏减速器。

5）更换完成，确认没有润滑油从出油口流出，将出油口塞子装好。

6）为了防止滑倒事故的发生，应将机器人和地板上的油迹彻底清除干净。

2.更换平衡块轴承润滑油

直接从加油嘴处加入润滑油，每次无需加得太多，约 0.01L 即可。

思考练习题

1. FANUC 机器人由哪些部分组成？它们各自的作用是什么？

2. FANUC 机器人在运输中应注意哪些事项？

3. R-J3iB 控制器由哪些部分组成？各部分的功能是什么？

4. 简述使用 R-J3iB 控制器的 FANUC 工业机器人不能上电故障的诊断及排除方法。

5. 通过由 R-J3iB 控制器组成的 FANUC 工业机器人的熔丝可以进行哪些故障诊断？

6. 制定 KR10 R900 型工业机器人的保养计划表。

7. 通过由 R-J3iB 控制器组成的 FANUC 工业机器人的 LED 显示可以进行哪些故障诊断？

8. 简述示教器各部分的组成，并说明它们的功能。

9. 简述 FANUC 机器人的示教编程流程。

第5章 CHAPTER 5 汇博工业机器人装调与维护

江苏汇博机器人技术有限公司是专门从事机器人技术研发与产业化的高新技术企业，坐落于我国社会经济和科学技术发展最具活力的地区之一——苏州工业园区中。该公司在工业领域研发出了大负载搬运机器人、喷涂机器人、抛光打磨机器人、精密作业机器人等系列化产品，在卫浴、铸造、汽车、冶金、物流、MEMS 等行业得到了广泛的应用。

本章以 20kg 的 HR20-1700-C10 型工业机器人为例进行介绍。

5.1 了解汇博工业机器人

5.1.1 系统组成

如图 5-1 所示，汇博工业机器人主要由机械手、控制柜、示教器及连接电缆等组成。

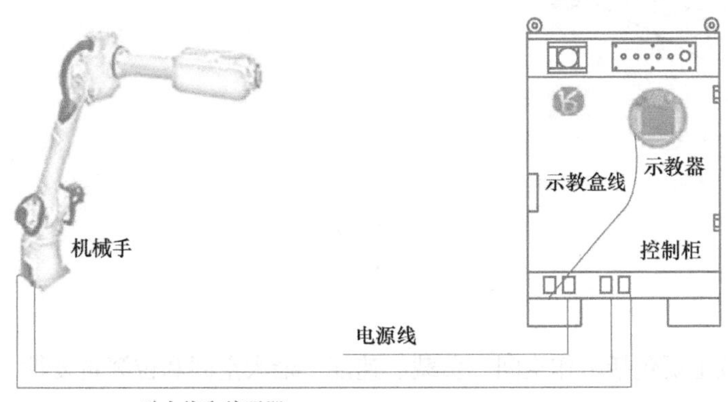

图5-1 汇博工业机器人系统组成

汇博机器人的型号规格如下：

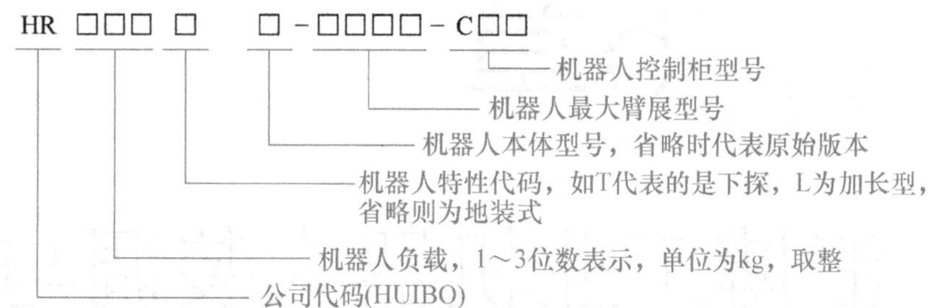

HR20-1700-C10 机器人的末端最大负载为 20kg，最大臂展为 1700mm，控制系统为 C10 平台的 HUIBO 机器人。

5.1.2 机械系统的组成

机器人的机械系统是指其机械手部分，它由底座、大臂、小臂、手腕和本体管线等部分组成，共有六台电动机，可以驱动六个关节的运动，以实现不同的运动形式。HR20-1700-C10 型机器人的各组成部分及各运动关节的定义如图 5-2 所示。

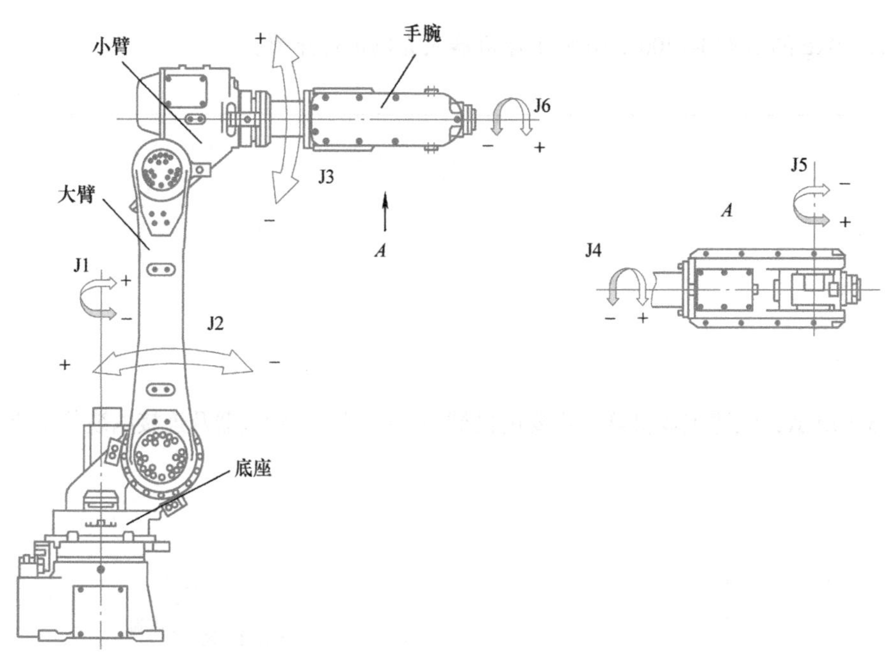

图5-2 HR20-1700-C10型机器人

5.1.3 参数定义

机器人的参数主要包括工作空间、负载、速度、最大空间和位姿重复性。

1.工作空间

《机器人与机器人装备 词汇》(GB/T 12643—2013) 将工作空间定义为手腕参考点所能掠过的空间，是由手腕各关节平移或旋转的区域附加于该手腕参考点的。

2.负载

根据 GB/T 12643—2013，负载是在规定的速度和加速度条件下，沿着运动的各个方向，机械接口或移动平台处可承受的力和 / 或转矩。

3.速度

根据 GB/T 12643—2013，速度包括单关节速度和路径速度。单关节速度是单个关节运动时指定点所产生的速度；路径速度是沿路径单位时间内位置的变化。

4.最大空间

由制造厂所定义的机器人活动部件所能掠过的空间加上由末端执行器和工件运动时所能掠过的空间，称为最大空间。

5.位姿重复性

参考《工业机器人　性能规范及其试验方法》（GB/T 12642—2013），位姿重复性表示对同一指令位姿，从同一方向重复响应 *n* 次后，实到姿态的一致程度。

5.1.4　机械参数

HR20-1700-C10 型机器人的机械参数见表 5-1。

表 5-1　HR20-1700-C10 型机器人的机械参数

机器人类型		HR20-1700-C10
结构		关节型
自由度		6
驱动方式		AC 伺服驱动
最大空间 /[rad/（°）]	J1	± 3.14（ ± 180）
	J2	+1.13/−2.53（+65/−145）
	J3	+3.05/−1.13（+175/−65）
	J4	± 3.14（ ± 180）
	J5	± 2.41（ ± 135）
	J6	± 6.28（ ± 360）
最大单关节速度 /[rad/s（°/s）]	J1	2.96（170）
	J2	2.88（165）
	J3	2.96（170）
	J4	6.28（360）
	J5	6.28（360）
	J6	10.5（600）

（续）

机器人类型		HR20-1700-C10
最大运动半径 /mm		1722
允许搬运质量 /kg		20
位姿重复性 /mm		± 0.08
手腕转矩 /N · m	J4	49
	J5	49
	J6	23.5
手腕惯性力矩 /kg · m²	J4	1.6
	J5	1.6
	J6	0.8
环境温度 /℃		0~45
安装条件		地面安装、悬吊安装
防护等级		IP65（防尘、防滴）
本体质量 /kg		220
设备总功率 /kW		3.5

HR20-1700-C10 型机器人的工作空间如图 5-3 所示。

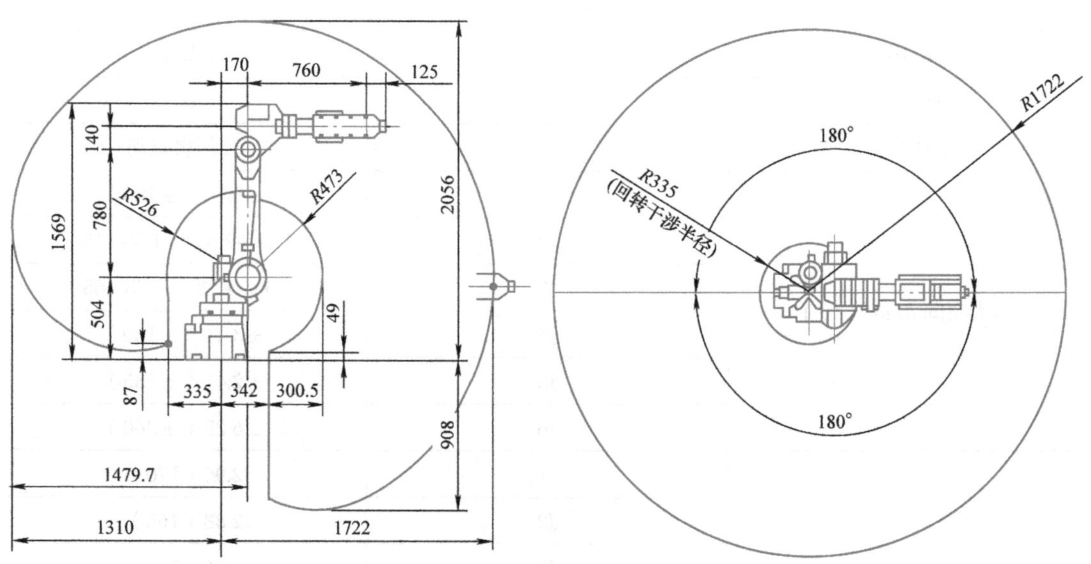

图5-3　HR20-1700-C10型机器人的工作空间

HR20-1700-C10 型机器人 J1 轴的最大空间为 ± 180°，但出于安全考虑，设计时增加了控制运动范围的部件，即通过移动 J1 轴限位块可实现每隔 30° 的范围变动，如图 5-4 所示。

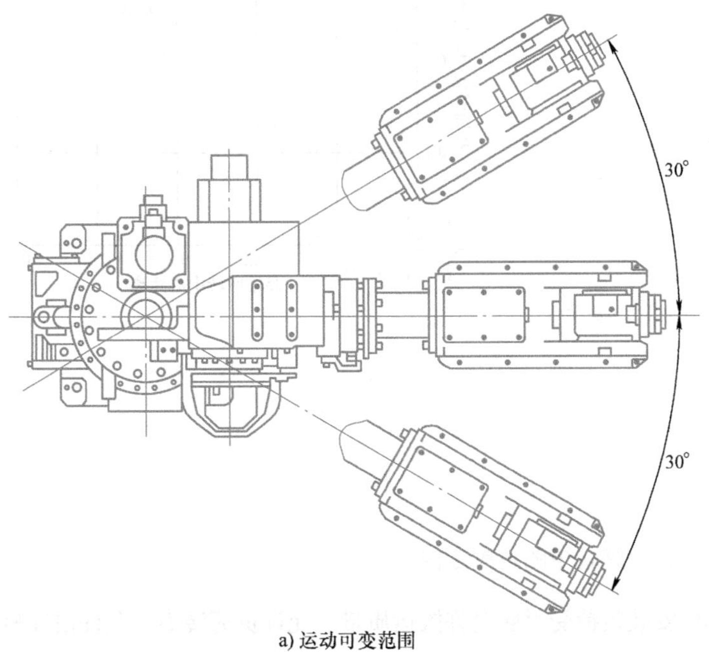

a) 运动可变范围

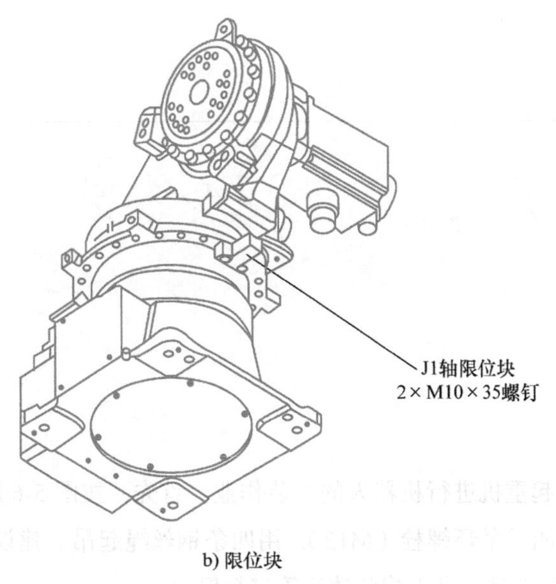

b) 限位块

图5-4 实现J1轴运动范围可变的限位块

HR20-1700-C10 型机器人手腕转矩图如图 5-5 所示。

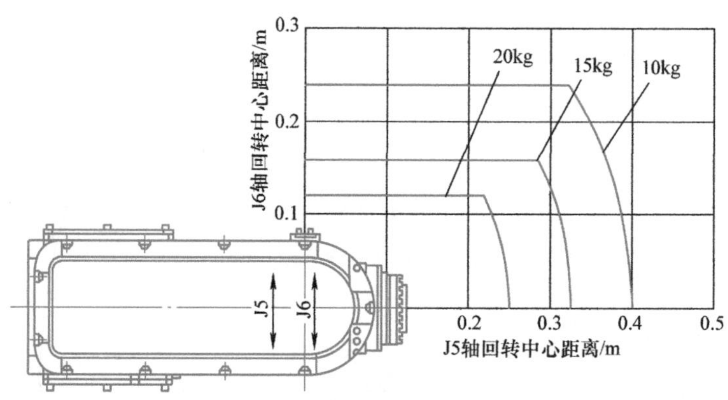

图5-5　HR20-1700-C10型机器人手腕转矩图

注意：

1）负荷中心应在手腕转矩图范围之内。

2）手腕前端的安装负荷受手腕允许搬运质量、允许负荷转矩、允许惯性矩的影响。应将手腕负荷严格控制在各允许值范围内；使用允许值范围以外的手腕负荷时，不能保证正常动作。

5.2　机械手的使用与维护

5.2.1　安装与搬运

1.吊装方法

原则上，应使用起重机进行机器人的吊装作业。首先，按图5-6所示姿势设置机器人；然后在旋转底座上安装四只吊环螺栓（M12），用四条钢丝绳起吊。建议钢丝绳长度为2m，应在钢丝绳与机器人主体接触部位套上橡胶软管等进行保护。

2.搬运方法

在没有起重设备而无法吊装的情况下，可采用叉车搬运，如图5-7所示。

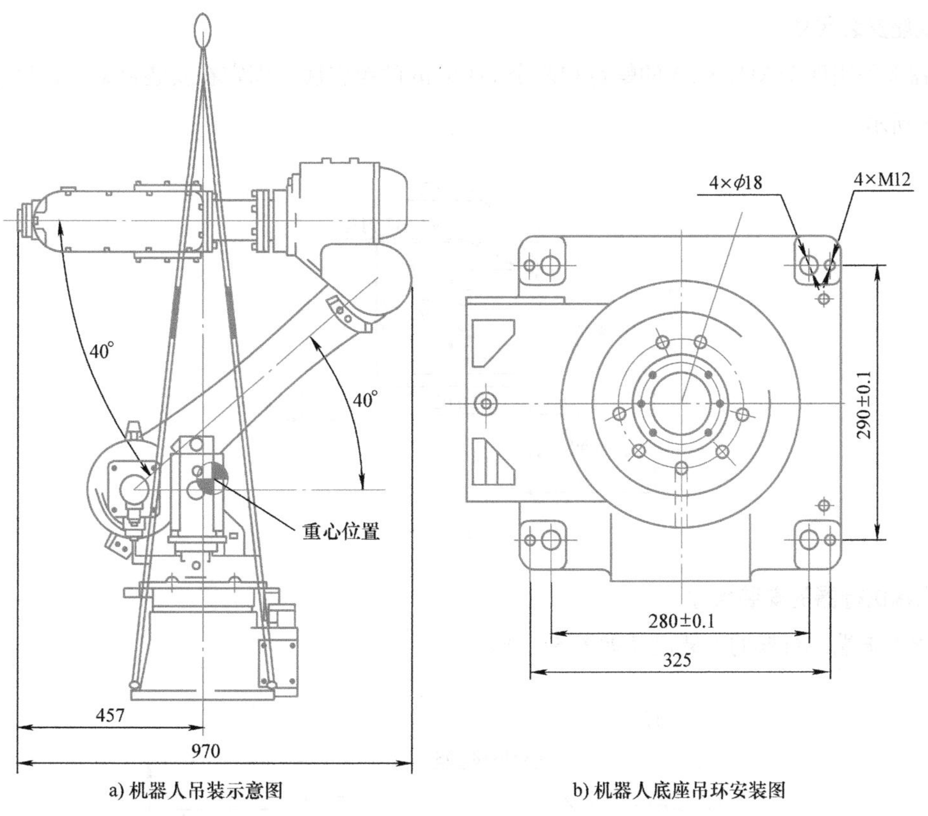

a) 机器人吊装示意图　　b) 机器人底座吊环安装图

图5-6　HR20-1700-C10型机器人吊装示意图及底座吊环安装图

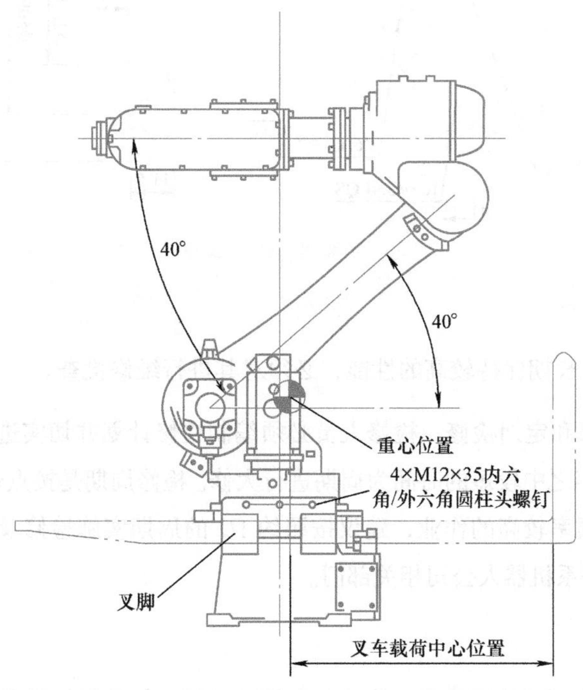

图5-7　HR20-1700-C10型机器人搬运示意图

3.底座安装尺寸

机器人采用四个 M16×55 的螺钉和两个 ϕ12mm 的销将底座固定在安装台架上，尺寸关系如图 5-8 所示。

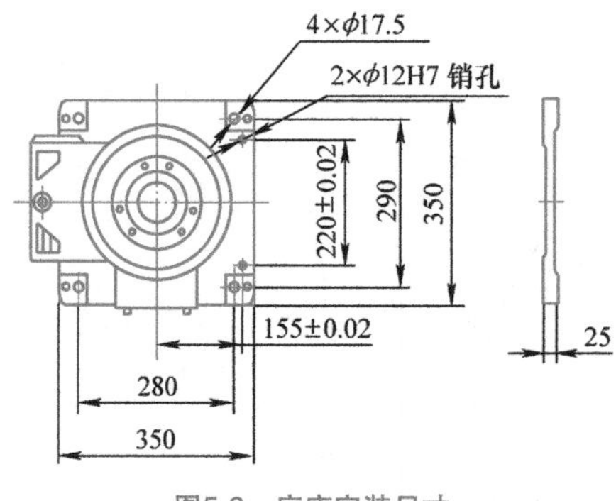

图5-8　底座安装尺寸

4.末端执行器的安装尺寸

机器人末端执行器的安装尺寸如图 5-9 所示。

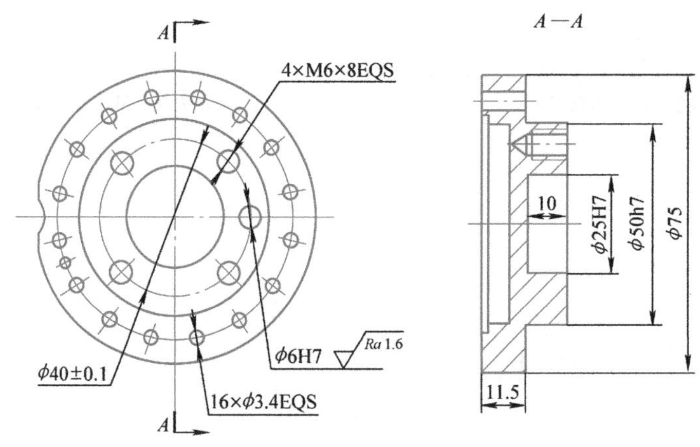

图5-9　末端执行器的安装尺寸

5.2.2　机械检修与维护

为了使机器人能够长期保持较高的性能，必须对其进行维修检查。

检修分为日常检修和定期检修，检修人员必须编制检修计划并切实进行检修。另外，必须以每工作 40000h 或 8 年之中较短的时间为周期进行大修。检修周期是按点焊作业为基础制订的。对于装卸作业等使用频率较高的作业，建议按照约 1/2 的周期实施检修及大修。此外，检修和调整方法不明时，应联系机器人公司相关部门。

1.预防性维护

按照表 5-2~ 表 5-5 所列检修项目，执行定期维护步骤，能够保持机器人的最佳性能。

表 5-2 日常检查表

序号	检查项目	检查点
1	异响	各传动机构是否有异常噪声
2	干涉	各传动机构是否运转平稳，有无异常抖动
3	风冷	控制柜后风扇是否通风顺畅
4	管线附件	枪柄是否完整齐全，是否磨损，有无锈蚀
5	外围电气附件	机器人外部电路、按钮是否正常
6	泄漏	润滑油供、排油口处有无泄漏润滑油

表 5-3 季度检查表

序号	检查项目	检查点
1	控制单元电缆	示教器电缆是否存在不恰当的扭曲
2	控制单元的通风单元	如果通风单元脏了，切断电源，清理通风单元
3	机械单元中的电缆	机械单元插座是否损坏，弯曲是否异常，电动机连接器和航插是否连接可靠
4	各部件的清洁和检修	各部件是否存在问题并处理
5	外部主要螺钉的紧固	上紧末端执行器螺钉、外部主要螺钉

表 5-4 年度检查表

序号	检查项目	检查点
1	各部件的清洁和检修	部件是否存在问题并处理
2	外部主要螺钉的紧固	上紧末端执行器螺钉、外部主要螺钉

表 5-5 每三年检查表

序号	检查项目	检查点
1	更换减速机、齿轮箱的润滑油	按照润滑要求进行更换
2	更换手腕部件润滑油	按照润滑要求进行更换

2.主要螺栓的检修

主要螺栓检修见表 5-6。

表 5-6 主要螺栓的检修

序号	检查部位	序号	检查部位
1	机器人安装用	6	J5 轴电动机安装用
2	J1 轴电动机安装用	7	J6 轴电动机安装用
3	J2 轴电动机安装用	8	手腕部件安装用
4	J3 轴电动机安装用	9	末端负载安装用
5	J4 轴电动机安装用		

注意：

1）拧紧和更换螺栓时，必须用指示式扭力扳手以正确的力矩紧固后，再涂漆固定。

2）对于未松动的螺栓，不得以所需力矩以上的力矩对其进行紧固。

3.润滑油的检查

每运转 5000h 或每隔 1 年（具有装卸用途时，则为每运转 2500h 或每隔半年），应测量减速机的润滑油铁粉质量分数。超出标准值时，应更换润滑油或减速机。所需工具为润滑油铁粉浓度计（推荐采用 OM-810）和润滑油枪（喷嘴直径在 ϕ17mm 以下）。

注意：

1）检修时，如果必要数量以上的润滑油流出了机体以外，在使用润滑油枪对流出部分进行补充。此时，所使用润滑油枪的喷嘴直径应为 ϕ17mm 以下。补充的润滑油量比流出量更多时，可能会导致润滑油渗漏或机器人动作时轨迹不良等，应加以注意。

2）检修或加油完成后，为了防止漏油，应在润滑油管接头及带孔插塞处缠上密封胶带，然后再进行安装。建议使用能明确加油量的润滑油枪；当没有能明确加油量的油枪时，通过测量加油前后润滑油质量的变化，对润滑油的加油量进行确认。

3）机器人刚刚停止的短时间内等情况下，齿轮箱内部压力上升时，在拆下检修口螺塞的一瞬间，润滑油可能会喷出，应缓慢将减速机内部压力释放后再加油。

4.更换润滑油

（1）供油量　对于 J1/ J2/ J3/ J4 轴减速机、电动机座齿轮箱和手腕部分，必须每运行 20000h 或每隔 4 年（用于装卸时则为每运转 10000h 或每隔 2 年）更换一次润滑油。表 5-7 中列出了润滑油名称和供油量。

表 5-7　更换润滑油油量表

提供位置	HR20-1700-C10	润滑油名称	备注
J1 轴减速机	1.35L	日本协同油脂 MOLYWHITE RE No.00	急速上油会引起油仓内的压力上升，使密封圈开裂而导致润滑油渗漏，供油速度应控制在 0.04L/10s 以下
J2 轴减速机	9L		
J3 轴减速机	0.35L		
J4 轴减速机	0.16L		
手腕部分	0.05L		

（2）更换空间方位　参照相关说明书完成润滑油的更换或补充。

（3）供排油口 HR20-1700-C10 型机器人各轴关节的供排油口如图 5-10 所示。

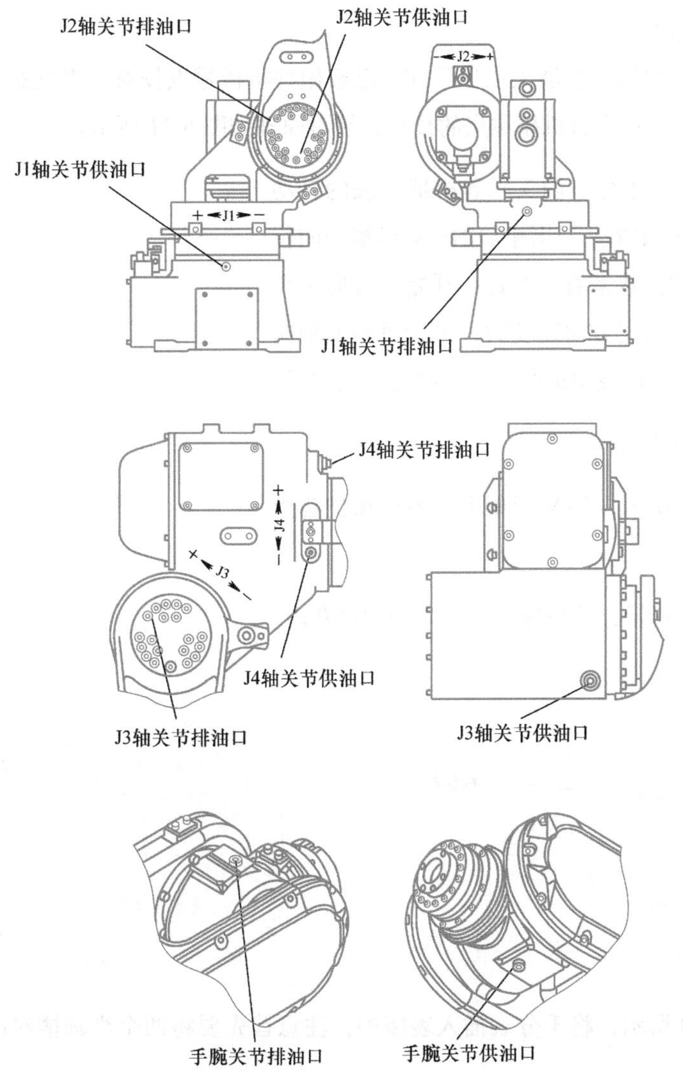

图5-10 HR20-1700-C10型机器人各轴关节的供排油口

（4）所需工具 润滑油枪（带供油量检查计数功能），供油用接头（M10×1）一个，供油用软管（ϕ8mm×1m）一根，重量计（测量润滑油质量），密封胶带。

（5）释放润滑油槽内残压 供油后，为了释放润滑油槽内的残压，应适当操作机器人。此时，在润滑油进出口下安装回收袋，以避免流出来的润滑油飞溅。

为了释放残压，在开启排油口的状态下，J1 轴在 ±30° 范围内，J2、J3 轴在 ±5° 范围内，J4 轴及 J5、J6 轴在 30° 范围内反复动作 20min 以上，并控制在低速运动状态。

由于周围情况限制而不能执行上述动作时，应使机器人运行同等次数（轴角度只能取一半的情况下，应使机器人运行原来时间的 2 倍）上述动作后，将排油口上安装好密封螺塞（使用组合垫或者缠绕密封胶带)。

5.机械零点校对

(1)零点校对原理　机器人在出厂前,已经做好机械零点校对,当机器人因故障丢失零点位置时,需要对其重新进行机械零点的校对,校对原理如图 5-11 所示。

图 5-11a 中所示千分表测头随着机器人轴的转动在 V 形槽斜边上来回滑动,当测头滑向 V 形槽中间位置时,从千分表的读数来看,指针一开始一直向一个方向转动,当突然出现方向改变时,再让机器人轴向反方向转动到表针方向改变的临界点,即为零点位置。

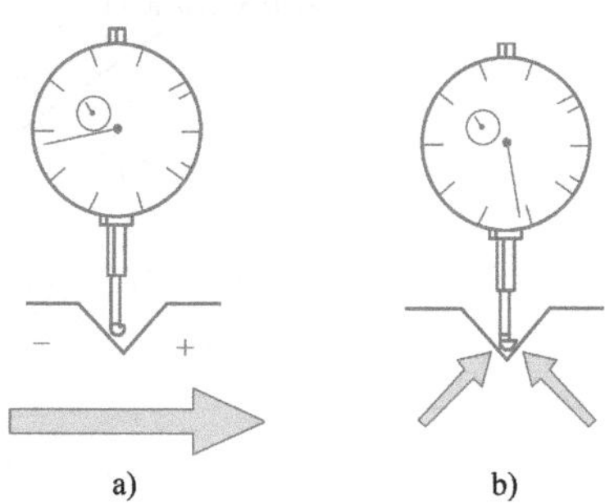

图5-11　零点校对示意图

(2)零点校对步骤

1)如图 5-12 所示,将 V 形架上的零标保护套摘下来。

2)如图 5-13 所示,将表座拧入对应的螺纹孔内。

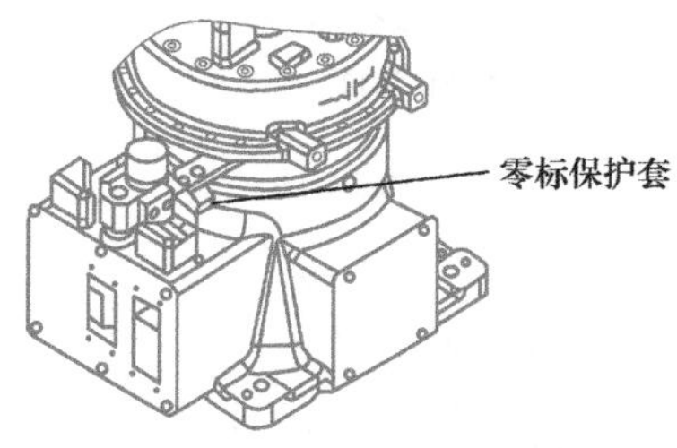

图5-12　摘下零标保护套

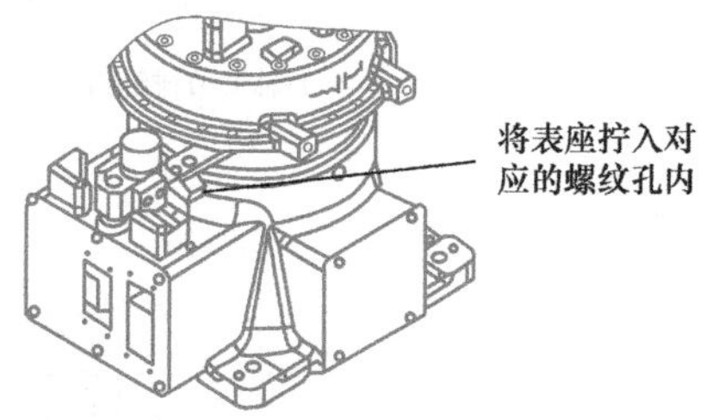

图5-13　将表座拧入螺纹孔示意图

3)如图 5-14 所示,将千分表插入表座中,注意首先要将两个半圆槽对准,然后再将千分表插入。

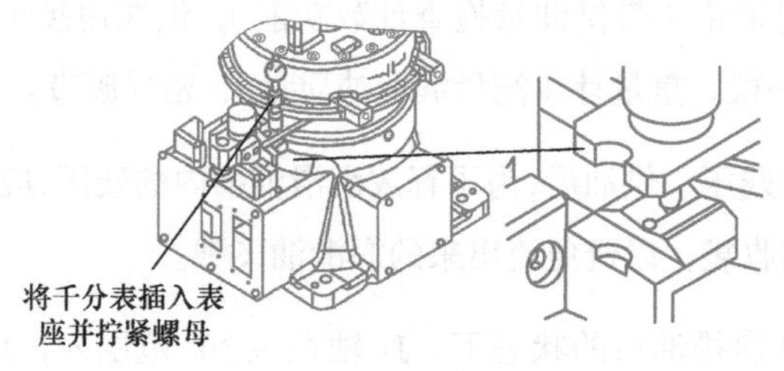

图5-14　将千分表插入表座示意图

4)按图 5-11 所示零点校对原理进行零点校对。

HR20-1700-C10 型机器人各轴零点校对位置如图 5-15 所示。

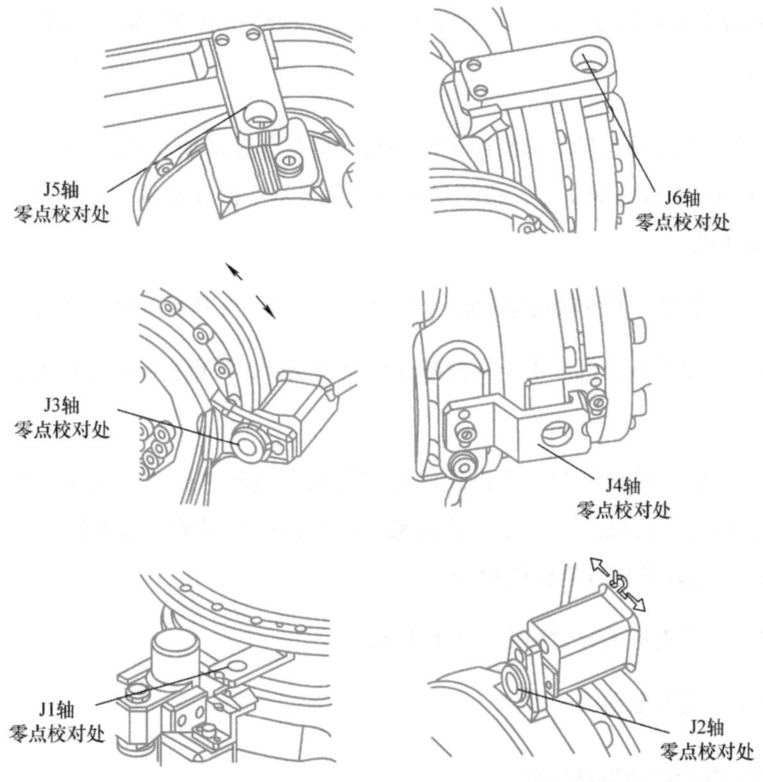

图5-15　HR20-1700-C10型机器人各轴零点校对位置

5.2.3　故障处理

1.故障原因分析

机器人设计时必须达到即使发生异常情况，也可以立即检测出异常，并立即停止运行。即便如此，由于仍然处于危险状态下，绝对禁止其继续运行。

机器人的动作、运转出现异常时，如果不是控制装置的问题，就应考虑是机械部件损坏所致。为了迅速地排除故障，首先需要明确掌握故障现象，并判断故障原因。

1）确定出现异常的轴部位。首先要了解是哪一个轴部位出现异常。如果没有明显的异常动作而难以判断时，应调查有无发出异常声音的部位、异常发热的部位和出现间隙的部位等。

2）确定有损坏的部件。判明发生异常的轴后，应调查哪一个部件是导致异常出现的原因。

3）问题部件的处理。判明出现问题的部件后，按上文所述方法进行处理。有些问题用户可以自行处理，但对于难以处理的问题，应联系机器人公司相关部门。

2.各零部件的检查及处理方法

（1）减速机　减速机损坏时会产生振动、异常声音。此时，会妨碍正常运转，导致过载、偏差异常，出现异常发热现象。此外，还会出现完全无法动作及位置偏差故障。

1）检查方法。

① 检查润滑油中的铁粉量。润滑油中的铁粉的质量分数增加 0.1% 以上时，有内部破损的可能性。每运转 5000h 或每隔 1 年，应测量减速机润滑油中的铁粉的质量分数。若超标，则应更换润滑油或减速机。

② 检查减速机温度：温度较通常运转上升 10° 时，基本可判断减速机已损坏。

2）处理方法。更换减速机。由于更换减速机比较复杂，需更更换时最好有机器人公司相关人员的配合。

（2）电动机　电动机异常时，会出现停机时晃动、运转时振动等现象。此外，还会出现异常发热和异常声音等情况。由于出现的现象与减速机损坏时的现象相同，很难判定原因出在哪里，因此，应同时进行减速机的检查。

1）检查方法。检查有无异常声音、发热现象。

2）处理方法。更换电动机。

3.机器人各轴电动机的更换步骤

（1）J1 轴　按照图 5-16、表 5-8 和表 5-9 对 J1 轴电动机进行拆装。

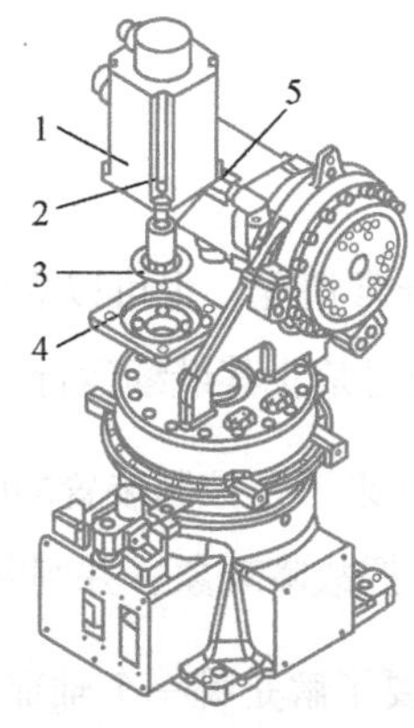

图5-16　J1轴电动机更换示意图

1—电动机　2—安装螺钉　3—密封圈　4—螺钉　5—齿轮

表 5-8　J1 轴电动机的拆卸步骤

步骤	内容	步骤	内容
1	切断电源	5	从 J1 轴电动机的轴上拆卸螺钉
2	拆掉 J1 轴电动机上的连接线缆	6	从 J1 轴电动机的轴上拉出齿轮
3	拆卸 J1 轴电动机安装螺钉	7	拆除电动机法兰端面密封圈
4	将电动机从底座中垂直拉出，不要刮伤齿轮表面		

表 5-9 J1 轴电动机的装配步骤

步骤	内容	步骤	内容
1	除去电动机法兰表面的杂质，确保其干净	5	在电动机安装面上涂平面密封胶，将 J1 轴电动机垂直安装到底座上，同时小心不要刮伤齿轮表面
2	将 O 形密封圈 103×3.55 放入电动机法兰配合面上的槽内	6	安装电动机固定螺钉，在螺纹处涂螺纹密封胶 LOCTITE577
3	将齿轮安装到 J1 轴上	7	安装 J1 轴电动机脉冲编码器连接线，并进行校对
4	用螺钉将一轴齿轮固定在电动机上		

（2）J2 轴　按照图 5-17、图 5-18 和表 5-10 表 5-11 对 J2 轴电动机进行拆卸和装配。

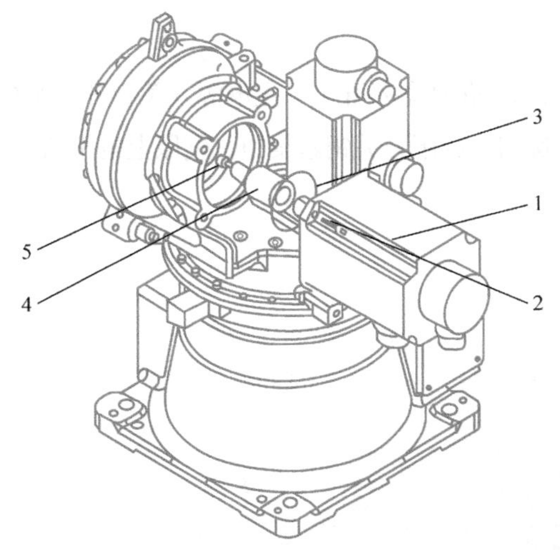

图5-17　J2轴电动机更换示意图

1—电动机　2—安装螺钉　3—密封圈　4—输入齿轮　5—螺钉

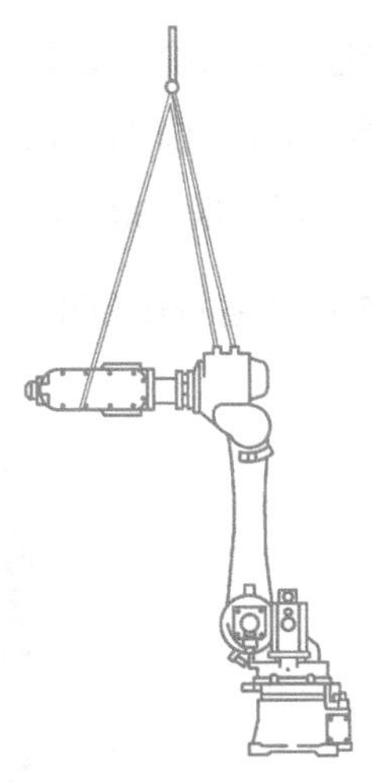

图5-18　J2轴电动机的吊装

表 5-10　J2 轴电动机拆卸步骤

步骤	内容	步骤	内容
1	用钢丝绳吊起机器人（图 5-18），同时将自制的 ϕ15mm 的插销插入大臂与 J2 轴基座孔内	4	水平拉出电动机，注意不要损坏齿轮表面
2	切断电源，拆卸电动机的连接线缆	5	拆除螺钉，然后拆除输入齿轮
3	拆除电动机法兰盘上的安装螺钉	6	拆除电动机法兰端面密封圈

表 5-11　J2 轴电动机装配步骤

步骤	内容	步骤	内容
1	除去电动机法兰表面的杂质，确保干净	5	水平安装电动机，同时注意不要刮伤齿轮表面
2	将密封圈安装到 J2 轴基座上	6	使用安装螺钉 2（螺纹处涂 LOCTITE577 螺纹密封胶），将电动机安装紧固到 J2 轴转座上
3	用螺钉将输入齿轮安装紧固到电动机输入轴上	7	将连接电缆安装到电动机上
4	在电动机法兰面上涂上平面密封胶	8	加润滑油并执行校对操作

5.3 电控系统的操作与维护

5.3.1 电控系统

HR20-1700-C10 型机器人的电控结构包括伺服系统、控制系统、主控制部分、变压器、示教系统与动力通信电缆等部分，其电控柜及操作面板如图 5-19 所示。

1.电控柜面板按钮功能

机器人电控柜面板上的按钮如图 5-19 所示，包括急停开关、主电源开关、开伺服按钮、关伺服按钮、伺服报警指示灯、使能开关钥匙旋钮、权限开关钥匙旋钮、伺服上电按钮。

图 5-19 中各按钮和开关的功能见表 5-12。

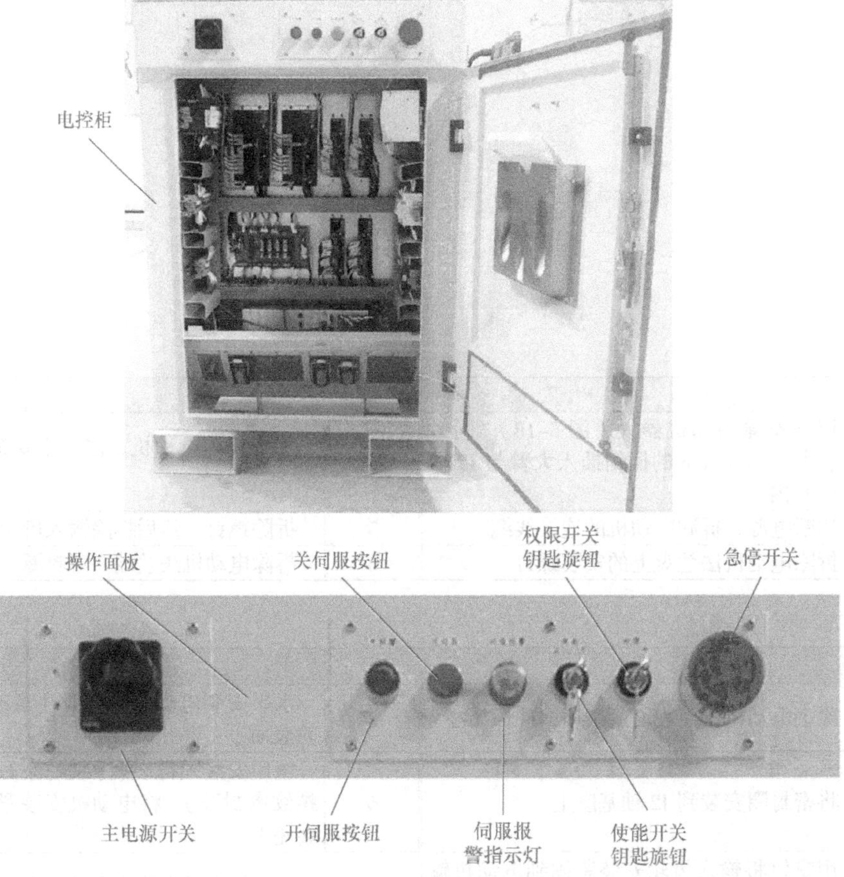

图5-19　HR20-1700-C10型机器人电控柜及操作面板

表 5-12 电控柜面板上各按钮和开关功能

名称	功能
急停开关	机器人出现意外故障需要紧急停止时按下该按钮，可以使机器人断主电而停止
主电源开关	机器人电控柜与外部 380V 电源接通，打开该开关时变压器输出得电
关伺服按钮	按下该按钮时驱动器主电断开
开伺服按钮	按下该按钮且绿灯点亮后，伺服驱动器得电
使能开关钥匙旋钮	用于控制使能功能开关（在权限交给 PLC 后，通过 I/O 打开抱闸）
报警指示灯	驱动器报警指示灯
权限开关钥匙旋钮	控制机器人的权限，权限开时，由 PLC 控制机器人；权限关且示教盒登录后，可以使用示教盒控制机器人

2.电控柜内元件的功能

（1）示教器按钮及开关　机器人手持终端（示教器）如图 5-20 所示，其上有急停按钮和模式选择开关，相关功能见表 5-13。

图5-20　HR20-1700-C10型机器人示教器

表 5-13 示教器按钮功能

名称	功能
示教盒急停按钮	与电控柜前面板急停按钮串联，功能相同，用于控制机器人的紧急停止
模式选择开关	分为三档，右为手动模式，左为自动扩展模式，中间为自动模式。在自动扩展模式下，机器人不能通过示教盒来操作；在手动模式下，示教盒背面的手压开关有效

（2）机器人控制系统　如图 5-21 和表 5-14 所示，机器人控制系统中的硬件有控制器模块（CP252/X）、数字输入 / 输出模块（DM272）、总线通信模块（FX271/A）、扩展 I/O 模块和 CF 卡。

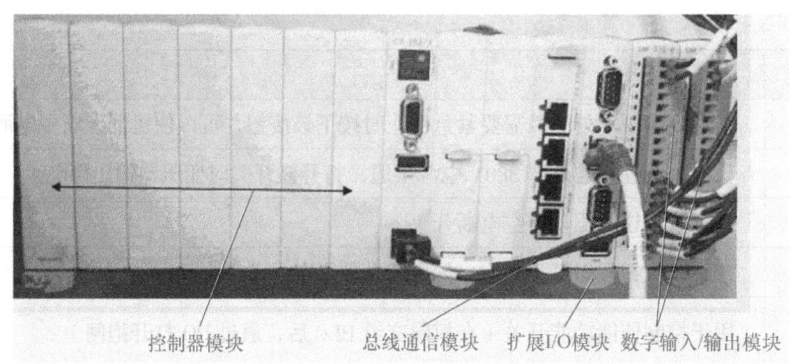

图5-21　HR20-1700-C10型机器人控制系统

表 5-14　控制系统的功能

名称	功能
控制器模块	机器人核心处理器
数字输入 / 输出模块	有 8 个输入口、8 个输出口
扩展 I/O 模块	扩展支持各种总线及 I/O
总线通信模块	连接、控制伺服驱动器
CF 卡	控制系统用 CF 卡，具有存储功能

控制器与示教器连接时需要在中间转接一个功能盒，其中有 Ethernet 通信接口、示教盒 24V 电源、急停接口、手压使能开关接口。示教功能盒及其接口的接线分别如图 5-22 和图 5-23 所示。

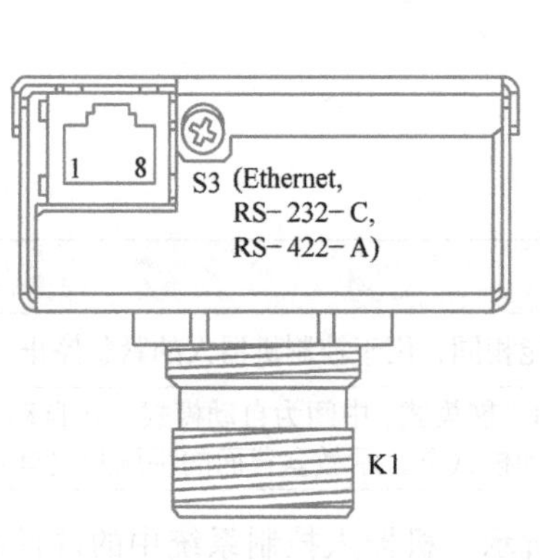

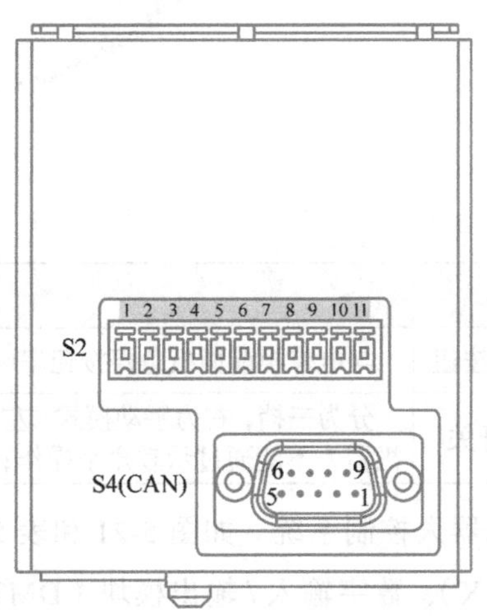

图5-22　机器人示教功能盒

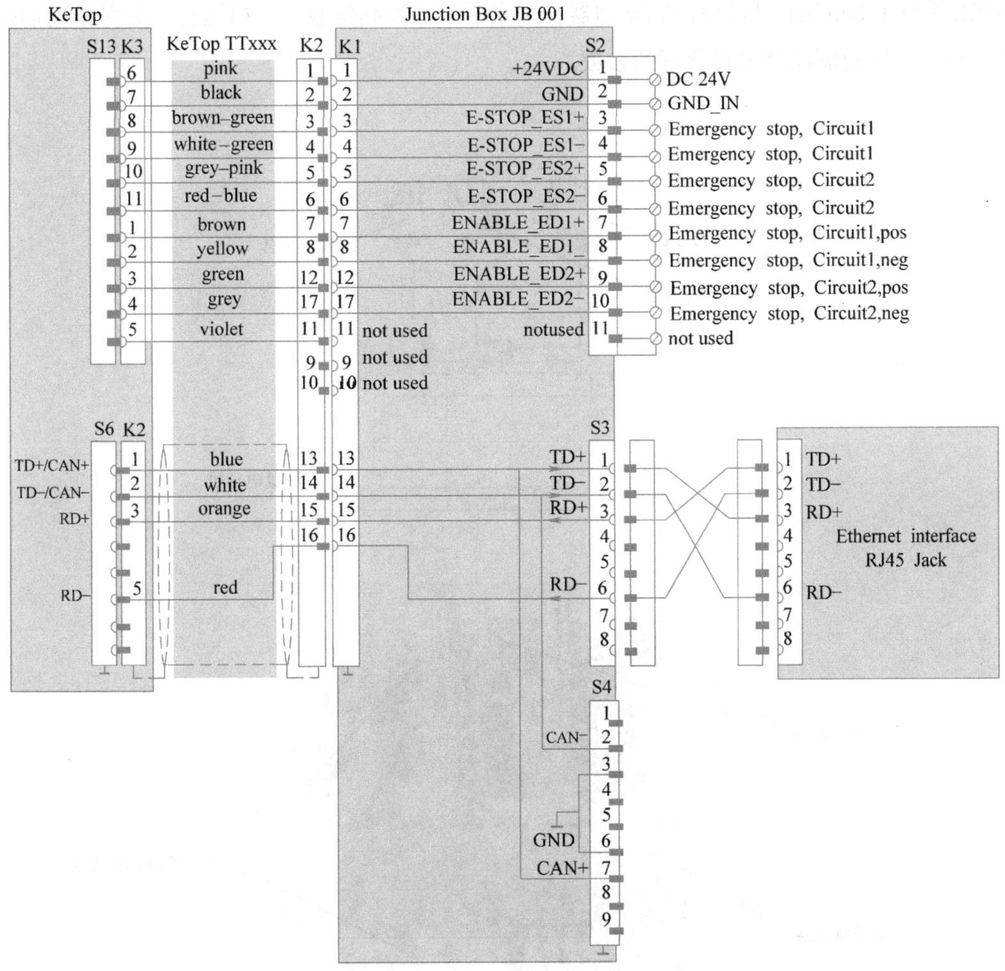

图5-23 Ethernet 示教功能盒接口的接线

以太网（Ethernet）是指由 Xerox 公司创建，并由 Xerox、Intel 和 DEC 公司联合开发的基带局域网规范，是当今现有局域网采用的最通用的通信协议标准。以太网络使用 CSMA/CD（载波监听多路访问及冲突检测）技术，并以 10Mbit/s 的速率运行在多种类型的电缆上。以太网与 IEEE802.3 系列标准相类似。它包括标准以太网（10Mbit/s）、快速以太网（100Mbit/s）和 10G 以太网（10Gbit/s），它们都符合 IEEE802.3。

（3）伺服系统

1）伺服电动机。HR20-1700-C10 型机器人有 6 根伺服轴，由相应的 6 台伺服电动机驱动，各轴的伺服电动机功率配置如下：第 1、第 2 轴为 2kW，第 3 轴为 750W，第 4、第 5 轴为 400W，第 6 轴为 200W。其中，各轴电动机型号皆为日本三洋 R2 型，具备保持制动功能，且都配置了编码器电池。图 5-24 所示为本机器人所采用的一种伺服电动机及其所配置的驱动器。

2）驱动器。HR20-1700-C10 型机器人的每台电动机均配置 SANMOTION R ADVANCED MODEL 系列 EtherCAT 接口型伺服驱动器，用来驱动并控制伺服电动机运行，为保证电动机的平稳运行，需要对驱动器设置合理的参数。

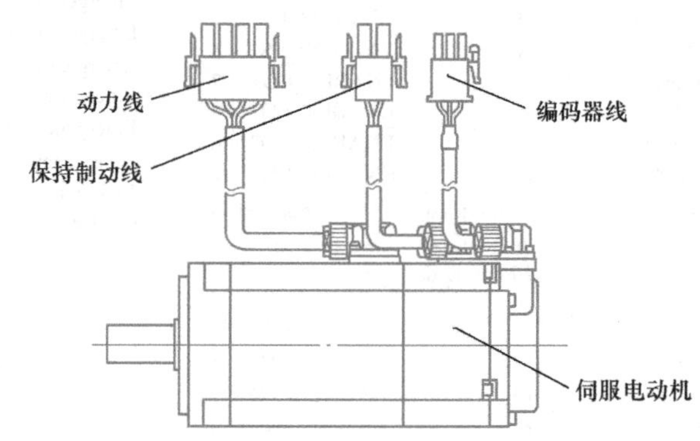

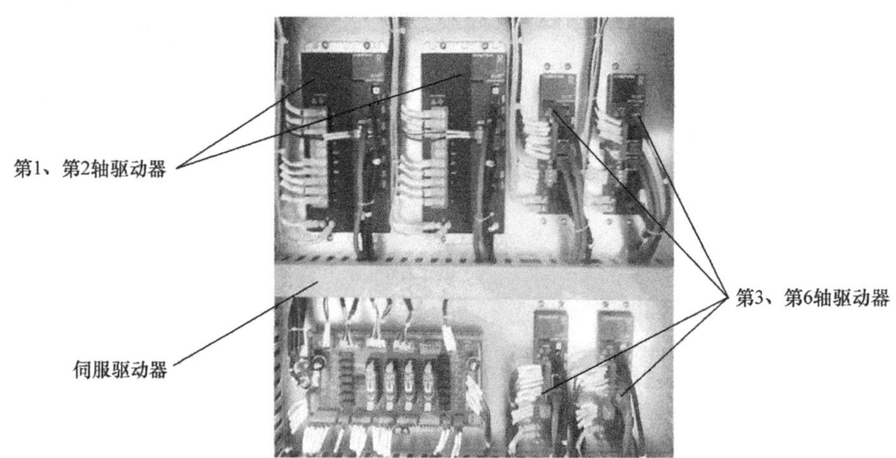

图5-24　伺服电动机及其驱动器

机器人各轴伺服驱动器的型号规格见表 5-15。

表 5-15　HR20-1700-C10 型机器人各轴伺服驱动器的型号规格

关节轴	系列	型号	容量	接口
第 1、第 2 轴	SANMOTION R ADVANCED MODEL	RS2A10A0KA4	100~300A	EtherCAT
第 3~ 第 6 轴		RS2A01A0KA4	15~50A	

伺服驱动器型号规定如图 5-25 所示。

机器人各关节轴的伺服驱动器接线分别如图 5-26 和图 5-27 所示，伺服器各端口功能见表 5-16。

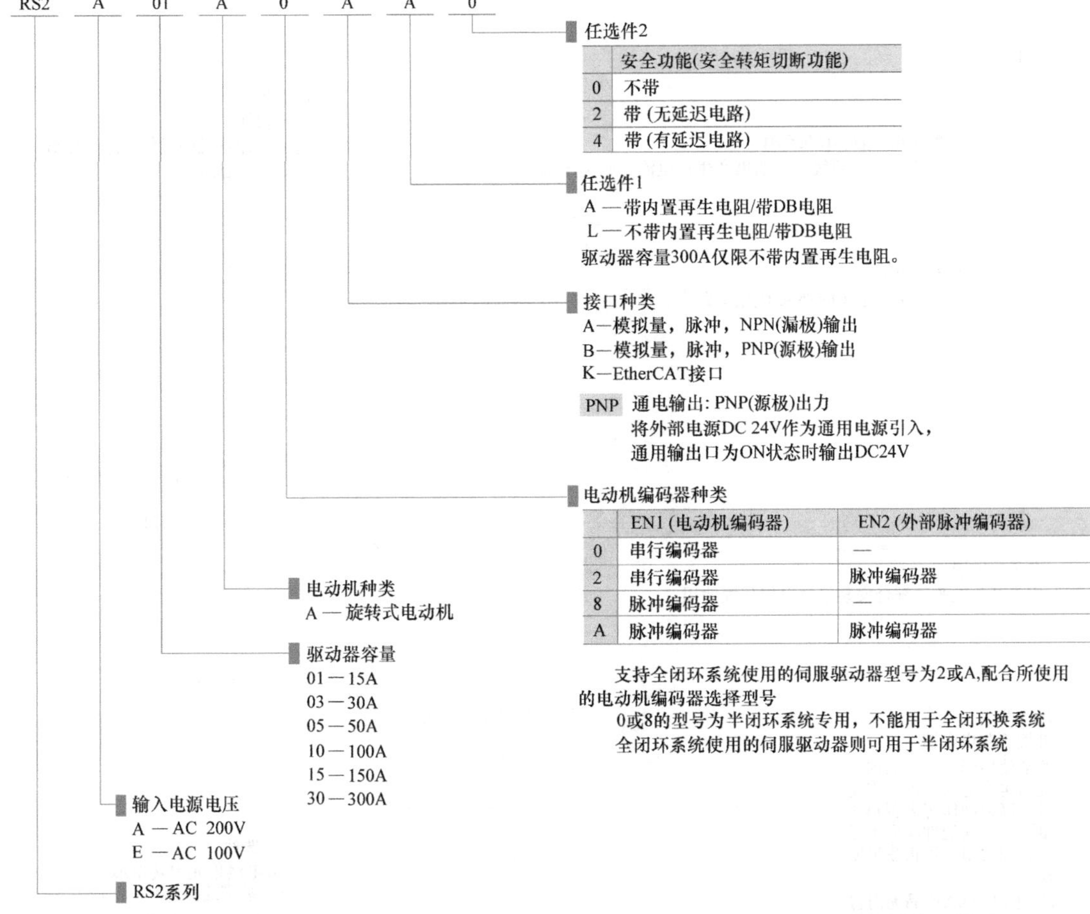

图5-25 伺服驱动器型号规定

表 5-16 关节轴伺服器各端口功能

第 1、第 2 关节轴	
R、S、T	驱动器主电源输入端（采用端子台）
RB	外置再生放电电阻接线端（采用端子台）
U、V、W	电动机接线端（采用端子台）
CNA	驱动器控制电源接线端
CN4	连接计算机调试及监控用端口
CN2，CN3	安全模块连接端口，抱闸、报警输出端口
CN0、CN1，EN0、EN1	通信用连接端口，编码器连接端口
第 3~ 第 6 关节轴	
R、S、T	驱动器主电源输入端（采用 CNA 连接器）
RB	外置再生放电电阻接线端（采用 CNA 连接器）
U、V、W	电动机接线端（采用 CNB 连接器）
rt	驱动器控制电源接线端
CN4	连接计算机调试及监控用端口
CN2, CN3	安全模块连接端口，抱闸、报警等通用输入 / 输出端口
CN0、CN1，EN0、EN1	通信用连接端口，编码器连接端口

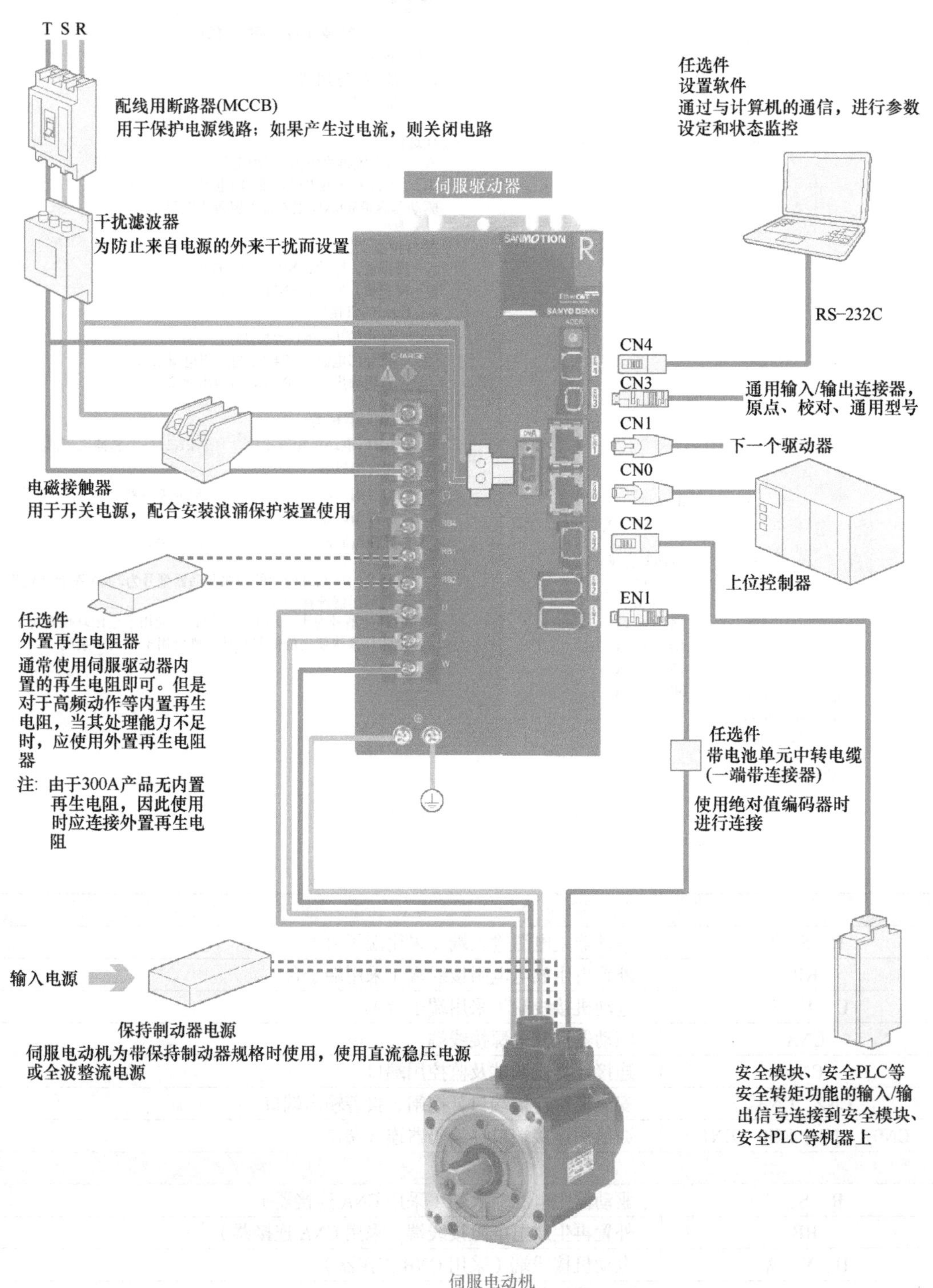
T S R
配线用断路器(MCCB)
用于保护电源线路：如果产生过电流，则关闭电路
干扰滤波器
为防止来自电源的外来干扰而设置
电磁接触器
用于开关电源，配合安装浪涌保护装置使用
任选件
外置再生电阻器
通常使用伺服驱动器内置的再生电阻即可。但是对于高频动作等内置再生电阻，当其处理能力不足时，应使用外置再生电阻器
注：由于300A产品无内置再生电阻，因此使用时应连接外置再生电阻
伺服驱动器
任选件
设置软件
通过与计算机的通信，进行参数设定和状态监控
RS-232C
CN4
CN3
通用输入/输出连接器，原点、校对、通用型号
CN1
下一个驱动器
CN0
CN2
上位控制器
EN1
任选件
带电池单元中转电缆(一端带连接器)
使用绝对值编码器时进行连接
输入电源
保持制动器电源
伺服电动机为带保持制动器规格时使用，使用直流稳压电源或全波整流电源
安全模块、安全PLC等
安全转矩功能的输入/输出信号连接到安全模块、安全PLC等机器上
伺服电动机

图5-26　第1、第2关节轴的伺服驱动器接线图

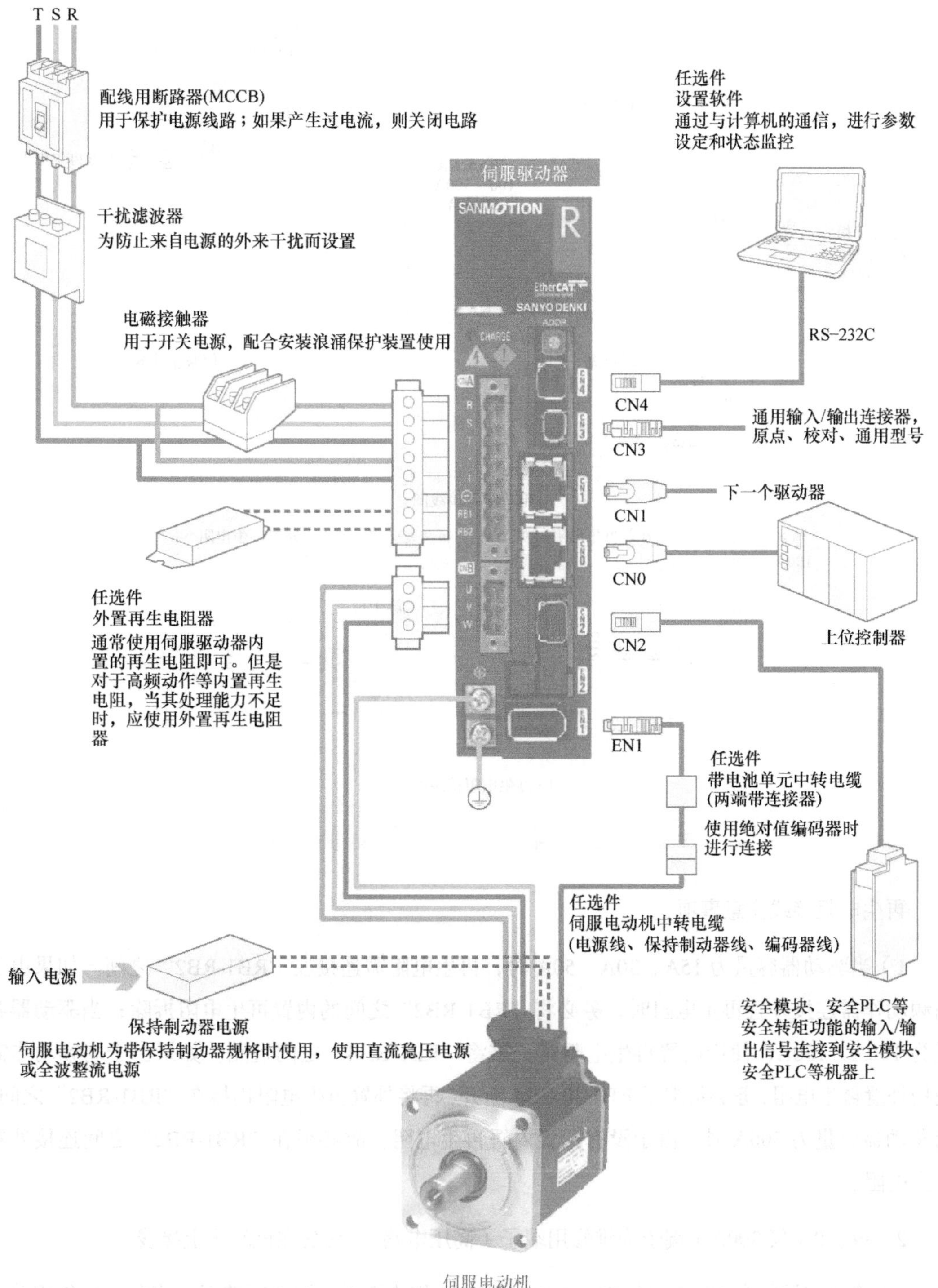
T S R
配线用断路器(MCCB)
用于保护电源线路；如果产生过电流，则关闭电路
干扰滤波器
为防止来自电源的外来干扰而设置
电磁接触器
用于开关电源，配合安装浪涌保护装置使用
伺服驱动器
SANMOTION
R
SANYO DENKI
任选件
设置软件
通过与计算机的通信，进行参数设定和状态监控
RS-232C
CN4
CN3
通用输入/输出连接器，原点、校对、通用型号
CN1
下一个驱动器
CN0
CN2
上位控制器
EN1
任选件
外置再生电阻器
通常使用伺服驱动器内置的再生电阻即可。但是对于高频动作等内置再生电阻，当其处理能力不足时，应使用外置再生电阻器
任选件
带电池单元中转电缆
(两端带连接器)
使用绝对值编码器时进行连接
任选件
伺服电动机中转电缆
(电源线、保持制动器线、编码器线)
输入电源
保持制动器电源
伺服电动机为带保持制动器规格时使用，使用直流稳压电源或全波整流电源
安全模块、安全PLC等
安全转矩功能的输入/输出信号连接到安全模块、安全PLC等机器上
伺服电动机

图5-27　第3~第6关节轴的伺服驱动器接线图

（4）电源输入和再生电阻接线　机器人各关节伺服驱动器电源输入和再生电阻接线如图5-28所示。

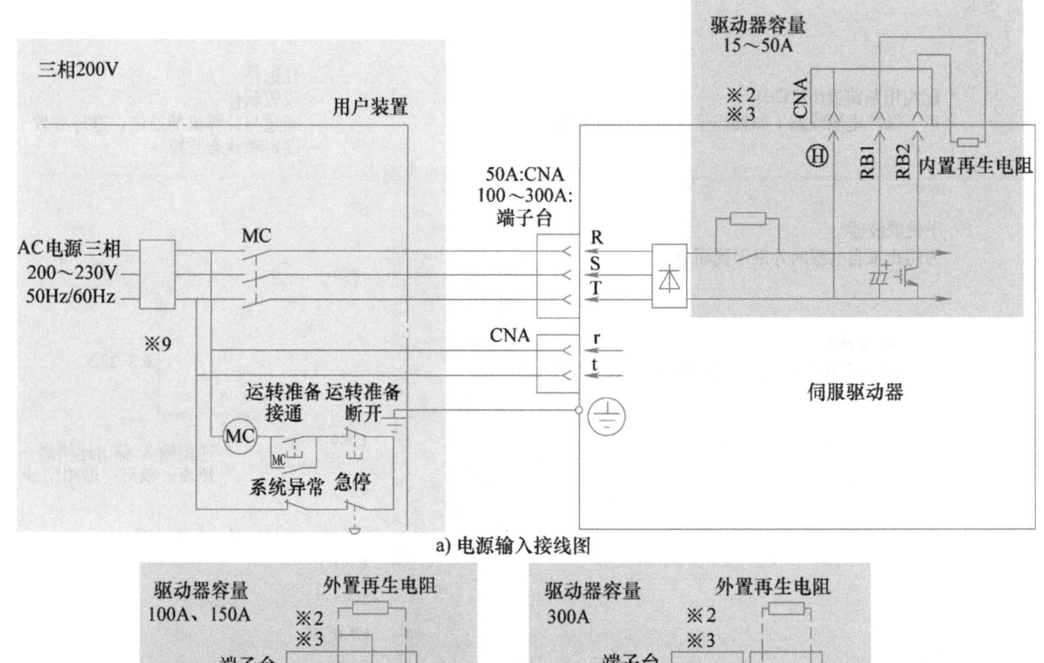

a) 电源输入接线图

b) 再生电阻接线图

图5-28　各关节伺服驱动器电源输入和再生电阻接线图

再生电阻接线注意事项：

1）当驱动器容量为 15A、30A、50A 时，再生电阻需连接在“RB1-RB2”之间。如果由于高频动作需连接外置再生电阻时，务必将“RB1-RB2”之间的内置再生电阻拆除；当驱动器容量为 100A、150A，使用内置再生电阻时，需将“RB1-RB4”之间短路。如果由于高频动作需使用外置再生电阻，务必将端子 RB1 和 RB4 断开，再将外置再生电阻连接在“RB1-RB2”之间。当驱动器容量为 300A 时，由于没有配置内置再生电阻，故必须在“RB1-RB2”之间连接外置再生电阻。

2）Θ、P（仅 300A）端子为维修用端子（高压电路），切勿在该端子上接线。

3）建议使用符合 UL 规格标准及 IEC 或者 EN 规格标准的漏电断路器；当驱动器使用单相电源时，不要接 S 相。

4）就电源输入和再生电阻接线的连接方式而言，当驱动器容量为 15~50A 时，驱动器采用 CAN 连接器进行接线；而当容量为 100~300A 时，驱动器采用端子台接线方式。

（5）伺服电动机和编码器接线　机器人各伺服电动机和编码器的接线如图 5-29 所示。

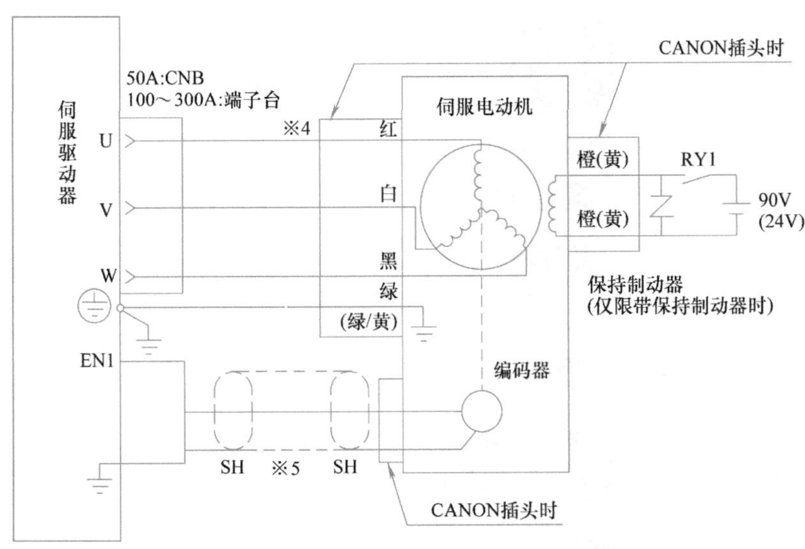

图5-29　各伺服电动机和编码器的接线

（6）稳压电源　系统的稳压电源如图 5-30 所示。

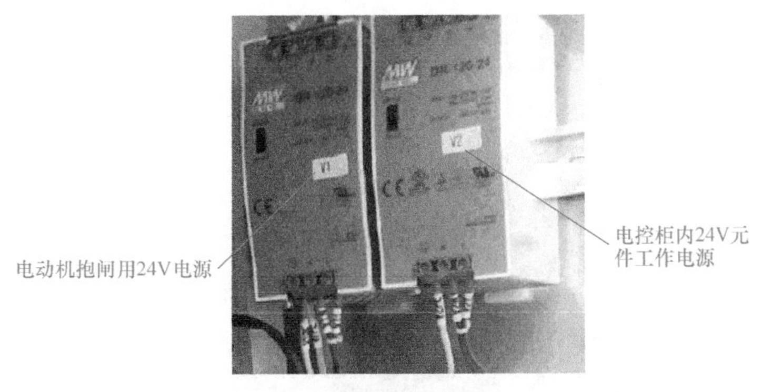

图5-30　稳压电源

（7）航空插头　电控柜与其他设备连接时需要使用航空插头。图 5-31 所示为电控柜各航空插头的连接情况。

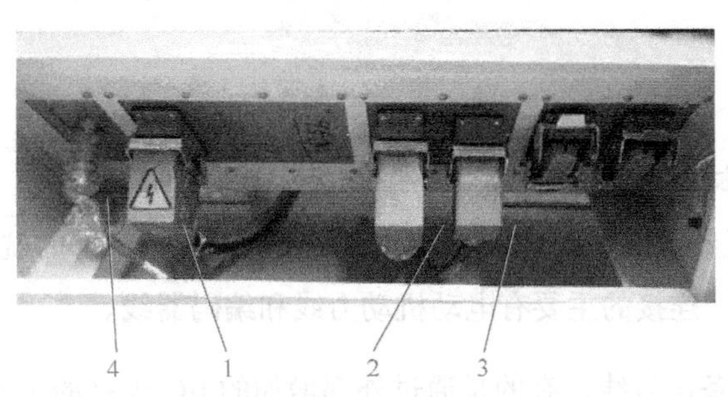

图5-31　电控柜航空插头

1—380V 电网进线航空插头　2—电动机电源线航空插头　3—编码器线航空插头　4—示教盒航空插头

（8）右衬板元件（图 5-32）

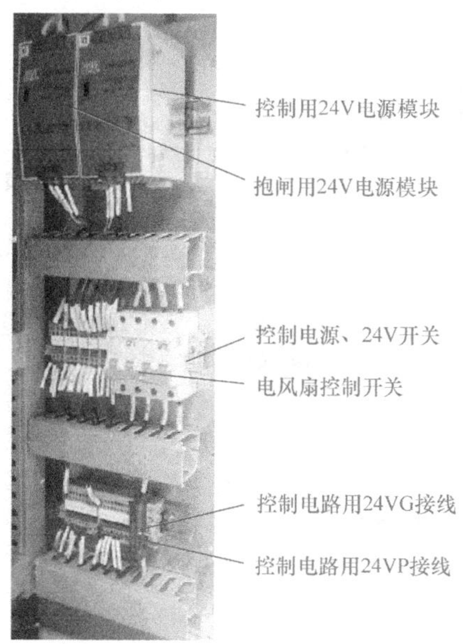

图5-32　右衬板元件

（9）左衬板元件（图 5-33）

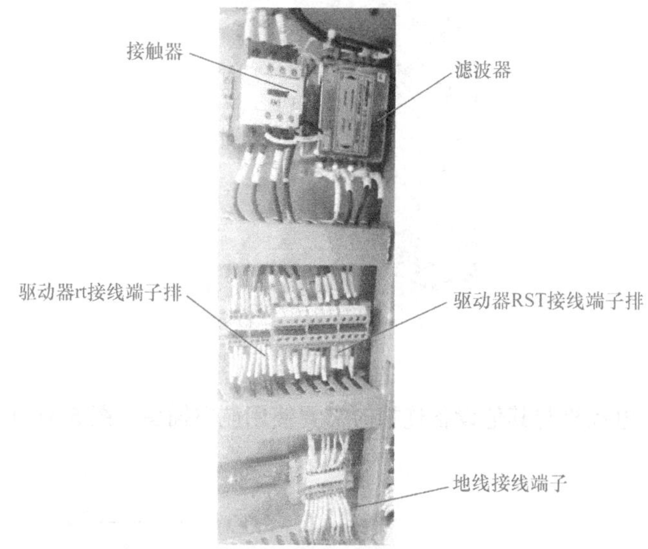

图5-33　左衬板元件

3.电控柜与机器人本体的连接

如图 5-34 所示，机器人电控柜和机器人本体是通过电控柜底部的航空插头与机器人本体后的航空插头进行连接的，连接的主要有电动机动力线和编码器线。

机器人末端夹持设备信号线，有的是通过外部增加的 I/O 连接的（如西门子的 ET200），有的则是从控制器的输入 / 输出端子连接的，这要根据外围的设计来确定。

图5-34　机器人本体底部连接

图 5-35 所示为机器人本体航空插头的引脚定义。

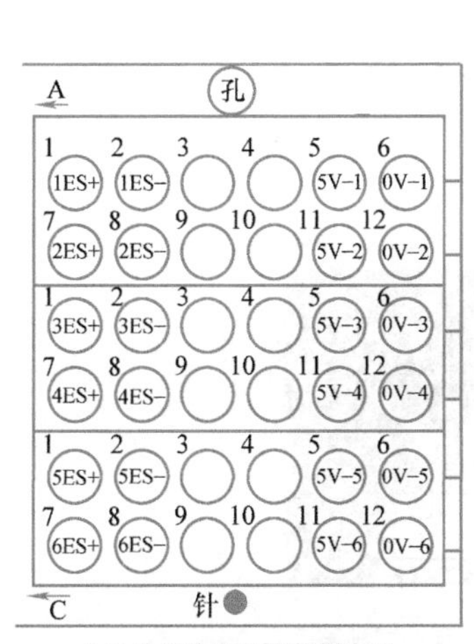

a) 电动机编码器线航插定义

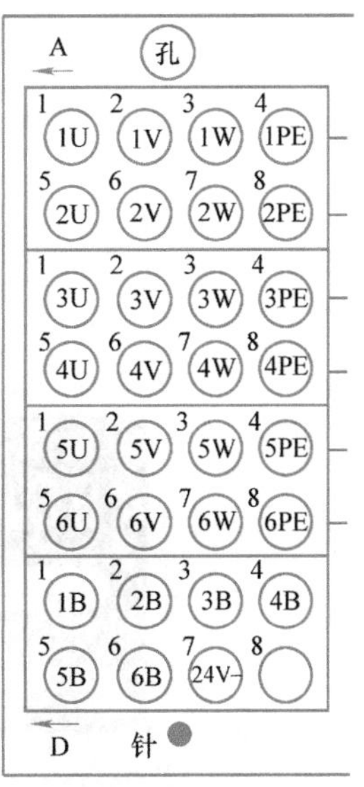

b) 电动机动力线航插定义

图5-35　机器人本体航空插头的引脚定义

4.变压器

变压器（图 5-36）将 380V 电压转化为三相 200V 和单相 220V 电压后输送到电控柜，在连接电路的时候必须注意变压器地要与大地、电控柜地相连接，以免发生漏电现象。变压器安装于电控柜后部，打开后扇门便可看到。

图5-36　变压器

5.3.2　故障诊断

1.故障显示

一般机器人发生的故障可分为四部分：电控柜硬件连线

和本体电缆连线故障、机器人控制器故障、伺服驱动器故障、C10控制软件运算故障。

当机器人发生故障时，一般会在控制器、示教盒、伺服驱动器上显示出报警信息，如图5-37~图5-39所示。其中，通过操作示教盒可以查看报警内容，伺服驱动器报警可通过图5-39中标号1的不断闪烁的数字来确定报警号，再采取相应的措施进行处理。

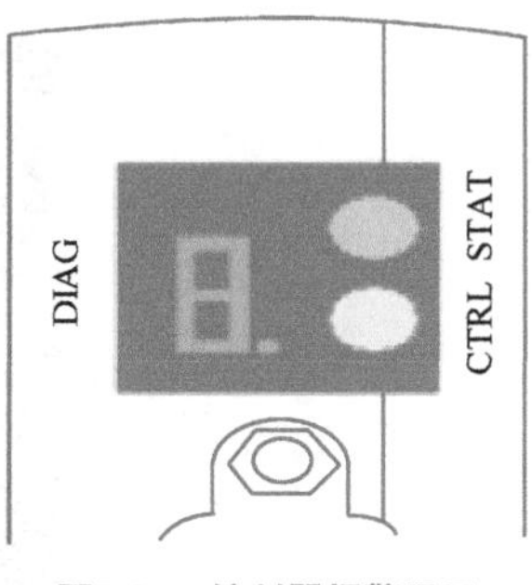

图5-37　控制器报警显示

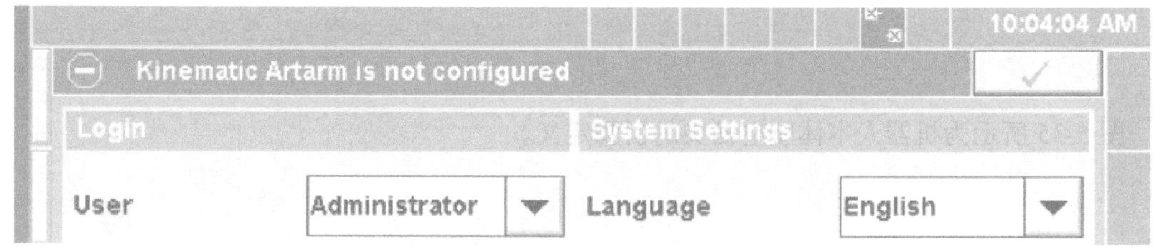

图5-38　示教盒报警显示

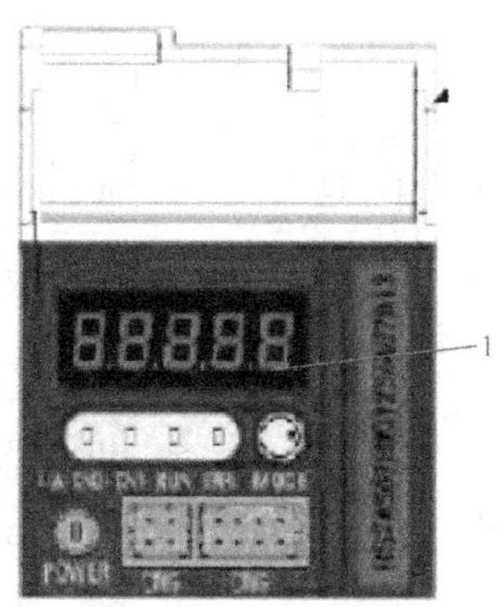

图5-39　伺服驱动器报警显示

2.C10控制器报警诊断

控制器报警一般发生在机器人起动的时候，在控制器的数码管上显示报警信息，可通过显示的内容来判断机器人故障，具体诊断方法参见汇博机器人操作说明书。

3.伺服驱动器状态及报警

伺服驱动器状态分一般显示和报警发生时显示两种。报警发生时，显示报警代码和伺服驱动器的状态代码。具体显示及报警代码参见汇博机器人操作说明书。

4.示教盒报警显示

示教盒报警内容显示如图5-40所示，具体操作参考C10系统机器人编程手册。

图5-40　示教盒报警内容显示

5.4　用户编程

5.4.1　示教器简介

KeTop是KEBA公司专门为工业机器人手持终端提供的硬件解决方案，该手持终端运行KEBA公司自主研发的人机界面软件TeachView，该人机界面具有易操作、人性化、符合人机工程学的特点。

如图5-41所示，左侧的灯与按钮分别用于状态与配置管理，右侧的按钮为动作操作按钮，底部的按钮则是调节按钮。除了上述三部分，还有急停按钮、USB接口、手动/自动开关等。

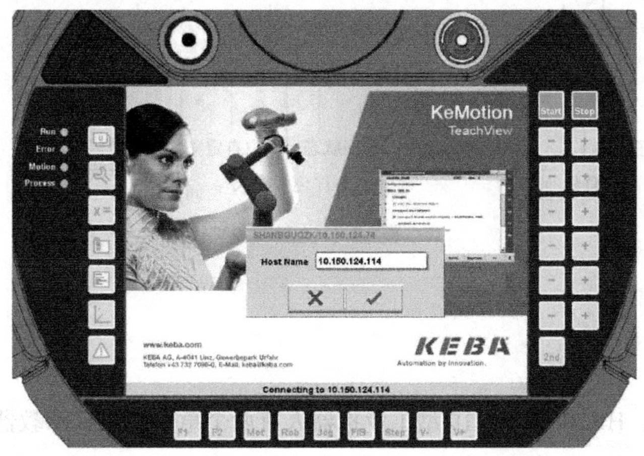

图5-41　KeTop示教器界面

左侧的 4 个灯表示系统的运行状态。系统正常启动时 Run 灯亮，为绿色；发生错误时 Error 灯亮，为红色；机器人上电时 Motion 灯亮，为绿色。Process 灯暂未使用。

左侧的 7 个图标从上至下分别为：

1）自定义界面：预留。

2）配置管理：用户登录、语言选择、权限转换等。

3）变量管理：变量查看、添加和修改等。

4）项目管理：项目新建、打开程序、下载程序和关闭文件等。

5）程序管理：程序修改、复制、打开、删除等。

6）坐标显示：进入点动操作界面，显示当前机器人位置等。

7）信息报告管理：报警、报告等。

右侧是机器人动作操作部分，通过按“+”与“−”按键可以在编程或者点动时调节机器人的坐标位置；单击“2nd”按键可以翻到下一页；Start 和 Stop 按钮分别代表程序运行和停止。

底部的 F1、F2、Rob、F/B 为未定义按钮；Mot 按钮用于机器人上电或下电；Jog 按钮用于切换机器人坐标系（轴坐标系、世界坐标系、工具手坐标系）；Step 按钮用于切换程序进入单步模式还是连续模式；V+ 和 V− 按钮用于调节机器人的运动速度。

如图 5-42 所示，在主界面顶部有一个状态栏，其中包含了机器人的操作模式、机器人状态及名称、坐标系、运动调节速度、项目程序名称、程序状态及执行模式、急停开关状态、使用者等级等有关机器人系统状态方面的信息。

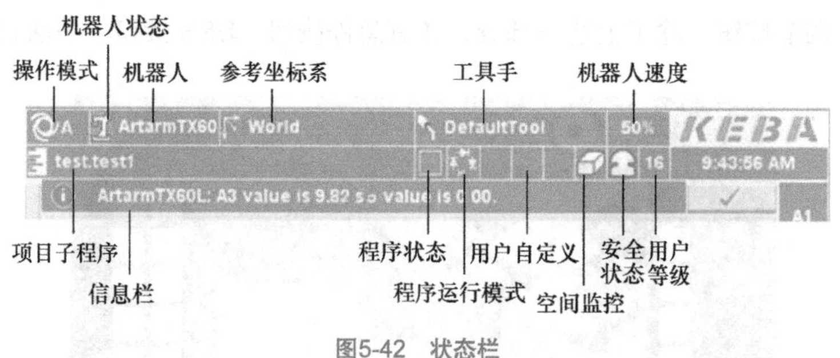

图5-42 状态栏

5.4.2 急停及开关机

1.急停

如图 5-43 所示，HR20-1700-C10 型工业机器人有两个急停按钮：示教器急停按钮和电控柜急停按钮。当按下这两个按钮中的一个时，即可切断伺服电源，使工业机器人停止运动。

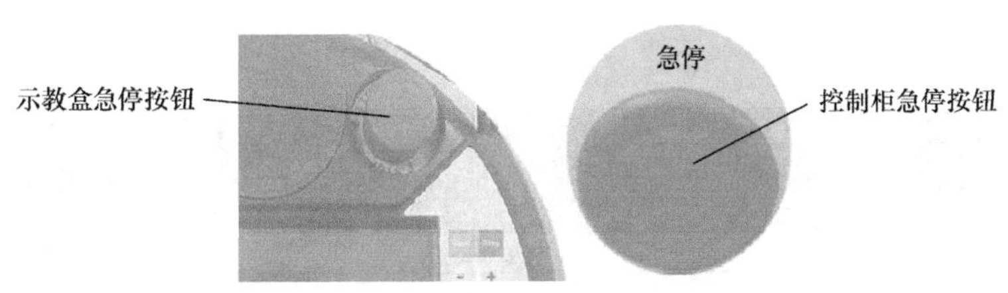

图5-43　急停按钮

2.开机

开机流程如下：

1）确认主电源供电正常，附属配套设备供电正常。

2）将主电源开关旋至 ON 位置。

3）等待系统启动，示教器显示主界面时表示启动完成。开机界面如图 5-44 所示。

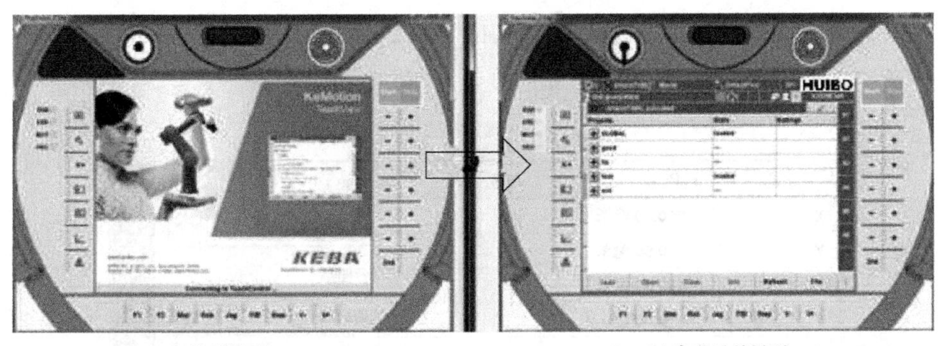

a) 启动界面　　b) 启动后的界面

图5-44　开机界面

3.关机

关机流程如下：

1）按下电控柜上的关伺服按钮，关闭伺服驱动器。

2）关闭主电源开关。

5.4.3　手动操作

本节主要讲述手动操作 HR20-1700-C10 系列机器人的相关内容，包括坐标系的定义及设置、手动操作方法、速度设置方法及手动操作时各状态的确认等。

1.手动操作界面

1）按下左侧的“配置管理”键登录，获取控制权限，弹出如图 5-45 所示的设置界面。

2）旋转钥匙，按下示教器左侧的“坐标显示”键，进入坐标系和速度设置界面，如图 5-46

所示。

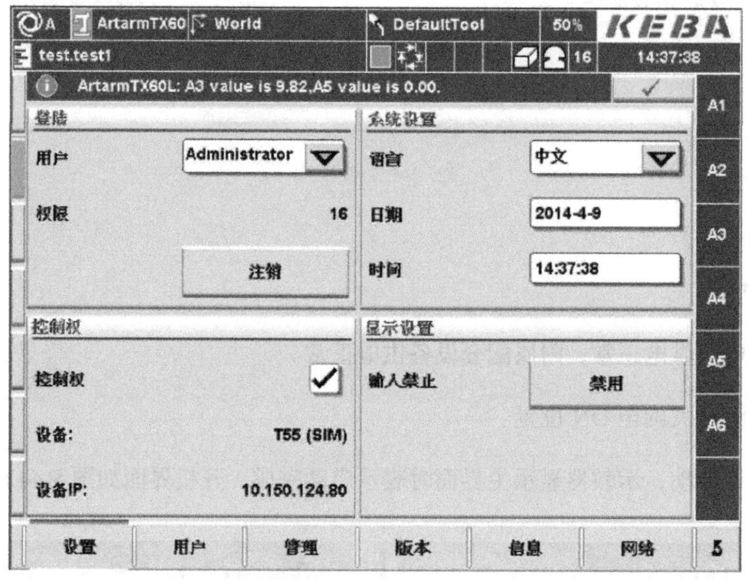

图5-45　设置界面

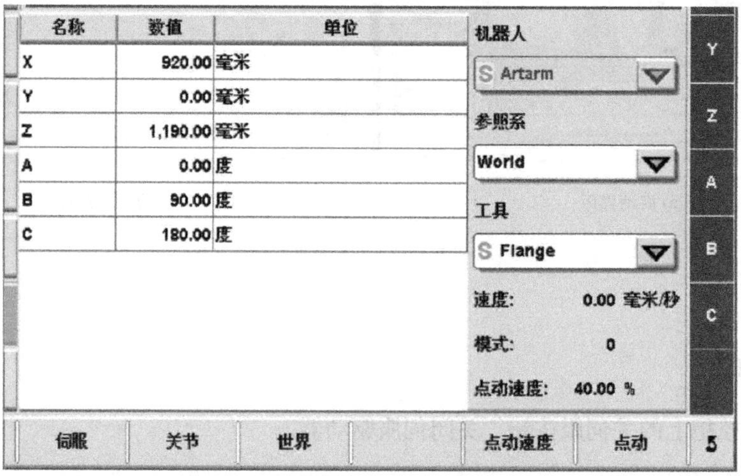

图5-46　坐标系和速度设置界面

在手动操作前，需要注意开启伺服按钮；点动时，需要按下手压开关。手压开关分为三档，即上档、中档和下档，其中只有处在中档时，各轴的抱闸才会打开。

设置界面主要完成用户的登入、登出和系统设置。在登录界面中，可以选择要登录的用户，以及是否具有写权限和控制权。系统设置包括界面语言选择以及日期、时间的设置。

另外，设置界面中还有一个显示设置，该指令的作用是锁屏，系统默认的锁屏时间为 10s。在锁屏期间所有按钮失效，其主要作用是在锁屏期间进行触摸屏的清洁工作，以及防止误操作。

2.坐标系和速度设置

（1）坐标系设置　HR20-1700-C10 系列机器人系统中设定了三种坐标系，即轴坐标系、世界坐标系和工具坐标系，它们的定义如下：

轴坐标系：绕各关节转动，正、负方向如图 5-47 所示。处于零点位置时，5 轴向下为负。

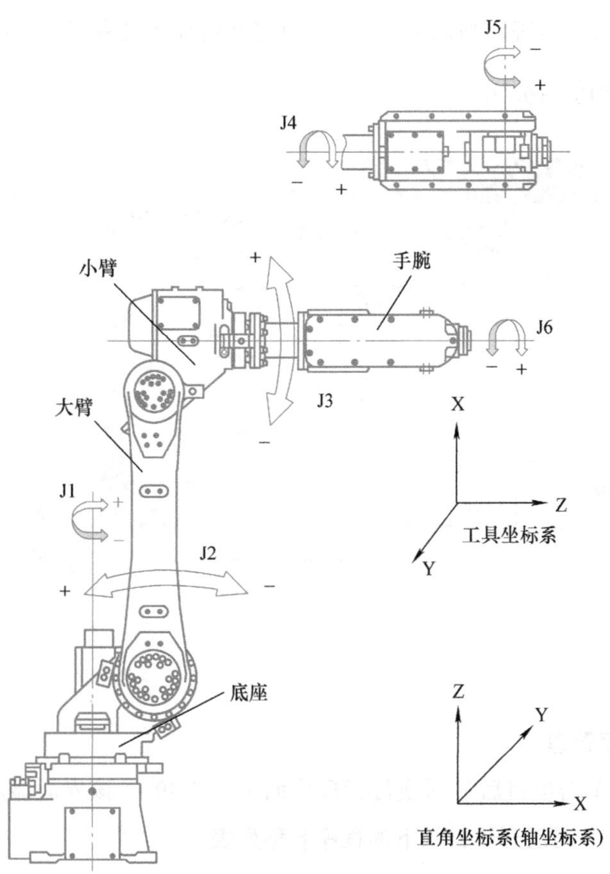

图5-47　坐标系定义

世界坐标系：固定不动，其原点为机器人底座位置。

工具坐标系：随姿态转动。未带工具时，末端法兰中心位置为其原点位置，垂直于末端法兰向外的方向为 Z 轴正方向。注意：进入手动界面后，默认坐标系为关节坐标系。

在图 5-46 中，点动按钮用于在实际操作或编程时改变机器人点动的坐标系，即可选择轴坐标系、世界坐标系或工具坐标系。

（2）速度设置　点动速度按钮可以调节当前机器人的运动速度。用户可在 0.1%~100% 的范围内自行调节各轴的运动速度。

另外，界面底部有 3 个按钮，即伺服按钮、关节按钮、世界按钮，单击它们可以更换坐标系显示界面。

3.状态确认

在设置界面的状态栏中，可以看到图 5-48 所示的信息。

（1）手动　显示为 16。

（2）报警　如果存在报警，则显示为红色，并且系统显示区有报警信息内容。

（3）速度　显示当前百分比。

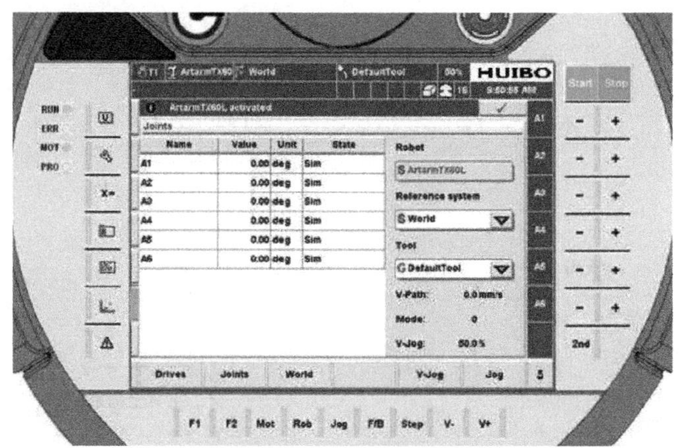

图5-48　设置界面

5.4.4　示教编程

1.项目管理和程序管理

（1）项目管理　单击项目后显示项目管理界面（图 5-49），该界面显示当前已经被加载的项目或程序，单击“+”可展开子目录下的程序名称列表。

项目	状态	设置
+ 系统	被加载	
+ 全局	被加载	
+ mypallet	---	
− test	被加载	
test	---	
test1	中断	

加载	打开	终止	信息	刷新	文件	5

图5-49　项目管理界面

项目打开后，可以通过终止按钮关闭，而程序可以通过加载或打开按钮打开，在加载的情况下，程序可以示教、编程和运行；而在打开的情况下，程序只允许编程。而且在加载的情况下，需按终止按钮才能将程序关闭，在打开的情况下则不需要。

注意：不同项目的程序不能同时打开，需关闭暂时不用的项目及其下的程序。

按下信息按钮，显示当前选中程序的名称、生成日期和修改日期。按下刷新按钮，可对项目和程序进行相关的更新。按下文件按钮，可对项目或程序进行新建、删除、重命名、剪切、复制等操作。

（2）程序执行管理　程序执行管理界面显示正处于执行过程中的项目和程序，具体内容为显示执行程序的类型、状态等，如图 5-50 所示。

按下显示按钮，可以显示选中程序的具体内容；单步 / 连续按钮用来设置执行程序的运行为单步或连续；按下结束按钮，则可关闭当前执行的程序。

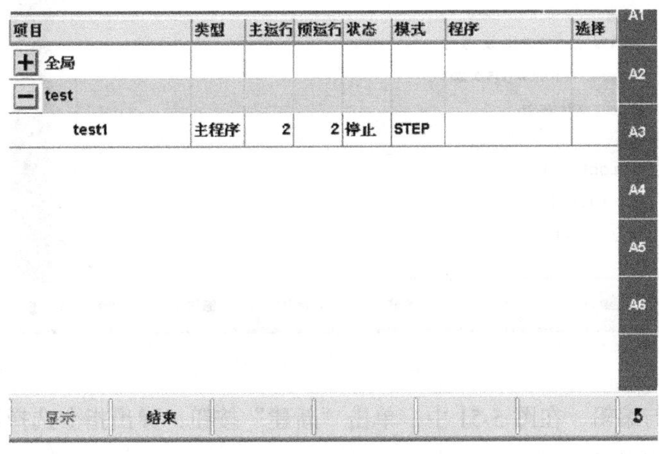

图5-50　程序执行管理界面

2.程序管理

（1）程序界面　单击“程序管理”键后，打开被加载程序的编程或者运行界面。在加载的情况下，编辑界面的背景为白色；而在打开的情况下，其背景则为灰色。

程序管理界面（图 5-51）底部按钮说明：

1）更改：修改已经生成的指令。

2）新建：调用指令库，并生成程序所需指令。

3）设置 PC：将程序指针指向某个光标，并且下一个开始指令从光标处开始。该指令按钮只有在程序加载的时候才被激活。

4）单步 / 连续：使程序在单步模式和连续模式之间进行切换。

5）>>：翻页按钮。

6）编辑：其中包含键盘、子程序、关闭子程序、格式、查找、注释 / 取消注释、不激活 / 激活等按钮。

7）打开：包含全部选取、剪切、复制、粘贴等按钮。

8）删除：删除程序中光标选取的行。

9）撤销：取消上一步的操作，如插入、替代、删除等。

另外，在 KeTop 右侧操作部分，有两个键在程序中经常用到：开始键 Start 和停止键 Stop。

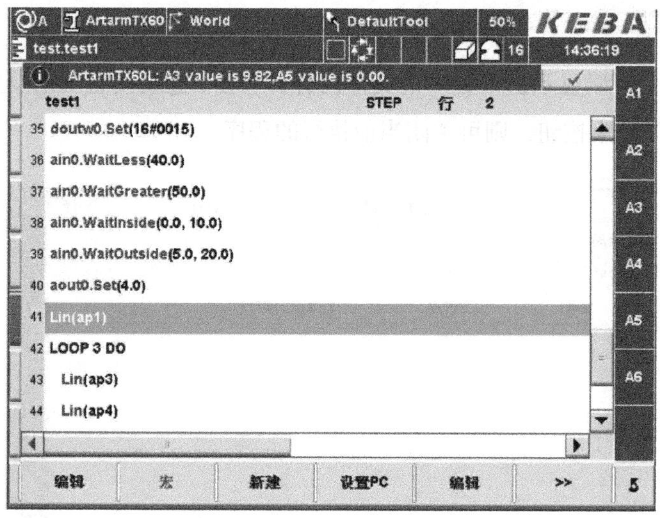

图5-51 程序管理界面

（2）程序指令与编辑 在图 5-51 中，单击“新建”按钮，弹出指令选择界面，当前指令库包括如图 5-52 所示的指令。

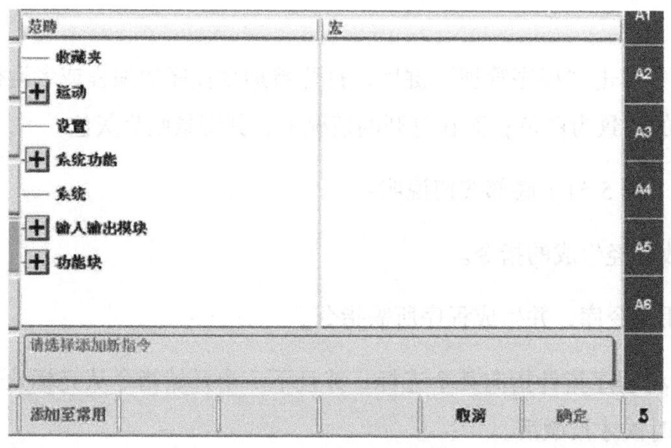

图5-52 指令选择界面

3.示教编程

（1）示教的概念　示教的目的在于让机器人记录其运动轨迹，以重复工作循环。

示教编程有两种方式：在线示教和离线示教。在线示教即现场用示教器进行示教，离线示教需要使用离线编程软件。通常通过示教器进行示教工作。

通过示教操作可以实现手动机器人、机器人运动位置点记录、轨迹规划和记录维修等工作。

（2）示教编程步骤

1）分析运动空间，确定初始位置及整个运动过程。

2）编写程序，记录初始位置。

3）设计轨迹，记录相应点，使机器人安全运动至各位置点。

4）最后一位置点完成后，回到初始位置。

5）检查程序无误后，单步执行程序并改进。

6）速度由低到高地自动运行程序并改进。

示教过程中，示教人员需要非常细心，且在程序编辑界面手动操作机器人时，一定要设置好坐标系和速度，以确保机器人的安全运行。

（3）示教编程实例

1）通过手动状态将机器人调整到合适位置，在绿色条的上一行插入一个示教点位置。

2）单击“新建”后弹出如图 5-53 所示的界面。

图5-53　示教编程操作（一）

3）选择“PTP”或者“Lin”，并单击“OK”键，弹出的界面如图 5-54 所示。

图5-54　示教编程操作（二）

4）先单击“Teach”键，然后单击“OK”键，即可在程序界面中新加入一个示教点，如图 5-55 所示。

图5-55　示教编程操作（三）

4.程序运行

（1）起动机器人　如图 5-56 所示，在电控柜上进行以下操作：

1）上主电。机器人关闭时，上主电按钮为水平方向；机器人起动后，上主电按钮保持为垂直方向。

2）按“开伺服”按钮，绿灯亮。

3）将权限转换按钮转到左方，如果白点指向汉字“关”，则为手动状态；如果白点在右方指向“开”，则为自动状态。

注意：程序的编辑、修改、下载等操作只能在手动状态下进行。

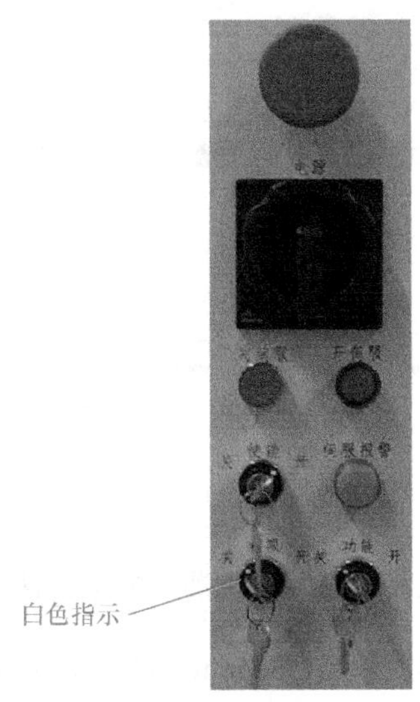

图5-56　电控柜部分操作按钮

（2）加载程序运行

1）进入“项目管理”界面，如图 5-57 所示，先单击标识 1，然后单击标识 2。

图5-57　加载程序运行（一）

2）打开工程文件界面后，单击图 5-58 中标识 1 处的加号。在此界面中选中标识 2 所示程序行，单击标识 3 指示的“Load”按钮加载程序，加载完成后标识 4 处会显示“stopped”。

3）按图 5-58 所示加载程序后，可单击“程序管理”按钮来查看当前打开的程序。

图5-58 加载程序运行（二）

4）按下“V+”或“V−”按钮，可以调节机器人的运行速度。

5）按下“配置管理”按钮，然后单击“logout（注销）”按钮，可将权限转到“Operator（操作者）”；将电控柜上的权限转换开关转到“开”位置，再将伺服开关转到“开”位置，使电动机上电，同时确认状态栏中机器人的当前状态是否正常。

6）单击示教器上的“Start”键，程序开始运行。

5.5 故障处理与检修

5.5.1 常见故障处理

机器人电控柜常发生的故障主要有：电缆连接点处接触不良，继电器触点烧坏，主电无法接通，继电器板信号连接不正常，熔丝熔断等。这些故障的处理方法是查看电控柜安装图样，并用万用表进行检测，排除故障。

1.电控柜上主电不动作

电控柜主电无法接通是指按下电控柜上的“上主电”绿色按钮后继电器不吸合动作，同时上主电指示绿色灯不亮。处理方法如下：

1）查看电控柜急停按钮和示教盒急停按钮是否按下，如果按下，则在释放急停按钮后重新上主电。

2）若急停按钮正常，则查看继电器指示灯 K1、K2 是否点亮，如果只有一个指示灯点亮，则说明另一个继电器触点烧坏，需更换烧坏的继电器；如果按住上主电按钮后两个继电器指示灯都点亮，而释放按钮后继电器指示灯又恢复原来的状态，则应检查驱动器或示教盒是否有报警，有报警则清除报警后重新上主电。如果其他都正常，但还是无法上主电，则为交流接触器损坏或是电路连接有问题，应使用万用表对照图样进行排查。

3）若 K4 继电器烧坏，则主电也无法接通，应更换继电器。

2.继电器触点烧坏

电控柜电路中有四个继电器，即 K1、K2、A8、K4，其中 K1、K2 为急停用双电路继电器，如果其中有一个不亮，则说明另外一个已烧坏。

A8 为驱动器报警指示继电器，一般 DS8 指示灯不点亮时电控柜伺服报警灯点亮。这时应查看 PCB 继电器板上 A1~A6 继电器对应的指示灯哪个被点亮，同时会看到对应的驱动器有报警。若 A8 继电器没有烧坏，则清除驱动器报警后 DS8 就能点亮；如果不能使 DS8 点亮，则更换 A8 继电器即可。

K4 继电器为上主电用继电器，若按下上主电按钮后 K4 没有反应，则应更换继电器；否则，应检查电路连线。

3.熔断器熔断

电控柜内有三个熔断器：继电器板上的熔断器 F1、F2 和 FU1。

FU1 为控制电源用熔断器，通过检查 FU1 中熔丝底座红色指示灯是否点亮来判断熔丝是否熔断，如果熔断，则熔断器底座的红色指示灯会点亮。在检查出熔断器熔断后，应更换熔断器，同时不要动作机器人，应先检查电路是否有短路以致熔丝熔断。如果排查后没有短路的情况，则可以正常使用；如果熔断，可能是过电流所致。

F1 为控制电源熔断器，当控制器或 24VP 没有电时为 F1 熔丝熔断，同时可通过查看指示灯 DS17 是否点亮，来检查电路是否有与地短路的情况，排查完后更换 5A 的熔断器即可。

F2 的熔丝熔断后机器人抱闸将无法打开，并且继电器旁边的电源指示灯 DS9 不会点亮。此时也应检查电路的连接情况，排除故障或确认无故障后更换 10A 的熔断器即可。

4.继电器板故障

继电器板故障有熔断器熔断、继电器触点烧坏、发光二极管击穿、电阻烧坏、虚焊等。

其中，继电器触点烧坏分为 B1~B6 触点烧坏和 A1~A6 触点烧坏两种情况。如果继电器对应的发光二极管点亮，但是机器人运动时如果总是出现抱闸没打开而产生异响或驱动器过载的现象，此时需要更换另一块电路板。A1~A6 继电器在报警时对应的发光二极管才会点亮，此时继电器不点亮，但是，如果电控柜门上的伺服报警指示灯一直点亮，则可以确认为 A1~A6 继电器有故障，应更换另一块电路板。

有时其他抱闸都打开，但是却有一个抱闸不打开，驱动器总是出现过载报警，此时可以检查驱动器 CN3 端子是否接触不良。

5.电缆连接点处接触不良

电缆接触不良可以在整个电控柜的任何地方发生，这种情况下不容易查找故障点，此处可以分为强电和弱点电路接触不良。最根本的处理方法是通过查看电气图样，使用万用表来测量发现问题，发现问题后重新连接电路来排除故障。

主电路接触不良主要表现在驱动器的主电路连接（R、S、T），如果没有问题，则检查交流接触器前面的电路。有时候驱动器会报警（如 62 号报警），确认对应的报警信息后再排查解决。当有一台驱动器不能起动，而其他驱动器均正常时，说明驱动器的控制电路出现断路。

控制电路接触不良有很多种情况：

1）有 I/O 信号不能输入 / 输出，先排除系统故障后，再检查对应的电路连线。

2）如果驱动器报警显示号说明电路连接有问题，应检查对应的（R、S、T、U、V、W、编码器连线）电路连线。其中 U、V、W 和编码器连线需要连接到机器人本体上，所走的路线较长，容易出现断路及接触不良等问题。这种情况下需要分段排查故障，包括机器人电控柜内连线、电控柜到本体的连线、本体连线。

其他电路连线故障，根据实际发生的具体情况来排查。

5.5.2 检修

汇博工业机器人的检修周期及项目见表 5-17。

表 5-17 机器人的检修周期及项目

序号	周期				检查项目	检修和保养内容	方法
	日常	3 个月	6 个月	1 年			
1		√	√	√	门的压封	门的压封是否变形，柜内密封检测	目测
2		√	√	√	电缆线组	① 检查损坏、破裂情况 ② 连接器的松动	目测
3		√	√	√	驱动单元	各连接线缆的松动	目测，拧紧
4	√	√	√	√	控制器	发热、异常噪声、异常气味的确认	目测，拧紧
5	√	√	√	√	变压器	各连接线缆的松动	目测，拧紧

（续）

序号	周期				检查项目	检修和保养内容	方法
	日常	3个月	6个月	1年			
6	√	√	√	√	安全板	各连接线缆的松动	目测，拧紧
7	√	√	√	√	接地线	松弛、缺损的检查	目测，拧紧
8	√	√	√	√	继电器	污损、缺损的确认	目测
9	√	√	√	√	操作开关	按钮等的功能确认	目测
10		√	√	√	电压测量	R-S-T 电压的确认	AC 200V
11		√			电池	电池电压的确认	3.0V 以上
12	√	√	√	√	示教盒	检查损坏情况，清洁	目测
13		√	√	√	电柜右侧散热器	清洁	目测，清扫
14		√	√	√	电柜左侧制动电阻	清洁	目测，清扫
15		√	√	√	风扇检测	有无尘埃、风扇 / 散热器的清扫、风扇旋转情况	目测，清扫
16	√	√	√	√	急停开关检测		检查伺服 NO/OFF 情况

思考练习题

1. HR20-1700-C10 机器人由哪些部分组成？各自的作用是什么？

2. HR20-1700-C10 机器人的控制器由哪些部分组成？各部分的功能是什么？

3. 说明 HR20-1700-C10 机器人不能上电故障的诊断及处理方法。

4. 说明 HR20-1700-C10 机器人所采用的伺服驱动器型号的编制方法。

5. 制订 HR20-1700-C10 机器人的保养计划表。

6. 画出 HR20-1700-C10 机器人所采用的伺服驱动器的控制框图。

7. 简述 KeTop 示教器各部分的组成，并说明它们的功能。

8. 简述 HR20-1700-C10 机器人的示教编程流程。

参考文献

[1] 孙树栋 . 工业机器人技术基础 [M]. 西安：西北工业大学出版社，2006.

[2] 兰虎 . 工业机器人技术及应用 [M]. 北京：机械工业出版社，2014.

[3] 郭洪红 . 工业机器人技术 [M].3 版 . 西安：西安电子科技大学出版社，2017.

[4] 王翠婷 . 工业机器人驱动和传动系统分析 [J]. 山东工业技术，2016（4）：25.

[5] 张群生 . 液压与气压传动 [M].3 版 . 北京：机械工业出版社，2015.

[6] 邢美峰 . 工业机器人电气控制与维修 [M]. 北京：电子工业出版社，2016.

[7] 邱庆 . 工业机器人拆装与调试 [M]. 武汉：华中科技大学出版社，2016.

[8] SICILIANO B, KHATIB O. 机器人手册 [M].《机器人手册》翻译委员会，译 . 北京：机械工业出版社，2016.

[9] 蒋刚，龚迪琛，蔡勇，等 . 工业机器人 [M]. 成都：西南交通大学出版社，2011.

[10] 龚仲华 . 工业机器人从入门到应用 [M]. 北京：机械工业出版社，2016.

[11] 梅莱 . 并联机器人 [M]. 黄远灿，译 . 北京：机械工业出版社，2014.

[12] 孙汉卿，吴海波 . 多关节机器人原理与维修 [M]. 北京：国防工业出版社，2013.